U0262494

“十三五”国家重点出版物出版规划项目

能源化学与材料丛书

总主编　包信和

生物柴油工业概论

杜泽学 等　著

科 学 出 版 社

北 京

内 容 简 介

本书介绍了国内外生物柴油工业现状，分析了生物柴油工业快速发展的内在原因和当前面临的问题；详细介绍了生物柴油装置设计的基本理论、基础数据和优质油脂与废弃油脂原料生产生物柴油的成套工艺技术，细致分析了各技术的工艺特点和控制产品质量的技术要点；介绍了生物柴油装置主副产品深加工技术的发展方向和产品添加剂；客观分析了生物柴油产业的社会效益、经济效益与环境效益。

本书对从事生物能源特别是生物柴油产业管理、技术研究开发、咨询规划的相关人员及生物能源领域的教师、研究生和高年级本科生具有借鉴和参考价值。

图书在版编目（CIP）数据

生物柴油工业概论 / 杜泽学等著. —北京：科学出版社，2019.1
（能源化学与材料丛书/包信和 总主编）
"十三五"国家重点出版物出版规划项目
ISBN 978-7-03-060315-9

Ⅰ. ①生… Ⅱ. ①杜… Ⅲ. ①生物燃料－柴油 Ⅳ. ①TK6

中国版本图书馆 CIP 数据核字（2018）第 297843 号

丛书策划：杨 震
责任编辑：李明楠 宁 倩 / 责任校对：杜子昂
责任印制：肖 兴 / 封面设计：蓝正设计

科 学 出 版 社 出版
北京东黄城根北街 16 号
邮政编码：100717
http：//www.sciencep.com
天津新科印刷有限公司印刷
科学出版社发行 各地新华书店经销
*
2019 年 1 月第 一 版 开本：720 × 1000 1/16
2019 年 1 月第一次印刷 印张：15
字数：300 000
定价：98.00 元
（如有印装质量问题，我社负责调换）

丛书编委会

丛 书 序

能源是人类赖以生存的物质基础，在全球经济发展中具有特别重要的地位。能源科学技术的每一次重大突破都显著推动了生产力的发展和人类文明的进步。随着能源资源的逐渐枯竭和环境污染等问题日趋严重，人类的生存与发展受到了严重威胁与挑战。中国人口众多，当前正处于快速工业化和城市化的重要发展时期，能源和材料消费增长较快，能源问题也越来越突显。构建稳定、经济、洁净、安全和可持续发展的能源体系已成为我国迫在眉睫的艰巨任务。

能源化学是在世界能源需求日益突出的背景下正处于快速发展阶段的新兴交叉学科。提高能源利用效率和实现能源结构多元化是解决能源问题的关键，这些都离不开化学的理论与方法，以及以化学为核心的多学科交叉和基于化学基础的新型能源材料及能源支撑材料的设计合成和应用。作为能源学科中最主要的研究领域之一，能源化学是在融合物理化学、材料化学和化学工程等学科知识的基础上提升形成，兼具理学、工学相融合大格局的鲜明特色，是促进能源高效利用和新能源开发的关键科学方向。

中国是发展中大国，是世界能源消费大国。进入 21 世纪以来，我国化学和材料科学领域相关科学家厚积薄发，科研队伍整体实力强劲，科技发展处于世界先进水平，已逐步迈进世界能源科学研究大国行列。近年来，在催化化学、电化学、材料化学、光化学、燃烧化学、理论化学、环境化学和化学工程等领域均涌现出一批优秀的科技创新成果，其中不乏颠覆性的、引领世界科技变革的重大科技成就。为了更系统、全面、完整地展示中国科学家的优秀研究成果，彰显我国科学家的整体科研实力，提升我国能源科技领域的国际影响力，并使更多的年轻科学家和研究人员获取系统完整的知识，科学出版社于 2016 年 3 月正式启动了“能源化学与材料丛书”编研项目，得到领域众多优秀科学家的积极响应和鼎力支持。编撰该丛书的初衷是“凝炼精华，打造精品”。一方面要系统展示国内能源化学和材料资深专家的代表性研究成果，以及重要学术思想和学术成就，强调原创性和系统性及基础研究、应用研究与技术研发的完整性；另一方面，希望各分册针对特定的主题深入阐述，避免宽泛和冗余，尽量将篇幅控制在 30 万字内。

本套丛书于 2018 年获“十三五”国家重点出版物出版规划项目支持。希望它的付梓能为我国建设现代能源体系、深入推进能源革命、广泛培养能源科技人才贡献一份力量！同时，衷心希望越来越多的同仁积极参与到丛书的编写中，让本套丛书成为吸纳我国能源化学与新材料创新科技发展成就的思想宝库！

包信和

2018 年 11 月

前　言

煤炭、石油等化石能源大规模开发利用带来了严重的环境和生态问题，引起了国际社会的广泛关注。1997 年通过的《京都议定书》第一次提出了限制二氧化碳等温室气体的排放，明确规定工业发达国家在第一约束期阶段（2008～2012 年）温室气体的排放与 1990 年相比必须降低 5%。生物柴油是公认的优质液体替代燃料，具有可再生性、低碳性和清洁性三大特征，受到发达国家和发展中国家的高度重视，2000 年以来快速崛起，成为新兴产业。

生物柴油的发展能够促使生态、经济和社会效益的协调统一，所以我国政府一贯重视可再生能源的发展，国家发展和改革委员会研究制定的《可再生能源中长期发展规划》中，生物质液体燃料是重点发展领域，规划生物柴油产量到 2020 年发展到 200 万 t/a。然而，近 20 年来，我国生物柴油发展道路很曲折。在原料供应上，由于我国食用油脂供求对外依存度超过 60%，国家不鼓励采用可食用油脂生产生物柴油，发展生物柴油产业必须遵循“不与民争油、不与粮争地”的原则，只能采用非食用油脂，如废弃油脂为原料来发展生物柴油；在生产技术上，国外先进的生物柴油技术不能适应废弃油脂原料，采用改良的酸碱法工艺生产存在“三废”排放多、产品质量不稳定等缺陷；在销售渠道上，最大问题是生物柴油没能进入油品销售主渠道，销售困难重重。这些问题的出现以及不能有效得到解决的原因在于，在对生物柴油产业发展承担的义务、生物柴油原料供给、技术先进性和产品属性以及国家的相关政策上相关方面认识不一致，理解有偏差。为此，本书一方面全面介绍国内外生物柴油工业涉及的政策、原料、技术、产品质量控制、添加剂、主副产品高附加值化加工技术；另一方面着重分析其快速发展的内在原因、面临的问题、生物柴油技术工艺特点以及发展生物柴油产业的社会效益、经济效益与环境效益的本质特征。编写本书的目的是希望对全面客观认识和了解生物柴油及其工业/产业有所裨益。

本书作者长期研究国内外生物柴油工业的发展，一直在科研一线从事非食用油脂原料生产生物柴油新工艺的开发、技术推广和产品标准的研究，一直坚持收集和总结分析各种资料，并记载分析和解决各种问题的经验和体会。本书作者来自中国石油化工股份有限公司石油化工科学研究院，其中第 1～4 章和第 7 章由杜泽学教授编撰，第 5 章由曾建立高级工程师编撰，第 6 章由蔺建民教授编撰，全书最后由杜泽学教授统稿。本书编写过程中得到中国石油化工股份有限公司石油化工科学研究院领导的大力支持，生物柴油业务研究组提供了大量实验数据和生产数据，在此一并致以最衷心的感谢！

由于作者知识和认识水平有限，本书的一些观点和见解仅供参考。若有不妥，敬请读者批评指正。

杜泽学

2018 年 12 月

目　　录

丛书序
前言
第 1 章　概述……1
1.1　生物柴油……1
1.2　生物柴油与石化柴油……2
1.3　国外生物柴油产业的崛起与发展……4
1.3.1　欧盟……7
1.3.2　美国……10
1.3.3　巴西……12
1.3.4　阿根廷……13
1.3.5　哥伦比亚……15
1.3.6　加拿大……16
1.3.7　东南亚三国……16
1.4　国内生物柴油产业的发展……20
1.4.1　中国生物柴油原料供应分析……20
1.4.2　中国生物柴油的产业政策……22
1.4.3　中国生物柴油的产业现状……23
1.5　生物柴油产业发展面临的挑战……26
1.5.1　油脂原料的供求……26
1.5.2　副产甘油的问题……27
1.5.3　石油价格波动……29
1.5.4　“后京都时代”补贴和减税政策延续与否……31
参考文献……32
第 2 章　生物柴油装置的方案设计依据……35
2.1　生物柴油装置方案设计原则……35
2.2　生物柴油原料油脂和脂肪酸的分类、组成和结构……36
2.2.1　油脂的分类……36
2.2.2　脂肪酸的分类和结构……37

2.2.3　天然油脂的脂肪酸组成和结构……40
2.3　天然油脂中的类脂物……41
2.3.1　非皂化的类脂物……41
2.3.2　可皂化的类脂物……42
2.4　常用脂肪酸和油脂的物化性质……43
2.4.1　熔点……43
2.4.2　密度……45
2.4.3　黏度……46
2.4.4　溶解性……47
2.4.5　沸点……49
2.4.6　热力学性质……49
2.4.7　碘值、皂化值和酸值……51
2.5　油脂原料的氧化与抗氧化……51
2.6　甲醇……52
2.7　油脂和脂肪酸的转化化学……53
2.7.1　三甘酯的酯交换反应热力学……53
2.7.2　三甘酯的酯交换反应动力学……58
2.8　生物柴油及其副产甘油的物化性质……59
2.8.1　生物柴油的物化性质……59
2.8.2　甘油的物化性质……61
2.9　生物柴油质量标准和品质控制指标……62
2.9.1　国内外生物柴油的标准发展……63
2.9.2　生物柴油质量指标及控制……65
参考文献……73
第3章　优质油脂原料生产生物柴油……74
3.1　优质油脂原料生产生物柴油的技术方案……74
3.2　油脂原料的精制……75
3.3　酯交换工艺技术关键点的分析……77
3.3.1　原料和产品中水的控制……77
3.3.2　液碱催化剂的选择……78
3.3.3　反应温度的控制……79
3.3.4　甲醇和甘油的控制……79
3.3.5　甘油和水的管理……80
3.4　国外先进的液碱催化酯交换生物柴油工艺技术……80
3.4.1　鲁奇两级连续醇解工艺……81

3.4.2 凯姆瑞亚-斯凯特生物柴油技术……84
3.4.3 Connemann 生物柴油工艺……85
3.4.4 迪斯美-巴拉斯特生物柴油技术……86
3.4.5 格林在线工业公司生物柴油技术……87
3.5 优质油脂固体碱催化的生物柴油技术……88
3.6 优质油脂原料生产生物柴油的未来发展……89
3.6.1 基因工程技术与油料作物的高产和优质……89
3.6.2 优质油脂加氢生产第二代生物柴油的技术……92
参考文献……94
第 4 章 废弃油脂原料生产生物柴油……96
4.1 废弃油脂的分类与品质特点……97
4.1.1 酸化油……97
4.1.2 餐饮废油（地沟油）……98
4.1.3 变质食用油……98
4.1.4 工业油脂……99
4.2 我国废弃油脂质量现状及对生产生物柴油的影响……99
4.3 酸碱法废弃油脂生产生物柴油工艺……103
4.3.1 废弃油脂精制单元……103
4.3.2 废弃油脂酯化和酯交换反应单元……106
4.3.3 粗甲酯精馏单元……109
4.3.4 “三废”的处理……112
4.3.5 酸碱法工艺问题分析……114
4.4 近/超临界甲醇醇解法废弃油脂生产生物柴油工艺的开发与应用……115
4.4.1 近/超临界甲醇中甲醇-油脂的相平衡及溶解平衡……115
4.4.2 近/超临界甲醇中甲醇-油脂的醇解反应热力学……124
4.4.3 近/超临界甲醇中甲醇-油脂的醇解反应动力学……127
4.4.4 近/超临界甲醇醇解废弃油脂技术的开发和工业应用……130
4.5 废弃油脂生物柴油产品关键质量技术指标的控制……147
4.5.1 游离甘油含量……147
4.5.2 酸值……148
4.5.3 水分……148
4.5.4 硫含量……149
4.5.5 氧化安定性……149
4.6 废弃油脂生产生物柴油的困境与挑战……149
参考文献……150

第 5 章 生物柴油装置主副产品的深加工技术 ······152
5.1 生物柴油中不同组分（脂肪酸甲酯）的分离技术 ······152
5.1.1 精馏分离技术 ······153
5.1.2 低温结晶分离技术 ······154
5.1.3 尿素包合分离技术 ······155
5.1.4 银离子络合分离技术 ······156
5.2 脂肪酸甲酯深加工新技术 ······156
5.2.1 脂肪醇 ······157
5.2.2 脂肪酸甲酯磺酸盐 ······157
5.2.3 脂肪酸甲酯乙氧基化物 ······158
5.2.4 蔗糖脂肪酸酯 ······159
5.2.5 氯代甲氧基脂肪酸甲酯 ······160
5.3 甘油的精制 ······160
5.3.1 甘油水预处理 ······161
5.3.2 甘油浓缩 ······163
5.3.3 甘油蒸馏及脱色 ······164
5.4 甘油的化学深加工利用 ······166
5.4.1 1, 3-丙二醇 ······167
5.4.2 1, 2-丙二醇 ······168
5.4.3 环氧氯丙烷 ······169
5.4.4 二羟基丙酮 ······169
5.4.5 甘油烷基醚 ······171
参考文献 ······173
第 6 章 生物柴油产品添加剂 ······177
6.1 生物柴油用抗氧剂 ······178
6.1.1 生物柴油的氧化 ······178
6.1.2 原料对生物柴油氧化安定性的影响 ······179
6.1.3 加工工艺对生物柴油氧化安定性的影响 ······179
6.1.4 储存条件对氧化安定性的影响 ······180
6.1.5 金属对氧化安定性的影响 ······181
6.1.6 现有工业抗氧剂解决生物柴油的氧化 ······182
6.1.7 生物柴油商品抗氧剂 ······187
6.2 生物柴油用流动改进剂 ······188
6.2.1 生物柴油的低温流动性 ······188

6.2.2 生物柴油流动改进剂……191
6.3 生物柴油十六烷值改进剂……196
6.4 生物柴油杀菌剂……198
参考文献……198
第 7 章 生物柴油产业社会效益、经济效益与环境效益分析……200
7.1 生物柴油产业发展的社会效益分析……200
7.1.1 发展生物柴油有利于减少石油的进口，维护国家能源供应安全……200
7.1.2 促进油料种植生产发展，提高食用油自给能力，增加农民收入……202
7.1.3 充分利用废弃油脂生产生物柴油，防范其污染环境和危害食品安全……205
7.2 生物柴油企业经济效益的影响因素分析……206
7.2.1 油脂和石油价格波动的影响……206
7.2.2 副产甘油的影响……209
7.2.3 “三废”处理成本不断增加的影响……211
7.3 生物柴油发展对环境生态的影响……211
7.3.1 优质油脂原料生物柴油的生命周期评价……212
7.3.2 回收油脂原料生物柴油的生命周期评价……215
7.3.3 生物柴油对水污染的影响……219
7.4 生物柴油及其调和燃料的推广利用对健康环境的影响……220
7.4.1 纯生物柴油和石化柴油的废气排放指标的对比……220
7.4.2 生物柴油和石化柴油调和燃料的废气排放……221
7.4.3 生物柴油和石化柴油废气排放对人类健康的影响……222
参考文献……224

第1章 概 述

1.1 生物柴油

生物柴油是21世纪崛起的新兴产业[1]。

生物柴油是由天然油脂，包括植物油、动物脂肪和微生物油脂等生产的一种新型柴油燃料。天然油脂由长链三脂肪酸甘油酯分子组成，分子量约为900，与甲醇或乙醇等小分子醇发生酯交换反应后，甘油被交换出来，生成的脂肪酸酯分子量与柴油接近，具有接近于石化柴油的理化性质。

生物柴油是由脂肪酸酯类化合物组成的混合物，由于甲醇最便宜，通常由油脂与甲醇反应生产，所以生物柴油一般是由脂肪酸甲酯组成的，主要成分为棕榈酸甲酯（C_{16}）、硬脂酸甲酯（C_{18}）、油酸甲酯（C_{18}）、亚油酸甲酯（C_{18}）、亚麻酸甲酯（C_{18}），这些甲酯要占90%以上；还有少量的月桂酸甲酯（C_{12}）、肉豆蔻酸甲酯（C_{14}）、棕榈油酸甲酯（C_{16}）、花生酸甲酯（C_{20}）、芥酸甲酯（C_{22}）、二十四碳酸甲酯（C_{24}）等。生物柴油的化学成分取决于原料油脂的脂肪酸组成。

生物柴油中理想的组分是油酸甲酯，不仅凝点低（−19.9℃），而且稳定性好，高油酸甲酯含量的生物柴油可以在−20℃的高寒气候下使用，氧化安定性可保持10h以上。棕榈酸甲酯和硬脂酸甲酯的凝点高，当调和量较高时，会导致调和柴油的冷滤点不合格；亚油酸甲酯和亚麻酸甲酯易发生氧化反应，稳定性差，容易使生物柴油及其调和柴油产品的氧化安定性指标不合格。

生物柴油可以替代石化柴油，用作柴油发动机、加热炉等的燃料，且可以实现完全替代，商品标记为B100；也可以与石化柴油调和使用，调和比例按生物柴油体积分数计有2%、5%、7%、10%、20%等品种，商品标记为B2、B5、B7、B10和B20等。此外，生物柴油溶解能力强、毒性低、易生物降解，可作为绿色溶剂替代传统的芳烃类、卤代烃类等有机溶剂，也可作为生产绿色精细化学品的中间体。

生物柴油是典型的绿色可再生能源：原料可经植物光合作用生产，资源不会枯竭；不含硫和芳烃，氧含量10%左右，能促进其在发动机中充分燃烧，尾气里排放的毒害物和颗粒物明显减少，所以是一种优质清洁柴油；润滑性能好，有利于延长发动机寿命；闪点高，挥发性低，储运和使用安全性好；生物柴油无毒，易生物降解，适合在敏感的生态环境下使用。

1.2　生物柴油与石化柴油

生物柴油由天然油脂生产，成分是脂肪酸甲酯类化合物，元素组成为 C、H 和 O，其中 O 含量为 10%左右；石化柴油由石油或煤生产，成分是烃类化合物，元素组成为 C 和 H。正是由于组成和结构上的差异，它们的物化性质也有一些差异，生产控制的质量指标也不相同。常见的生物柴油（菜籽油生产）与石化柴油（0 号国Ⅴ柴油）的质量性能指标列于表 1.1。

表 1.1　菜籽油生物柴油和 0 号国Ⅴ柴油质量指标的比较

项目	质量指标		试验方法
	生物柴油（GB/T 20828—2015）	0 号国Ⅴ柴油（GB 19147—2016）	
密度(20℃)/(kg/m^3)	879.1	835.4	GB/T 1884—2000
运动黏度(40℃)/(mm^2/s)	4.25	4.36	GB/T 265—1988
闪点(闭口)/℃	159	61	GB/T 261—2008
凝点/℃	—	−1	GB/T 510—1983
冷滤点/℃	−9	3	SH/T 0248—2006
硫含量/(mg/kg)	5	8	SH/T 0689—2000
残炭(质量分数)/%	0.05	—	GB/T 17144—1997
10%蒸余物残炭(质量分数)/%	—	0.09	GB/T 17144—1997
硫酸盐灰分(质量分数)/%	＜0.005	—	GB/T 2433—2001
灰分(质量分数)/%	—	0.007	GB/T 508—1985
水含量/(mg/kg)	366	—	SH/T 0246—1992
水含量(体积分数)/%	—	痕迹	GB/T 260—2016
机械杂质	无	无	GB/T 511—2010
铜片腐蚀(50℃，3h)/级	1a	1	GB/T 5096—2017
十六烷值	55	51	GB/T 386—2010
十六烷值指数	—	47	SH/T 0694—2000
氧化安定性(110℃)/h	7.6	—	SH/T 0825—2010
氧化安定性(以总不溶物计)/(mg/100mL)	—	1.7	SH/T 0175—2004
酸值(以 KOH 计)/(mg/g)	0.44	—	GB/T 7304—2014
酸度(以 KOH 计)/(mg/100mL)	—	5.6	GB/T 258—2016

续表

项目	质量指标		试验方法
	生物柴油（GB/T 20828—2015）	0 号国Ⅴ柴油（GB 19147—2016）	
90%回收温度/℃	343.3		GB/T 9168—1997
馏程： 50%回收温度/℃ 90%回收温度/℃ 95%回收温度/℃		297 351 362	GB/T 6536—2010
润滑性[校正磨斑直径(60℃)]/μm	—	448	SH/T 0765—2005
多环芳烃含量(质量分数)/%	—	10.1	SH/T 0806—2008
酯含量(质量分数)/%	97.8	—	SH/T 0831—2010
脂肪酸甲酯含量(质量分数)/%	—	0	SH/T 0916—2015
甲醇含量(质量分数)/%	0.0	—	EN 14110—2003
游离甘油含量(质量分数)/%	0.011	—	SH/T 0796—2007
单甘酯含量(质量分数)/%	0.005	—	SH/T 0796—2007
总甘油含量(质量分数)/%	0.013	—	SH/T 0796—2007
一价金属(Na + K)含量/(mg/kg)	＜2	—	EN 14538—2006
二价金属(Ca + Mg)含量/(mg/kg)	＜2	—	EN 14538—2006
磷含量/(mg/kg)	4	—	EN 14107—2003

根据表 1.1，生物柴油的控制指标有 22 项，而 0 号国Ⅴ柴油只有 19 项，其中有一些控制指标的名称虽然相同，但控制要求和分析方法不同。此外，生物柴油对甲醇、游离甘油、单甘酯、总甘油、一价金属离子、二价金属离子及磷含量提出了要求，而石化柴油没有这些要求；同样，石化柴油要求限制多环芳烃的含量，生物柴油则不要求；石化柴油对润滑性指标提出了限定，生物柴油由于润滑性能优异，不作要求。

分析对比表 1.1 中的一些具体指标可知：①生物柴油密度比石化柴油高，1t 生物柴油体积约 1140L，比 1t 石化柴油少约 50L。由于柴油按体积零售，所以同样的批发价格，油品销售商常不愿意主动销售生物柴油。②生物柴油闪点比石化柴油高，一般高过 80℃，所以生物柴油储存和运输的安全性比石化柴油高。③生物柴油氧化安定性比石化柴油差，通常出厂前要加抗氧剂。④生物柴油因含 10%左右的氧，热值比石化柴油低，按质量计，生物柴油热值比石化柴油低约 12%，按体积计，低约 7%。但相关研究证明，生物柴油调和比例（体积）不大于 10%时，车辆油耗不受影响。

1.3 国外生物柴油产业的崛起与发展

全球生物柴油产业崛起的推动力在于其突出的减排二氧化碳效应和替代石化柴油的功能[2]。

天然油脂用作柴油机的燃料已有100多年的历史，发明家狄赛尔于1892年第一次启动其发明的内燃机时使用的就是花生油。但天然油脂分子量大、黏度高、雾化困难，易致内燃机气缸积炭、润滑油失效，进而发生故障。尽管采取了一些措施，如植物油与低黏度油混合或进行微乳化加工来降低其黏度，改善燃烧性能，但发动机积炭等问题仍不能有效解决。后来，来源于石油的一种价格低廉的燃料特别适合于这种内燃机，这种燃料后来被称为柴油，燃烧柴油的内燃机也被称为柴油机。由于石油柴油燃料的市场竞争力强，进行植物油作为柴油机燃料的研究就更少了。

20世纪70年代发生的石油危机使一些石油匮乏国家开始重视石油替代能源的研究。采用酯交换技术把油脂加工成脂肪酸酯后，其物化性能与石化柴油接近，能够部分替代或直接作为柴油机的燃料，因而脂肪酸酯被称为生物柴油。生物柴油完全克服了直接使用油脂存在的各种问题，而且尾气排放优于石化柴油。西欧和美洲的许多国家十分重视生物柴油，对其加大了研发投入，使其很快走出实验室进入市场。1991年奥地利标准局首次发布了生物柴油的标准，随后德国、法国、意大利、捷克、瑞典和美国等也都相继发布了生物柴油的标准，支持生物柴油走向应用市场。但由于经济效益上难以与石化柴油竞争，生物柴油产业化发展缓慢，到2000年全球生物柴油产量仅约70万t[3]。

1997年12月在日本京都召开了《联合国气候变化框架公约》第3次缔约方会议，通过了《京都议定书》。《京都议定书》规定工业发达国家及市场经济过渡国，在第一约束期阶段（2008～2012年），温室气体平均排出量必须比1990年有所降低，明确规定工业发达国家在第一约束期阶段，温室气体排放与1990年相比必须降低5%。为了实现《京都议定书》中约定的减排温室气体的承诺，发达国家以能源立法为重点，制定了多项法律和税收优惠政策激励可再生能源开发利用。生物柴油因其减排二氧化碳效果显著受到各国的重视，获得了发展良机[4]。

图1.1描绘了2000～2016年全球生物柴油的生产情况。可以看出，2000年全球生物柴油产量仅约70万t。到2004年，欧盟、俄罗斯、日本、加拿大等发达国家和地区先后签署《京都议定书》并批准生效，为生物柴油产业奠定了政策支持的基础。全球生物柴油产量从2005年起，一改过去温和发展态势进入快速发展轨道，2005年产量386万t，2006年一举突破500万t关口发展到676万t，

2007 年接近 1000 万 t，达到 965 万 t。2008 年是《京都议定书》规定的第一约束期阶段的起点，也是生物柴油飞跃发展的一年，当年产量猛增到 1470 万 t。此后，生物柴油发展进入相对平缓阶段，2011 年的产量突破 2000 万 t，2014 年的产量接近 3000 万 t。2015 年由于 2014 年 6 月以来石油价格断崖式下跌，阻碍了生物柴油发展，当年产量略有下降；但 2016 年依然坚挺发展，突破了 3000 万 t，达到 3280 万 t。

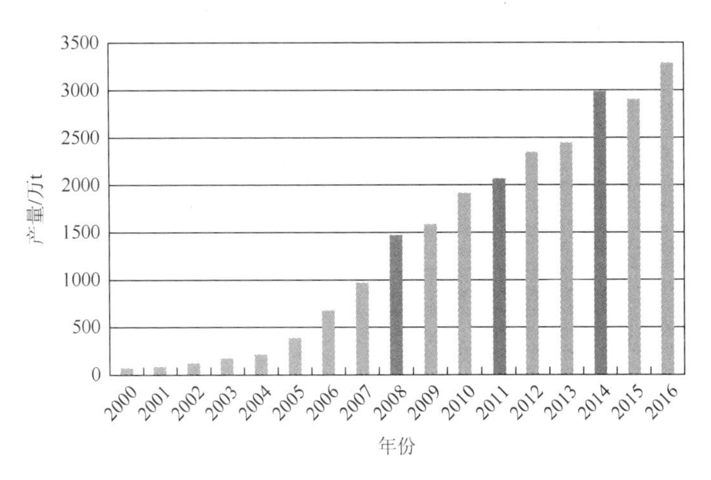

图 1.1 全球生物柴油 2000～2016 年的生产情况[3, 5]

生物柴油发展的关键在于原料油脂的供应。世界各国都依据本国的优势油脂资源来布局发展生物柴油产业。表 1.2 列出了世界上主要生物柴油生产国使用的油脂原料[6, 7]。

表 1.2 生物柴油生产国使用的油脂原料

国家	油脂原料	国家	油脂原料
德国	双低菜籽油*	美国	转基因大豆油**、餐饮废油、动物脂肪
法国	双低菜籽油、向日葵油	加拿大	双低菜籽油
英国	双低菜籽油、餐饮废油	墨西哥	动物脂肪、餐饮废油
意大利	双低菜籽油	巴西	转基因大豆油、蓖麻油、棉籽油、麻疯树籽油
西班牙	双低菜籽油、向日葵油	阿根廷	转基因大豆油
葡萄牙	双低菜籽油	尼日利亚	棕榈油
希腊	双低菜籽油	印度	麻疯树籽油、卡兰贾油（Karanja 油）
奥地利	双低菜籽油	马来西亚	棕榈油
芬兰	双低菜籽油、动物脂肪	印度尼西亚	棕榈油、麻疯树籽油

续表

国家	油脂原料	国家	油脂原料
俄罗斯	双低菜籽油、转基因大豆油、向日葵油	泰国	棕榈油、可可油、麻疯树籽油
中国	餐饮废油	菲律宾	可可油、麻疯树籽油
日本	餐饮废油	澳大利亚	动物脂肪、餐饮废油
韩国	餐饮废油、双低菜籽油	新西兰	动物脂肪、餐饮废油

*双低菜籽油为低硫苷、低芥酸菜籽油；**转基因大豆油是由转基因大豆提取的油脂。

当前，全球生产生物柴油的原料中，30%是转基因大豆油，25%是双低菜籽油，18%是棕榈油，餐饮废油占 10%，动物油脂占 6%，其他油脂占 11%[8]。可见转基因大豆油、双低菜籽油和棕榈油是全球主要的生物柴油原料。转基因大豆油盛产于美国、巴西、阿根廷和哥伦比亚等，双低菜籽油盛产于欧盟地区和加拿大等，棕榈油盛产于马来西亚、印度尼西亚、泰国、尼日利亚等热带国家，这些国家也都是全球主要的生物柴油生产国。表 1.3 列出了 2015 年主要生物柴油生产地区和国家的产量[3, 5, 9]。

表 1.3　2015 年世界生物柴油产量的分布情况

国家或地区	优势的油脂资源	产量/万 t	占比/%
欧盟	双低菜籽油	1260	43.3
美国	转基因大豆油	448	15.4
巴西	转基因大豆油	368	12.6
阿根廷	转基因大豆油	194	6.7
泰国	棕榈油	110	3.8
印度尼西亚	棕榈油	110	3.8
马来西亚	棕榈油	61	2.1
哥伦比亚	转基因大豆油	55	1.9
加拿大	双低菜籽油	33	1.1
其他国家和地区合计	—	271	9.3
总计		2910	100

生物柴油主要生产国家和地区都十分重视生物柴油的推广利用，在配套推出相应优惠税收政策的前提下，制定了配额制度，规定调和比例目标并强制实施，为生物柴油营造了应用市场，给生物柴油发展增添了动力。表 1.4 列出了主要生物柴油生产地区和国家的推广利用情况[10, 11]。

表 1.4　一些国家和地区规定的生物柴油调和目标和实施的调和比例

国家或地区	推荐或强制应用的目标	2015 年生物柴油的实际比例
欧盟	可再生能源占全部能源消耗的 20%，到 2020 年运输燃料中生物燃料的比例为 10%	7.1%
美国	可再生燃料标准中规定到 2022 年可再生燃料总量必须达到 1360 亿 L，其中生物柴油到 2015 年消耗量必须达到 65 亿 L	调和比例的 4%，大约消耗了 57 亿 L 生物柴油
巴西	当前推广 B8，到 2019 年增加到 B10	7.0%
阿根廷	当前 B10	8.4%
哥伦比亚	B10，一些地区自定 B8	7.9%
加拿大	要求 B2，一些地区 B4	2.0%
印度尼西亚	B20，到 2020 年推行 B30	3.1%
马来西亚	B7，到 2017 年推行 B10	7.0%
泰国	B7，2016 年因棕榈油减产临时调整到 B5，目标是 2018 年推行 B10	5.8%

1.3.1　欧盟[12-19]

欧盟石油资源相对贫乏，但经济发达，并最早签署和批准生效《京都议定书》。同时，欧盟致力于轿车柴油化以提高能效，使得柴油轿车呈现快速发展的态势，柴油在车用燃料市场中具有竞争优势，车用柴油的消耗比例不断攀升。因此，为了履行《京都议定书》的承诺，发展柴油替代燃料是重点，而生物柴油是不二的选择。

欧盟温室气体排放量占全球温室气体排放总量的 22%[13]。在应对气候变化的国际立法上，欧盟及各成员国态度积极，极力主张实行国际强制减排，并于 2002 年集体批准《京都议定书》。根据《京都议定书》和《联合国气候变化框架公约》的规定，到 2010 年欧盟成员国统一减排 8%。为实现这一承诺，欧盟以能源立法为重点，制定了多项法律。2000 年启动“欧盟气候变化计划”，制定了包括关于可再生能源的 2001/77/EC 指令和关于生物柴油的 2003/30/EC 指令及关于能源税收的 2003/96/EC 指令等，以促进欧盟成员国能效提高和可再生能源开发利用，降低温室气体排放。2005 年京都议定书生效后，欧盟着手制定了“能源气候一揽子计划”；2007 年 3 月的欧盟峰会设定了具体的气候保护目标，即到 2020 年将可再生能源在能源结构中的比例从《京都议定书》第一约束期阶段平均 6.5%提高到 20%；2008 年欧盟峰会批准落实“欧盟节能减排目标一揽子计划”，承诺大幅度减排。该计划包括“欧盟排放权交易机制修正案”“欧盟成员国配套措施任务分配的决定”“碳捕获与储存的法律框架”“可再生能源指令”“汽车二氧化碳排放法规”“燃料质量指令”六项内容。2009 年哥本哈根世界气候大会前夕，欧盟明确宣布到 2020 年将温室气体排放量在 1990 年基础上减少 20%。具体到生物柴油，欧盟早在 2003 年就确立了使用生物燃料的指令性目标；到 2010 年，欧盟确定生物燃料由 70%的生物柴油和 30%的乙醇组成，有 18 个成员国实施了强制生物柴油混合使用的目标，有 16 个成员国对生物柴油实行优惠税收政策，但执行的是减税退坡政策，从 2007 年开始逐年减少减税比例直到 2015 年，2007 年的减税比例为 33%，到 2012 年减税比例下降到 14%。

2005～2015 年，欧盟的生物柴油产量增长了 3 倍多，生产能力增长了 5 倍多，大型农场都建立了生物柴油精炼厂，采用的原料主要是双低菜籽油（自产），也使用一些进口的转基因大豆油、葵花籽油、棕榈油等。2007 年欧盟向国际发出了明确的信号，生物柴油使用从指令性目标转变为具有约束力的目标，市场对生物柴油的需求上升，引发了生物柴油产能的急剧增长。同时，欧盟也出台了一系列贸易政策保护国内菜籽油生物柴油的生产，例如，对进口 B30～B100 的生物柴油调和燃料征收 6.5%的进口关税，对 B30 以下的生物柴油征收 3.5%的进口关税。表 1.5 列出了 2006～2013 年欧盟生物柴油的生产、消费与生产原料的使用情况[14]。

表 1.5　欧盟生物柴油的生产、消费与生产原料的使用情况

项目		2006 年	2007 年	2008 年	2009 年	2010 年	2011 年	2012 年	2013 年
产量/万 t		465	574	822	856	922	922	933	987
进口量/万 t		6	91	174	188	206	272	264	209
出口量/万 t		0	0	6	6.5	9.9	8.6	9.9	10.8
消费量/万 t		471	665	895	1055	1141	1182	1187	1185
产能利用率/%		55	69	61	47	46	44	44	47
原料利用量/万 t	菜籽油	371	423	604	605	622	631	641	625
	大豆油	57	83	96	105	110	108	106	128
	棕榈油	28	39	60	66	91	71	74	110
	回收油脂	10	20	32	38	65	67	78	80
	动物脂肪	6	14	35	36	39	42	335	34
	葵花籽油	3	7	13	17	15	18	18.5	190
	其他	1	1	1	1	1	6	14	14

表 1.6 为 2008～2012 年欧盟各成员国的生物柴油产量[15]。可以看出，在欧盟成员国里，德国是最大的生物柴油生产国，主要原料是自产的双低菜籽油。目前，德国种植的专用生物柴油双低油菜面积超过 100 万 hm^2。生物柴油已占德国再生

能源市场的 60%以上。德国政府积极鼓励原料生产和生物柴油应用，不仅对农民种植油菜给予一定的补贴，并且从 2004 年 1 月起对生物柴油实行免税政策，对使用 100%生物柴油实行全额免税，对与石化柴油调和使用的生物柴油免税额度根据生物柴油调和比例而定。目前，生物柴油在德国已替代普通柴油作为公交车、出租车及建筑和农业机械等使用的燃料。

表 1.6 欧盟成员国的生物柴油产量

国家	产量/万 t				
	2008 年	2009 年	2010 年	2011 年	2012 年
德国	281.9	253.9	286.1	280	496.8
法国	181.5	195.9	191	155.9	245.6
意大利	59.5	73.7	70.6	47.9	231
比利时	27.7	41.6	43.5	47.2	77
波兰	27.5	33.2	37	36.3	88.4
葡萄牙	26.8	25	28.9	22.6	53.5
丹麦/瑞典	23.1	23.3	24.6	22.5	43.2
奥地利	21.3	31	28.9	22.6	53.5
西班牙	20.7	85.9	92.5	60.4	439.1
英国	19.2	13.7	14.5	21.8	57.4
斯洛伐克	14.6	10.1	8.8	10.3	15.6
希腊	10.7	7.7	3.3	7.8	8.12
匈牙利	10.5	13.3	14.9	15	15.8
捷克	10.4	16.4	18.1	15.4	43.7
荷兰	10.1	32.3	36.8	37	251.7
芬兰	8.5	22	28.8	22.5	34
立陶宛	6.6	9.8	8.5	7.9	13
罗马尼亚	6.5	2.9	7	10.1	27.7
拉脱维亚	3.0	4.4	4.3	5.6	15.6
爱尔兰	2.4	1.7	2.8	2.6	7.6
保加利亚	1.1	2.5	3.0	2.6	40.8
塞浦路斯	0.9	0.9	0.6	0.6	2
斯洛文尼亚	0.9	0.9	2.2	0	11.3
马耳他	0.1	0.1	0	0	0.5
卢森堡	0	0	0	0	0.5
爱沙尼亚	0	2.4	0.3	0	11

2014 年欧盟各成员国的生物柴油产能分布情况见表 1.7[14]。可见，产能最大的国家是西班牙，其次才是德国，产能排在前六的国家拥有的产能占整个欧盟的四分之三，英国发展生物柴油的积极性不高，其产能仅占整个欧盟的 2%。

表 1.7 欧盟各成员国的生物柴油产能分布（2014 年）

国家	产能占比/%	国家	产能占比/%
西班牙	21	德国	20
荷兰	11	法国	10
意大利	8	波兰	5
比利时	4	希腊	3
英国	2	捷克	2
奥地利	2	其他国家	12

1.3.2 美国[4, 20-26]

美国是商业化发展生物柴油较早的国家之一，在 20 世纪 90 年代初就开始了生物柴油的生产和销售。生物柴油由于生产成本及效益难以与石化柴油竞争，1999 年前一直发展缓慢。1999 年克林顿签署了《开发和推进生物基产品和生物能源》的第 13134 号总统执行令，提出到 2010 年生物基产品和生物能源增加 3 倍，到 2020 年增加 10 倍。同年，国会通过了《生物质研发法案》。从此，美国生物能源的发展步入了快车道。2002 年美国制定了《生物质技术路线图》，并成立了“生物质技术咨询委员会”，以保障生物能源产业的健康发展。2005 年 8 月布什总统新签署了《国家能源政策法案》，制定了可再生燃料标准（renewable fuel standard，RFS），RFS 明确指出必须在汽柴油中加入一定数量的可再生燃料且每年递增其含量，2007 年 12 月美国的《能源自主和安全法案》中又制定了更为严格的可再生燃料标准，规定到 2022 年用于运输的可再生燃料至少要达到 360 亿 gal/a①。这些法规和政策的发布实施使美国生物能源的产业规模和产量迅速超越其他国家和地区。2005 年 1 月起，美国对生物柴油给予每加仑 1 美元的税收抵免，美国生物柴油行业备受鼓励，从 2005 年到 2016 年，生物柴油产量甚至超过了 RFS 授权，导致生物柴油税收抵免不止一次地出现过中止，但 2015 年后又恢复了生物柴油的抵免政策。2000～2015 年美国生物柴油产量发展趋势见图 1.2[19]。

① 1gal≈3.785L

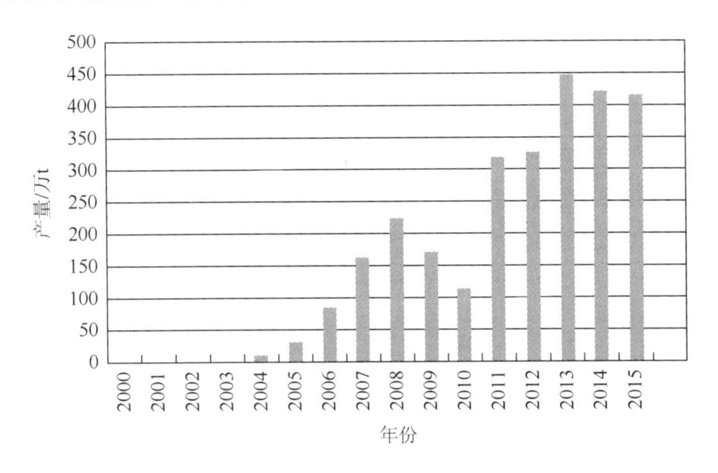

图 1.2 美国 2000～2015 年生物柴油的产量

美国生物柴油原料除使用其具优势的转基因大豆油外，也使用其他油脂，包括玉米油、动物脂肪、菜籽油等，具体见表 1.8。

表 1.8 美国生物柴油原料的使用情况

年份	油脂原料使用占比/%				
	转基因大豆油	动物脂肪	棕榈油	菜籽油	玉米油
2009	57.04	30.84	0	0	2.42
2010	47.44	27.98	0	10.23	4.66
2011	57.53	17.86	0	11.73	4.21
2012	56.91	14.32	0	11.12	9.10
2013	62.63	0	7.19	7.35	12.15
2014	54.88	11.69	0	11.79	11.01
2015	54.76	14.18	0	8.31	11.79
2016	55.12	11.53	0	10.70	11.66

尽管《国家能源政策法案》存在政策目标和法规的不确定性，导致 RFS 自 2014 年以来一直不断调整，一些税收减免政策也不稳定，但这没有影响生物柴油的发展。负责监管 RFS 的美国环境保护局（Enviromental Protection Agency，EPA）在 2015 年 12 月宣布了一项修订的授权，要求生物柴油产量从 2014 年的 62 亿 L 提高到 2018 年的 79 亿 L。所以 2014 年后美国生物柴油又迎来了蓬勃发展期。

在生物柴油贸易方面，美国与其他国家及地区，特别是欧盟、巴西、阿根廷存在较多的利益纠份。美国一直以来关闭着生物柴油及其调和油的贸易通道，尽管美国也分别从阿根廷和加拿大进口大豆油和双低菜籽油生产生物柴油，但有关生物柴油的激励措施仅针对国产大豆油原料。与欧盟的可再生能源标准立法类似，美国的 RFS 中也包含重要的温室气体条款，要求生物柴油的温室气体排放量必须比化石燃料柴油低至少 50%(通过生命周期分析计算)，而且禁止挤占净农业用地。EPA 的这些要求加强了可持续性发展和气候控制目标，但也间接地保护了国内的农业利益。大豆油基生物柴油及其附属产品（豆粕）的最大优势是很容易满足可持续发展设置的门槛，相对石化柴油，其温室气体减排估计为 76%，远高于 50%。相比之下，EPA 认为棕榈油生物柴油的温室气体减排量只有 17%。虽然哥伦比亚和其他以棕榈油为基础的生物柴油生产国对 EPA 的温室气体计算结果进行了质疑，但美国仍禁止进口棕榈油生物柴油，特别是农耕地上种植的油棕生产的生物柴油。

1.3.3 巴西[27-33]

巴西大规模发展生物能源最初是由于 20 世纪 70 年代石油危机的冲击，后来是为了履行减排义务，提升国际影响力。依托国内丰裕的生物资源条件，巴西先后启动了国家乙醇计划和国家生物柴油计划，取得了丰硕的成果，降低了巴西能源对进口石油的依赖，确保了能源安全，优化了能源结构，创造了大量的就业岗位，带动了关联产业的发展，推动了巴西经济不断增长。

巴西的生物柴油计划于 2003 年启动，政府通过颁布国家生物柴油生产和使用计划，规范和促进生物柴油的生产和推广。巴西政府推广生物柴油的主要目的之一是让农民参与生产各种生物柴油原料，从而刺激整个国家小规模型农业的发展，提高巴西最贫穷的农业地区的农民收入。目前，生物柴油是巴西除燃料乙醇外应用最广泛的生物燃料，生产原料主要是转基因大豆油、棉籽油、动物脂肪和其他油脂（蓖麻油、棕榈油、向日葵油和玉米油）等，其使用的原料情况见表 1.9[28]。

表 1.9 巴西生产生物柴油使用的原料（万 m^3）

品种	2005 年	2006 年	2007 年	2008 年	2009 年	2010 年	2011 年	2012 年
大豆油	7	10	36	100	128	200	218	213
棉籽油	—	—		3	28	8	11	11
动物脂肪	—	—		17	7	31	33	35
其他油脂	—	2	1	2	2	6	2	2

巴西最大的生物柴油生产企业——巴西生物柴油公司是在政府的支持下于 2003 年成立的，旗下有 6 家生产工厂，年生物柴油产量约 80 万 t。受政府的引导，

各方投资生物柴油的意向明确，纷纷建设生物柴油装置。到2015年，巴西已经建成的生物柴油装置总产能达到约680万t，当年的生物柴油产量约350万t。2010～2015年巴西生物柴油产量、消费量和产能利用率见表1.10。巴西生物柴油产销相近，但产能过剩很严重，产能利用率多年来基本在50%以下。

表1.10 巴西2010～2015年间生物柴油的生产和消费[33]

项目	2010年	2011年	2012年	2013年	2014年	2015年
产量/万t	206	231	232	251	294	350
消费量/万t	213	224	240	247	292	350
产能利用率/%	41.2	39.6	36.3	37.4	44.8	51.5

为了刺激生物柴油利用，消化产能，巴西政府在税收上对生物柴油给予了一系列优惠政策，例如，巴西政府2005年1月颁布了第11097号法令，实施生物柴油配额制，强制推广使用生物柴油。在该法令的约束下，巴西国内销售的所有柴油中，生物柴油添加量在2008年7月前不低于2%，2008年7月后提高到3%，2010年提高到5%，2015年提高到7%。这一举措极大地保障了生物柴油在巴西的销售，为生物柴油企业解决了销售难题。

在世界生物能源领域，巴西和美国、欧盟占有同等重要的地位。美国和巴西两国出口的生物能源是世界生物能源市场上最主要的来源。2014年，美国、巴西生产的乙醇燃料总量占世界总产量的83%，其中，巴西产量占世界总产量的25%。2015年，欧盟、美国和巴西生产的生物柴油占世界总产量的70.6%，其中欧盟1175万t，美国410万t，巴西350万t排第三。

1.3.4 阿根廷[34-39]

阿根廷因为其丰富的转基因大豆资源也十分注重发展生物柴油。但跟邻国巴西不同的是，阿根廷生产的生物柴油主要用于出口贸易。在过去的10年里，阿根廷已经成为石油的净进口国，柴油在车用燃料中占比约为三分之二。与此同时，阿根廷又是全球植物油生产和出口最多的国家之一。由于难以理顺大豆和豆粕复杂的国际贸易关系，在过去的十多年里，阿根廷也一直致力于兼顾出口和促进生物柴油的国内使用。

阿根廷的生物柴油发展战略始于2001年，当时的阿根廷能源部提出了一项旨在增强生物柴油竞争力的计划，其中包括10年内给予生物柴油工业发展免税。随后制定的2004～2008年的国家能源规划，重点是增加国内能源生产，减少能源使用补贴。2006年阿根廷政府发布了一项较为全面的有关生物燃料的法律，并据此设立了国家生物燃料委员会，以便制定生物燃料的激励框架和监管发展的措施，且提出优先利用国内农业原料促进可持续能源经济的发展。阿根廷考虑到自身拥有高度发达的植物油市场但缺乏巴西在甘蔗乙醇方面的优势，法规的制定更加侧重生物柴油而不是乙醇。像巴西一样，制定此法律的最初意图是激励小型和中等经营规模的农民来提供各种生物柴油原料，但规模大、生产高效的大豆生产商很快担负起主要角色，把转基因大豆油供应到国内生物柴油行业。

阿根廷的生物柴油生产情况见图 1.3[38]。

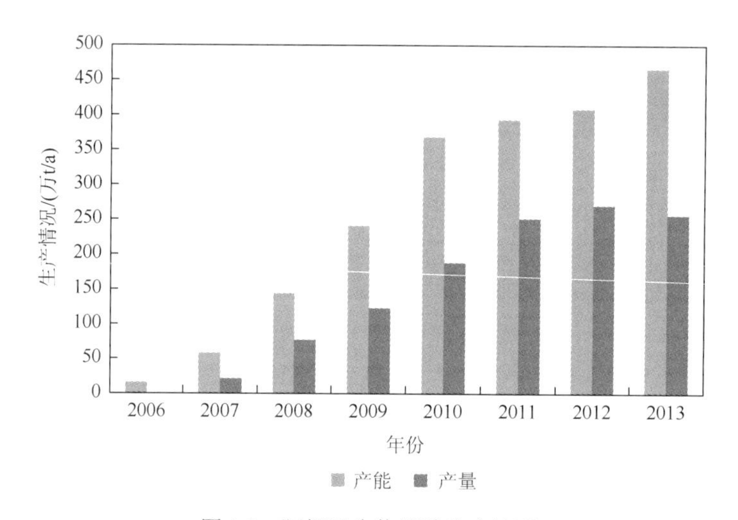

图 1.3　阿根廷生物柴油生产情况

阿根廷发展生物柴油侧重出口，而巴西注重国内消费[38, 39]。2008～2014 年，阿根廷生产的生物柴油的 70%用于出口销售。其中的原因如下。

（1）生物柴油的出口税远低于出口的大豆和大豆的加工产品（豆粕和豆油），如 2008 年，大豆、豆粕和豆油的出口税率分别为 35%、32%和 30%，而同期生物柴油出口税率仅为 15.2%，不到大豆和大豆加工产品税率的一半。2015 年，阿根廷政府适当调低了大豆及其加工产品的出口税率，调到 30%，但生物柴油出口税率也从 15.2%降至 10.9%，预计未来几年还将进一步下降。

（2）阿根廷生物柴油主要出口到欧盟和美国，成本上具有优势，能够竞争成为欧美生物柴油的供应商，而不仅是生物柴油原料供应商。虽然阿根廷与欧美后来在生物柴油上出现了贸易摩擦，例如，2013 年欧盟对阿根廷直接征收生物柴油的反倾销税，但成本优势带来的市场优势无往不胜，因为它能与石化柴油的价格竞争。2014 年 7 月后石油价格断崖式下跌，极大打击了阿根廷生物柴油的出口，2015 年仅出口了 78 万 t，只有 2014 年的一半。不过，随着 2016

年欧盟反倾销税的取消和阿根廷对秘鲁市场的开发，预计阿根廷生物柴油的出口将再次坚挺。

现在阿根廷政府在坚持发展生物柴油出口贸易的同时，也大力开发国内市场，实施生物柴油配额制，强制推广使用生物柴油。2010年阿根廷政府开始执行掺入5%生物柴油（B5）的指令，2013年推出掺入10%生物柴油（B10）的指令。大豆是阿根廷的支柱行业，生物柴油在阿根廷还有很大的发展空间。阿根廷生物柴油生产和贸易见表1.11。

表1.11 阿根廷生物柴油生产和贸易[38]（万t）

项目	2010年	2011年	2012年	2013年
产量	180	240	275	235
国内消耗量	50	60	75	100
出口量	130	180	200	135

1.3.5 哥伦比亚[40-45]

哥伦比亚位于南美洲的西北部，邻近太平洋，以热带雨林气候为主，适合古柯生长，导致毒品交易泛滥，诱发的社会不稳定和犯罪问题严重影响哥伦比亚的政局和经济发展，也败坏了国家形象。为此，哥伦比亚政府大力提倡油棕的种植，并在油棕种植地区建设生物柴油厂，授权加工转化棕榈油为生物柴油，促进农村收入增长和稳定，消除农村地区因古柯生产导致的叛乱和暴力行为，扩大农村就业。因此，与印度尼西亚相比，哥伦比亚发展生物柴油是在履行国家职责，是国家计划行为，所建设的生物柴油装置几乎都在运行生产。

为了规范发展生物柴油，2004年，哥伦比亚政府制定了基于棕榈油基生物柴油调和燃料的政策指导方针和发展目标。为了贯彻政策，达到发展目标，政府对从油棕种植到生物柴油应用涉及的各个环节实施了各种各样的补贴和激励措施：一是对油棕的栽培种植，政府为种植户上灾害保险和价格稳定保险，以稳定农业收入；二是建立生物柴油生产和应用免税区；三是成立公私合作的生物柴油金融专项用于油棕的种植和生物柴油生产的资金需求。为了消费生物柴油，政府推行强制的配额政策，除偏远地区是B8外，全国实行B10，而且承诺2017年将提高到B20。由于这些政策，哥伦比亚生物柴油产业迅速发展，全国近一半的棕榈油被加工成生物柴油，已经建成的国家生物柴油炼油厂满负荷运营，还有一批新装置正在建设。

哥伦比亚的生物柴油发展模式和政策是有争议的。尽管发展生物柴油是为了农村经济增长和扶贫，但生物柴油的发展红利被大地主和具有垄断地位的生物柴油生产商得到。因为哥伦比亚的土地兼并程度很高，有超过一半的土地属于少数大地主所有；而生物柴油生产和销售是政府指定的，垄断享受生物柴油产业政策带来的利益。总的来说，棕榈油生产和生物柴油的发展似乎并没有减少不平等和贫困。

2015 年起，棕榈油在国际市场上多数情况下以高于生物柴油的价格销售，直接出口销售棕榈油比转化为生物柴油销售更有利。为了消除这一不利因素对国内生物柴油行业的影响，政府通过限制棕榈油的出口贸易来维持国内生物柴油企业的利益。同时为了进一步鼓励国内生物柴油的发展，哥伦比亚对所有运输燃料征收高的消费税，但对生物柴油征收的税率很低。

1.3.6　加拿大[46]

加拿大的生物柴油产量仅占全球产量的 1%。2007 年，加拿大承诺到 2020 年将温室气体排放量在 2006 年的基础上减少 20%。推广可再生燃料是履行这一承诺的一个重要组成部分，加拿大同时要求联邦政府对可再生燃料的生产和调配使用进行补贴，以刺激生物燃料发展。另外，该国的可再生燃料政策也被用于鼓励农村发展，为农产品建立新的消费市场，而不是都用来出口。加拿大的生物柴油有一半多是用自产的双低菜籽油生产的。尽管双低菜籽油价格相对较高，但菜籽饼粕因蛋白含量高而被用来生产动物饲料，增强了其整体盈利能力。

加拿大联邦政府维持了对 B2 的强制性要求（有些省份强制执行 B4），对生物柴油的需求超过其产量，需要进口生物柴油。但加拿大同时也出口生物柴油，这些出口的生物柴油目前都流向美国，因为加拿大的生物柴油生产商有资格在可再生能源标准法下享受税收抵免。加拿大联邦的生物能源生产补贴于 2017 年 3 月 31 日终止，但对生物柴油继续实施这一政策，从 2017 年延长到 2020 年。加拿大可再生燃料协会目前正在游说各政党，希望在 2020 年将联邦生物柴油的授权配额从 B2 提高到 B5，而该国的三个主要政党似乎支持这一提议，尽管目前石油价格还较低。

1.3.7　东南亚三国[47]

东南亚三国是指印度尼西亚、泰国和马来西亚，所处区域得天独厚的气候条件特别适合油棕的生长。油棕易栽培、产量高、收获周期长、投入产出比高，经济收益明显高出传统的热带作物如甘蔗、橡胶等，深受三国政府和投资者的青睐。东南亚油棕的种植发展很快，已经成为世界上最密集的油棕种植区，棕榈油的产量不断攀升，超过世界植物油总产量的 30%。2002 年以来东南亚三国棕榈油生产和贸易情况如表1.12所示[47]。可见，印度尼西亚和马来西亚是世界上棕榈油生产和贸易大国，国际市场上80%的棕榈油来自于该两国。

表1.12 印度尼西亚、马来西亚和泰国棕榈油的生产和出口量（万t）

年份	印度尼西亚		马来西亚		泰国	
	产量	出口	产量	出口	产量	出口
2002	1030	642.2	1318	1165	64	13.8
2003	1197	7856	1342	1160.2	84	13.3
2004	1356	962.1	1519.4	1268.4	82	8.1
2005	1556	1169.6	1548.5	1293.1	78.4	20.5
2006	1660	1141.9	1529	1290	117	28.3
2007	1800	1396.9	1756.7	1464.4	105	36
2008	2050	1596.4	1725.9	1548.5	154	11.4
2009	2100	1620	1776.3	1553	134.5	13
2010	2360	1642.2	1821.1	1630.7	1288	38.2
2011	2540	1800	1830	1660	154.6	50
2012	2700	1910	1850	1670	170	52

随着生物柴油产业的发展，印度尼西亚、马来西亚和泰国对此积极性都很高，大量吸引投资来建设生物柴油装置和生产生物柴油，但实际上建成的装置未完全被利用，有的甚至长期闲置。表1.13列出了印度尼西亚、马来西亚和泰国生物柴油的发展情况[47]。

表1.13 东南亚三国生物柴油的产量和产能利用率

年份	印度尼西亚		马来西亚		泰国	
	产量/万t	产能利用率/%	产量/万t	产能利用率/%	产量/万t	产能利用率/%
2007	23.2	15.8	9.4	3.8	5.8	14.3
2008	54.2	20.1	18.3	7.4	38.5	53.3
2009	28.5	9.4	20.8	8.4	52.5	31
2010	63.6	18.8	8.9	3.6	56.8	33.5
2011	154.6	42	4.7	1.9	54.2	32
2012	189.3	45.1	13.1	5.3	77.4	62.1
2013	240.9	49.4	30	12.4	91.1	73.1
2014	283.2	58.2	31	12.5	100.6	80.7
2015	137.6	23.7	40.7	18.6	104	74.2
2016	240.8	40	60.4	24.4	107.5	76.7

1. 印度尼西亚[48-51]

2006 年年初，印度尼西亚政府推出了一项国家能源政策，旨在 2025 年之前将生物燃料使用量增加到总运输燃料消耗量的 5%。这一政策的根本动机一方面是减少本国对化石燃料的依赖，另一方面是为其不断增长的油棕产业发展寻求市场。该政策的推行带来了印度尼西亚油棕的快速发展，使其当年（2006 年）就超越马来西亚，成为全球最大的原棕油（crude palm oil，CPO）生产国，2008 年发展成为全球 CPO 的最大出口国。产量大、劳动力低廉、土地租用成本低使印度尼西亚在 CPO 的国际市场上一直维持较强的竞争力。与此同时，印度尼西亚政府大力吸引私人和公共资金投资油棕的种植，油棕长时期（25 年）连续不断的收益给投资者带来了丰厚的回报，也给印度尼西亚的经济注入活力，政府的相关管理部门为 CPO 产业提供了强有力和持续的政治支持。

印度尼西亚的原棕油行业发展的初衷是为了取代椰子油，提升国内食用油的供应能力，后来才发展 CPO 出口市场。为了稳定食用棕榈油的供应，使国内食用油价格符合民生的要求，国家综合考虑设置了 CPO 出口税，并于 1994 年首次征税。由于政策执行到位，没有“课税过重”，印度尼西亚不仅保障了国内食用油的供应，也给棕榈油生产商和贸易商留下了一定的利润空间。印度尼西亚的棕榈油生产和贸易发展，使其迅速成为世界最大的 CPO 出口国。

印度尼西亚政府 CPO 出口税的收入与国际市场 CPO 的价格相关，CPO 价格高，则收入丰厚。但 CPO 的价格与原油同步变化，原油高价时也给政府财政带来巨大的负担。因此，印度尼西亚政府更专注于促进生物柴油作为替代燃料的发展，以减少石油进口。据印度尼西亚交通部门预计，到 2020 年车用燃料的消费将每年增长 3.7%，同期由于柴油乘用车和运输车辆增长更快，柴油消费需求增加。因此，政府授权将生物柴油的调配比例从 2010 年的 B2.5 提高到 2014 年的 B10。

2014 年 6 月以来，原油价急剧下跌，与此同时农产品价格也不断下跌，这给印度尼西亚的油棕业发展带来挑战。棕榈油生物柴油发展一方面需要提高国内需求；另一方面低油价时代尽管棕榈油价格也下降了，但没有政府的补贴，生物柴油企业还是难以生存。当前，CPO 行业的投资成本大幅下降，油棕果生产持续增加，收益减少，但保证了就业，这些利好因素使政府坚定地选择了在化石燃料市场价格低位疲软的情况下继续发展生物柴油。生物柴油补贴虽被削减，但仍有约 115 美元/t。2015 年 5 月，印度尼西亚政府宣布立即实施生物柴油调和授权比例到 B15，2016 年增加到 B20，到 2020 年增加到 B30。生物柴油补贴又得到了加强，将每年产生的出口税收益 7 亿～10 亿美元纳入新创建的印度尼西亚油棕榈发展基金，用于提高 CPO 行业的生产率，并补贴国内的生物柴油生产。

当然，印度尼西亚的生物柴油发展策略具有很大的挑战性。一方面，国际市场上由于石油价格低，降低了生物柴油的需求；另一方面，欧盟和美国从生态和环境保护角度排斥基于油棕的生物柴油。2014～2015年，印度尼西亚的生物柴油出口从1.35亿L降至0.340亿L，而同期生物柴油产量从3.3亿L降至1.2亿L。2017年，印度尼西亚生物柴油产量升至25亿L以上，其中大部分是国内消费，占国内交通燃料总消费量的8%。

印度尼西亚的生物柴油补贴政策给政府带来很重的财政负担。据估计，政府实现B20的授权调和比例目标要产生高达28亿美元的补贴支出。油棕种植土地的扩大也带来巨大的社会成本，如破坏原始森林环境、高碳土壤的碳排放、土地权利冲突、森林火灾等。据世界银行（World Bank）估计，2015年印度尼西亚的森林火灾造成了160亿美元的损失。但油棕行业产生的巨大社会效益也是明显的，印度尼西亚国民收入增加，改善了印度尼西亚贫困地区营养物质供应，减少了贫困。CPO的收益和促进印度尼西亚农村发展的愿望一直是政府支持生物柴油政策的主要动力，但可再生能源发展目标尚未实现，生物柴油工厂17%的产能利用就是例证。所以，2020年实现B30的雄心勃勃的利用目标脱离了全球能源市场的发展预期，不太可能实现。

2. 泰国[52-54]

2015年泰国的生物柴油产量占全世界的4%，约104万t，在亚洲是除印度尼西亚之外的第二大生物柴油生产国。没有证据表明泰国政府十分致力于发展生物柴油产业，2012年泰国政府推出的可再生能源和替代能源发展计划，只是针对当时实际石油价格高位运行，棕榈油价格不断下跌作出的，政府发布了一个调配B7的授权，要求渔船和运输卡车使用B10～B20的调和燃料。但由于担心作为生物柴油原料的棕榈油供应不足和由此引起的食用油价格上涨，国家强制的调配授权及使用要求并没有严格执行。泰国发展生物柴油的成就更多是油棕种植商和生物柴油企业追逐利润的自发行为，生物柴油企业游说政府的结果是2015年泰国实现了平均调配率B5.8的应用效果。

当然，周边国家发展生物柴油的举措一直影响着泰国政府，泰国政府认识到发展国内生物柴油生产，不仅能减少能源进口，促进多元化能源经济的发展，而且能降低温室气体排放，履行减排义务，提高国际地位。当然，日益增长的油棕行业发展对泰国经济增长的贡献及改善贫困地区就业问题的效果，使得政府意识到必须加强可再生燃料生产。泰国是仅次于印度尼西亚和马来西亚的世界第三大棕榈油生产国，生物柴油企业几乎完全依赖国内油棕行业。而泰国油棕行业与印度尼西亚、马来西亚、哥伦比亚不一样，它的发展基于小农场主的农业土地。国家农业政策一贯支持小农模式，禁止大型种植园主砍伐森林种植油棕，禁止外国公司租赁农田种植油棕。大多数佃农都是独立于生物柴油工厂来经营的，生物柴油工厂一般都是从佃农手中购买油棕果，而不是经营整合得到的油棕种植园。这种经营模型缺陷很多，例如，生物柴油厂收购的油棕果质量不稳定，工厂的产能利用率低，CPO 产量不稳定。尽管如此，因为种植油棕的利润高，佃农种植油棕的积极性很高，传统的咖啡、大米、水果种植面积下降。考虑到食品价格的稳定性，油棕种植业整合的难度大，CPO 产量增长空间有限，泰国在当前原油价格保持在低位的条件下，不太可能扩大其生物柴油产业，并在 2020 年之前实施 B10 授权。

3. 马来西亚[55-58]

与印度尼西亚、哥伦比亚和泰国一样，马来西亚的生物柴油产业的基础也是油棕产业。1957 年马来西亚独立后不久，就成为全球特殊树种种植先行者，橡胶、甘蔗种植曾为马来西亚带来了繁荣的经济。油棕革命颠覆了橡胶的地位，成为一个重要的行业，棕榈油的出口贸易大约占到了该国外贸收入的 7%，种植园里雇用了 50 万名工人，下游加工又雇用了 40 万名工人。化石能源在马来西亚的经济中也扮演着重要角色，马来西亚是全球第二大液化天然气出口国，国家石油和天然气公司的产值占该国国内生产总值（gross domestic product，GDP）的 20%，贡献了多达 45%的政府收入。因此，马来西亚政府虽然在 2006 年颁布了生物燃料法，2008 年制定了生物柴油法令，但是在 2011 年之前由于国际市场 CPO 价格高而推迟执行这些规定。2010 年中期前在马来西亚建立的 29 家生物柴油工厂中，只有 10 家在 2010 年投入运营，原因是 CPO 的价格相对较高，不如直接出口贸易效益好。马来西亚倡议的生物柴油授权调配比例是 B7，并在 2016 年 7 月就开始推广 B10，但由于市场条件不利，这一目标被推迟。生物柴油调和比例增加和推广应用需要给生物柴油生产商和调配商补贴，这将增加国家的财政负担，因此政府授权目标已经放弃了好几次，以试图平衡能源和农业领域的利益。低油价时代的马来西亚石油和天然气贸易收入下降，政府面临巨额预算赤字。据估计，马来西亚全部推行 B10 所需的生物柴油补贴将达到 2.6 亿美元。考虑到马来西亚在森林砍伐和土地使用权方面的争端，实现 B10 的社会成本将会进一步增加。

1.4　国内生物柴油产业的发展

我国生物柴油产业发展起步晚于欧美等发达国家和地区。2001 年由海南正和生物能源有限公司投资兴建的我国首家生物柴油工厂在河北武安投产，宣告我国生物柴油开始步入产业化进程[59]。

1.4.1　中国生物柴油原料供应分析

同欧美等国家和地区一样，我国发展生物柴油产业首要的是解决油脂原料的供应问题。我国食用植物油产需缺口大，产量不到市场需求的30%，需要大量进口转基因大豆油、棕榈油等满足国内的食用需求[60]。可见，我国食用油供应安全问题十分突出，所以国家不提倡以可食用油脂发展生物柴油，提倡用非食用林木油脂和废弃油脂发展生物柴油产业。2006年，国家发展和改革委员会、财政部和国家林业局联合启动了木本油料能源植物种植基地的建设，2007年国家发展和改革委员会要求中国石油天然气集团公司、中国石油化工集团公司、中国海洋石油集团有限公司三大石油公司支持国家林木油脂生物柴油产业的发展，起带头示范作用。三大石油公司积极参与麻疯树能源林基地建设，同时申请的国家级生物柴油示范项目得到批准，分别在云南（中国石油天然气集团公司）、贵州（中国石油化工集团公司）和海南（中国海洋石油集团有限公司）建立麻疯树籽油为原料的生物柴油装置，年产能均在5万～6万t。从十多年的发展历程来看，由于良种的培育、种植和稳定产果、采摘加工还需大量的投入，发展成熟还要相当长时间。中国石油天然气集团公司和中国石油化工集团公司承担的生物柴油示范装置未能按计划建成投产，中国海洋石油集团有限公司的6万t/a生物柴油装置如期建成后被迫采用废弃油脂生产生物柴油。

废弃油脂是食用油生产、储存和消费过程中产生的不适宜再食用的油脂，包括餐饮废油、榨油厂下脚料和动物废油等，是典型的回收油脂[61]。中国由于特殊的饮食习惯，食用油消费过程中的食入率低于国外，产生的大量餐饮废油可以作为生物柴油原料，所以具备以这类原料发展生物柴油产业的条件。据不完全统计，我国废弃油脂年产出总量约1000万t，其中酸化油100万t、餐饮废油（地沟油）300万t、存放过期的食用油100万t、动物脂肪500万t，其中可以作为生物柴油原料的各类废弃油脂不低于500万t/a。

以废弃油脂为原料生产生物柴油是其最好的利用方向，其优势表现在：一是采用废弃油脂生产生物柴油，具有全年不分季节供应、不需要培养木本油料树的早期投入的特点；二是生物柴油生产用的废弃油脂质量要求可以放宽，不像生产油脂化学产品那么严格，更多种类废弃油脂可以得到应用；三是废弃油脂价格便宜，往往不到食用油脂的70%，原料成本相对较低；四是把废弃油脂转变为清洁能源生物柴油，能有效减少废弃油脂对环境的污染，还能有效防止这些废弃油脂被处理加工重返餐桌的非法行为。

当然，废弃油脂发展生物柴油的局限性很明显，以微藻油脂为原料的生物柴油产业是发展方向[62]。微藻是地球上最简单的生物，也是自然界中生长最快的植物，比农作物的单位面积产量高出数十倍。微藻生物柴油产业可以消耗二氧化碳，减缓温室效应，减少对石油的依赖，还能处理废气废水，保护环境。因而，微藻生物柴油技术被誉为“一石三鸟”的技术，各国政府均大力支持研发。微藻可以生长在高盐、高碱的水中，也可用滩涂、盐碱地、沙漠和海水、盐碱水、工业废水等培养。微藻干细胞的含油量有的高达 70%，是最有前景的产油生物，而且生产微藻油的同时，还伴产蛋白质、多糖、脂肪酸等高价值产品，有利于降低微藻生物柴油的成本。微藻生物柴油要大规模工业化生产，还有漫长、艰难的路要走，它的生产是复杂的系统工程，涉及多学科、多专业，投入大。目前工业化生产尚未实现，生产成本远远高于石化柴油。未来要在微藻收集、浓缩、破壁、提油等方面取得重大突破，同时简化流程、降低设备投资和生产成本。

1.4.2 中国生物柴油的产业政策

生物柴油作为一个新兴行业在发展初期面临很多的困难，所以国外一些发展早、发展快的国家和地区都配套出台了一整套的优惠政策，包括资金、税收和强制配额推广使用等方面，将生物柴油产业扶上马，再送上一程，使之发展壮大，自我成长。我国政府也不例外，国家为了支持可再生能源的发展，2005 年 2 月全国人民代表大会就通过了《中华人民共和国可再生能源法》，要求加强科研开发及教育培训，通过经济激励（财政支持、信贷措施、税收措施等），提高农林产业生产的积极性，提高企业参与的积极性。国家相关部门，如国家发展和改革委员会、财政部、商务部、农业部、税务总局、林业局等根据《中华人民共和国可再生能源法》，先后制定发布了一些可再生能源的相关政策。

在资金扶持方面，2006 年以来先后发布实施了《关于发展生物能源和生物化工财税扶持政策的实施意见》（财建〔2006〕702 号）、《生物能源和生物化工非粮引导奖励资金管理暂行办法》（财建〔2007〕282 号）和《可再生能源发展专项资金管理暂行办法》（财建〔2007〕371 号）等系列财税政策。生物柴油作为液体替代燃料是其中支持的重点。这些政策的主要内容如下。

（1）国家通过中央财政预算安排用于支持可再生能源开发利用的专项资金。

（2）国家设立非粮引导奖励资金，具体包括以下几方面。

（a）装置建设期贴息。经审核达到标准要求的示范项目，包括技术创新项目放大生产等的贷款，在建设周期内给予全额财政贴息。

（b）装置竣工投产后的奖励。在示范项目投产后，组织验收评估，对于放大生产项目能够打通工业化生产流程，各项指标达到或优于“标准”规定的水平，或在优化生产工艺方面实现突破，达到“标准”规定者，财政将给予奖励。奖励额度原则上控制在企业因放大生产或优化工艺所增加投入的 20%～40%。

（c）财政部分年度将财政贴息资金拨付至示范项目所在地省级财政部门；奖励资金，在示范工程结束并验收评估后，由财政部一次性拨付至示范企业所在地省级财政部门，由省级财政部门及时将财政贴息资金与奖励资金转拨至示范企业。

在税收优惠政策方面，2005年以来针对生物柴油出台的优惠政策如下。①所得税。财政部、国家税务总局、国家发展和改革委员会联合发布的《资源综合利用企业所得税优惠目录（2008年版）》（简称《目录》），包含生物柴油。明确指出：生产《目录》内符合国家或行业相关标准及要求的产品所取得的收入，在计算应纳税所得额时，减按90%计入当年收入总额。②增值税。财政部、国家税务总局2008年12月发布了《关于资源综合利用及其他产品增值税政策的通知》（财税〔2008〕156号），指出综合利用生物柴油，是指以废弃的动物油和植物油为原料生产的柴油，其中废弃的动物油和植物油用量占生产原料的比重不低于70%，对企业销售自产的生物柴油实行增值税先征后退政策。这一政策2015年被废止，同时出台新的《资源综合利用产品和劳务增值税优惠目录》，规定以废弃的动物油和植物油为原料生产的柴油，其中废弃的动物油和植物油用量占生产原料的比重不低于70%，对企业销售自产的生物柴油实行增值税即征即退，退税比例为70%。

对于消费税，国家税务总局分别对四川国税局和青岛国税局给出《关于生物柴油征收消费税问题的批复》（国税函〔2005〕39号和国税函〔2006〕1183号），明确指出：以动植物油为原料，经提纯、精炼、合成等工艺生产的生物柴油，不属于消费税征税范围。但是，2008年年底，国家开始调整征收成品油消费税，国家税务总局《关于加强成品油消费税征收管理有关问题的通知》中又废止了国家税务总局国税函〔2006〕1183号《关于生物柴油征收消费税问题的批复》的文件。2009～2010年12月处于政策空白期。直到2010年12月23日，财政部、国家税务总局出台了《关于对利用废弃的动植物油生产纯生物柴油免征消费税的通知》（财税〔2010〕118号）。从2009年1月1日起，对同时符合下列条件的纯生物柴油免征消费税：①生产原料中废弃的动物油和植物油用量所占比重不低于70%。②生产的纯生物柴油符合国家《柴油机燃料调合生物柴油（BD100）》标准。从2009年1月1日至本通知下发前，生物柴油生产企业已经缴纳的消费税，符合本通知第一条免税规定的予以退还。

1.4.3 中国生物柴油的产业现状[59, 63-65]

民营企业是我国生物柴油产业发展的主力。据中国市场研究中心调查，2002～2016年，报道投资建设生物柴油装置的企业有上百家，建成或在建装置的总产能约300万t/a，采用林木油脂或废弃油脂，如餐饮业废油、地沟油、酸化油、动物油等生产生物柴油。表1.14列出了国内部分生物柴油企业的基本情况。

表 1.14　国内部分生物柴油企业的基本情况

企业名称	地点	规划产能/(万 t/a)	已建产能/(万 t/a)	原料
福建龙岩卓越新能源发展有限公司	福建龙岩	5	5	废弃油脂
福建龙岩卓越新能源发展有限公司	福建厦门	10	5	废弃油脂
福建龙岩卓越新能源发展有限公司	福建漳州	5	5	地沟油
福建源华能源科技有限公司	福建福州	6	6	废油脂油
四川古杉油脂化学有限公司	四川绵阳	2	2	废弃油脂
常州市卡特石油制品制造有限公司	江苏常州	4	4	地沟油
江苏永林油脂化工有限公司	江苏盐城	10	5	地沟油
江苏恒顺达生物能源有限公司	江苏镇江	55	20	废弃油脂
湖南海纳百川生物工程有限公司	湖南益阳	4	4	动物油脂及废弃油脂
河南鑫宇生物科技有限公司	河南新乡	10	3	地沟油
郑州侨联生物能源公司	河南郑州	5	1	地沟油
河北金谷油脂科技有限公司	河北辛集	2	2	地沟油
山东清大新能源有限公司	山东	5	5	废弃油
贵州中京生物能源发展有限公司	贵州贵阳	2	2	地沟油、酸化油
江西省新时代油脂工业有限公司	江西九江	10	1.8	潲水油、地沟油
江西省萍乡市科技园生物柴油有限公司	江西萍乡	4	2	垃圾油
长春环科废油脂试验厂	吉林长春	2	2	地沟油
宁波杰森绿色能源科技有限公司	浙江宁波	1	1	废弃油
新疆发展沧海宏业能源科技有限公司	新疆石河子	5	5	废弃油脂
中海油新能源（海南）生物能源化工有限公司	海南东方	6	6	废弃油、林木油
洪湖浪米业有限责任公司	湖北洪湖	10	10	废弃油
老河口回天油脂有限公司	湖北老河口	3	2	废弃油
陕西德融科技信息发展有限公司	陕西汉中	10	5	林木油
陕西宝润生物能源有限公司	陕西西安	10	10	废弃油
重庆天润能源开发有限公司	重庆	5	3	林木油、废弃油
望江县华孚新能源有限公司	安徽望江	3	3	废弃油
嘉诺化工发展有限公司	广东江门	3.7	3.7	废弃油

近 20 年来，受国内外各种不利因素的影响，国内生物柴油企业有的倒闭，有的转产，坚持下来的不多。据不完全统计，截止到 2015 年，产能超过 10 万 t 的生物柴油企业还有 16 家，2015 年实际产量约 80 万 t，其中约一半作为油脂化工的生产原料销售，剩下的一半作为柴油燃料销售，但基本销售给农用拖拉机、工

程施工机械和渔船等，没能进入油品主销售渠道。我国生物柴油产业在原料供应、生产技术和产品推广利用方面正面临很大的困难，究其原因如下。

（1）国家针对生物柴油产业的优惠政策不到位，国家生物柴油质量标准发布滞后。前面说过，我国政府围绕可再生能源的发展出台了一系列优惠政策，但国家执行这些政策时，只考虑了乙醇汽油、风电、光伏等，没有及时考虑到生物柴油，燃油税直到 2010 年年底才发文明确免征。至于生物柴油质量标准，从 2002 年国内生物柴油产业起步以来，100%生物柴油（BD100）的国家质量标准迟至 2007 年才发布实施；而生物柴油调和产品 B5 标准到 2010 年发布，2011 年 2 月才实施。没有 BD100 国家标准，生物柴油产品质量没有统一要求，好坏一个价，使专心致力于生物柴油的企业没有发展环境；没有 B5 国家标准，生物柴油难以进入油品销售的主渠道进行销售。

（2）一部分民营生物柴油企业没有认真调研，仅听片面宣传，匆忙投资，建成的工厂因原料供应、技术、环保、销售等问题突出，运营困难，最后只得关闭，投资无法收回。生物柴油是新型产业，了解的人不多。在石油资源减少、价格上扬和二氧化碳减排等国际大环境和国内柴油短缺、经常闹“油荒”表象中，生物柴油的正面形象受到过分渲染，使人以为这是一个风险小、投资有保证、利润丰厚的新型产业，匆忙征地、投资、建装置。装置建成要投产时，才发现原料、产品质量控制、产品销售都存在许多问题，难以经营。

（3）生产技术落后，原料利用率低，产品质量差，生产过程“三废”排放多，污染环境。国内生产生物柴油使用的主要原料是地沟油、酸化油等废弃油脂，由于质量差，难以采用国外针对油脂开发的先进生物柴油技术。而此时，国内外还没有针对废弃油脂生产生物柴油的先进技术，企业只能选择落后的酸碱法技术建厂。后来虽然开发了一些新技术，如中国石油化工集团公司开发的 SRCA 生物柴油生产技术、清华大学和北京化工大学开发的酶催化技术等，克服了酸碱法技术的不足。但酸碱法生物柴油装置建设已成规模，而且一些企业建设很不规范，为了节省投资，仅建设生产装置，“三废”处理的环保设施建设不到位，乱排乱放造成周边环境污染。酸碱法技术采用的酸碱催化剂易引发副反应，导致原料利用率低，产品质量差，难以达到国家标准要求。

（4）废弃油脂缺乏有效监管，去向不明，部分地沟油企业生产技术及设备落后，质量波动大，价格变动快，增加了生物柴油企业的经营风险。

（5）国家没有采取国外普遍采取的配额政策，强制在石化柴油中调和一定比例生物柴油来销售使用，国内主流柴油销售商对销售生物柴油不积极，再加上目前国内柴油市场供过于求，生物柴油应用市场进一步萎缩，销售困难，产量下降明显。

（6）低油价下，生物柴油价格低，经济回报较差，国家相关税收优惠政策针对性不强，鼓励作用有限。

我国生物柴油产业发展中遭遇到的问题已经引起国家相关部门的重视。2014年11月，国家能源局颁布了《生物柴油产业发展政策》，对生物柴油行业重大问题给予了规范，旨在规范生物柴油生产与推广应用，引导产业科学有序发展；并提出了“对生产原料中废弃油脂用量所占比重符合规定要求的生物柴油，享受资源综合利用产品及其他有关增值税、消费税税收优惠政策”。但如何贯彻落实这些政策还需要做更细致的工作。例如，如何从源头管控废弃油脂的回收和加工使用、如何鼓励保证生物柴油的产品质量、如何顺利实现生物柴油进入油品主销售渠道销售应用等，需要配套出台一系列具体实施细则来指导执行。同时要完善鼓励发展生物柴油方面的优惠政策，出台市场推广应用和封闭销售的具体政策，落实对生物柴油减免消费税，增值税即征即退及补贴优惠措施等，充分调动生产企业发展生物质能源产业的积极性。

国内如此，国外生物柴油产业发展也遇到了一些问题，只不过问题的性质不一样。

1.5 生物柴油产业发展面临的挑战

1.5.1 油脂原料的供求[66-70]

当前生物柴油的主体原料是双低菜籽油、转基因大豆油、棕榈油和葵花籽油及回收的废弃油脂等，其他品种的油脂尚未形成供应常态。2016年全球生物柴油产量超过了3280万t，消耗了近3500万t的各类油脂，超过了全球油脂产量的五分之一。如果生物柴油再进一步扩大规模发展，在没有新品种油脂供应时，靠现有食用油脂资源难以支持，必将危及食用油供应安全。为此，世界各国都很重视非食用油脂资源的开发。表1.15列出了当前正在开发的生物柴油原料[67, 69]。

表1.15 当前开发的生物柴油原料

非食用油	动物油	其他品种油
麻疯树油、棉籽油、亚麻油、烟草籽油、水黄皮油、橡胶籽油、咖啡籽油、妥尔油、三文鱼油、巴豆油、印度楝树籽油、西番莲籽油、辣木油、红厚壳籽油、发财树籽油、油栗油、橄榄仁油、麻蕃籽油、水黄皮籽油、卡兰贾籽油、*Cumaru*、*Cynaracardunculus*、*Abutilon muticum*	猪油、牛油、家禽油、鱼油、火鸡油	细菌油、海藻油、微藻油、柳枝稷油、白杨树油、芒草油、漆树油、真菌油、*Tarpenes*

实际上新品种油脂开发不是很顺利[70]。以大戟科的麻疯树为例，美国早在20

世纪70年代就对麻疯树开展过研究，研究包括麻疯树种类选择、栽培、遗传改良及种油的性质和加工等。研究结果表明，麻疯树性喜光，喜暖热气候；耐干旱瘠薄，可以在干旱、贫瘠、退化的土壤上生长，最适合在亚热带的干热地区和潮湿的热带雨林地区生长，通常生长在海拔为700～1600m的平地、丘陵及河谷荒山坡地，在冬季无重霜、短时极端最低温度不低于–4℃的地区能生长良好。人工栽培的麻疯树，有的当年即试花结果，更多的3年才开花结果，5～6年进入盛果期，可维持25～30年。一棵成熟的麻疯树可产生10～15kg种子，每公顷可生产种子10～12t，产油3～4t，这种油生产的生物柴油品质优良。由于麻疯树及其油的这种优良特性，1998年联合国《生物多样性公约》第二十条款中专门提出，“麻疯树油可作为极好的柴油替代品”，提倡大力推广。到目前为止，世界上已有20多个国家在种植、发展麻疯树。特别是印度，政府已经大力在铁路沿线大面积栽种麻疯树，不仅有利于水土保持和土壤改良，而且有助于达到保护和建设生态环境的目的。联合国已将麻疯树种植作为生态建设和扶贫项目广泛用于热带地区，如坦桑尼亚、乌干达、马里、加纳等国家。但在推广过程中，一些问题逐渐暴露出来。首先是种源及繁育问题。种源好坏关系到培育成败和种植效益。但当前对麻疯树的生态学特性和遗传变异特性认识还不全面，选育出的种实产量高、含油量高、树形矮小的麻疯树优良种源适应力不强、变异快，大面积扩种的落花落果问题较为突出，亟须研究出包括良种栽植技术、水肥管理技术、土壤管理技术等的高产和稳产的定向培育技术。其次是病虫害问题。麻疯树常见病害有叶褐斑病、插穗枯萎病、插穗溃疡病、白粉病、炭疽病、种实霉烂、根腐病、灰霉病、叶斑病等；常见的病虫害来自榆潜蛾、金龟子、油桐尺、白蚁、乌桕蚜、切根虫、二斑叶螨、黄宽盾蝽等。这些病虫害虽然已经有了防治方法，但单一品种大面积种植，病虫害一旦流行，很难控制，易导致减产甚至绝产。最后是麻疯果的采收问题。麻疯树陆续开花、结果和果实成熟，即使同一串果实，也是花、青果和成熟果共存，果实一旦成熟，必须尽快采收，否则阴雨天气易很快霉变，含油率下降。但只能依靠人工选择性采收，留下青果，采下成熟果，采收成本相对较高。因此，近期发展生物柴油还必须挖掘油料作物的潜力，但是这面临着与粮食耕种争夺土地的矛盾，必须处理好油料作物种植与粮食种植的关系，使得两个方面得到协调发展。

1.5.2 副产甘油的问题[71-75]

生物柴油产业的发展打破了甘油供应市场的格局，图1.4给出了2010年甘油供应的来源[71, 74]。可见，生物柴油供应的甘油超过60%，是甘油市场的主要供应者。而甘油过去主要来源于脂肪酸的生产，现在只占20%。

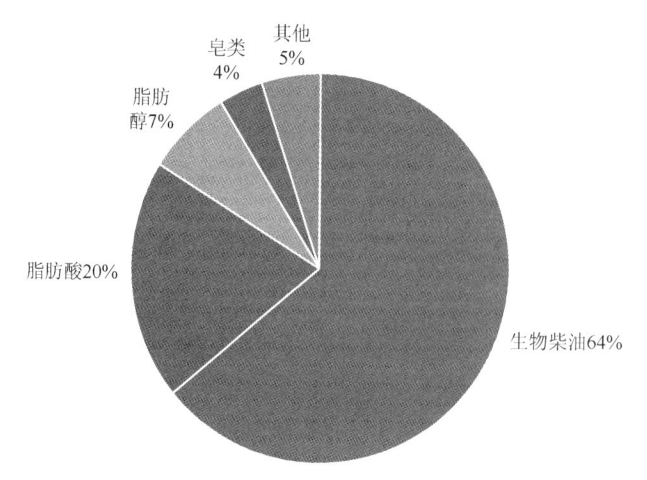

图 1.4　2010 年甘油市场的供应来源

生物柴油甘油的产量发展很快，见表 1.16[71, 73]。可以看出，1999 年生物柴油甘油还只有 7.1 万 t，到 2010 年猛增到 157.6 万 t，10 年间增长 20 多倍。

表 1.16　生物柴油甘油的产量

年份	1999	2003	2005	2006	2008	2010
产量/万 t	7.1	15.8	36.4	53.1	103	157.6

图 1.5 显示的是欧洲和美国 99.5%甘油价格 1995～2010 年的变化情况[75]。虽然 15 年里欧洲和美国精制甘油价格不断震荡，但震荡下行是主体趋势，特别是 2008 年后，欧洲市场精制甘油价格低于 500 美元/t，几乎相当于粗甘油精制为精甘油的成本。

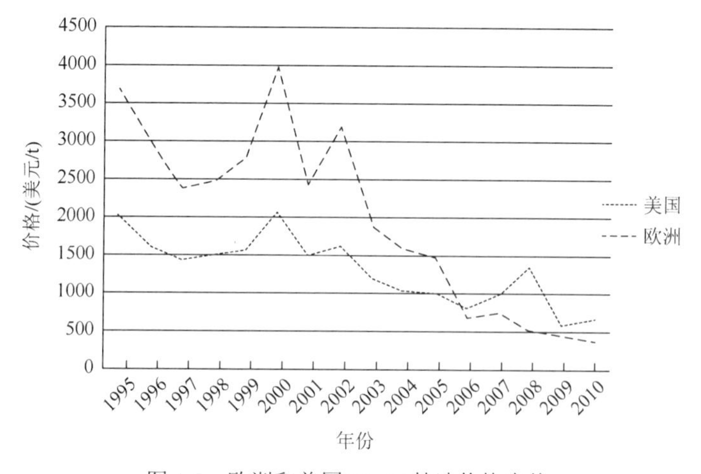

图 1.5　欧洲和美国 99.5%甘油价格走势

生物柴油的发展造成市场上甘油供大于求，销售困难，甘油不再是增加生物柴油企业利润的副产品，反而成为生物柴油企业难题，而且波及油脂化学工业生产的甘油。据报道，北美油脂化学工业因此每年损失约4000万美元。所以有必要寻求甘油新的合理的利用途径，使得甘油不是生物柴油企业的负担而是新的经济增长点。

1.5.3 石油价格波动[76, 77]

2000～2016年石油价格的变化和生物柴油产量的变化如图1.6所示[3, 76]。16年间，石油价格在20～100美元/桶震荡上涨或断崖下降，毫无规律可循；但生物柴油产量一路高歌猛进，从2000年的70万t/a涨到2016年的3280万t/a。表面上似乎石油价格涨落不影响生物柴油的发展，实际情况是生物柴油发展受各国履行减排义务、政策激励、减税及消费配额等利好因素的刺激，消弭了石油价格波动的影响。

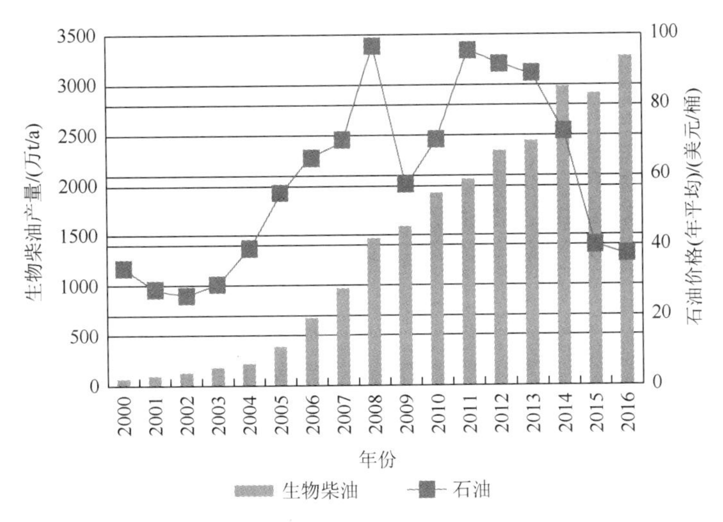

图1.6 2000～2016年石油价格变化和生物柴油的发展

实际上，石油价格每一次波动都影响生物柴油的发展。原料油脂是生物柴油发展的关键，原料成本超过生物柴油总生产成本的70%。图1.7展示了2000～2016年几种主要植物油价格变动的情况[9-11]，并与石油价格的变动进行了对比。可以看出，虽然植物油的价格没有亦步亦趋响应石油价格的波动，但涨跌的大趋势是一致的，石油价格高位运行时，植物油价格也必然发展到高位，增加生物柴油生产成本。

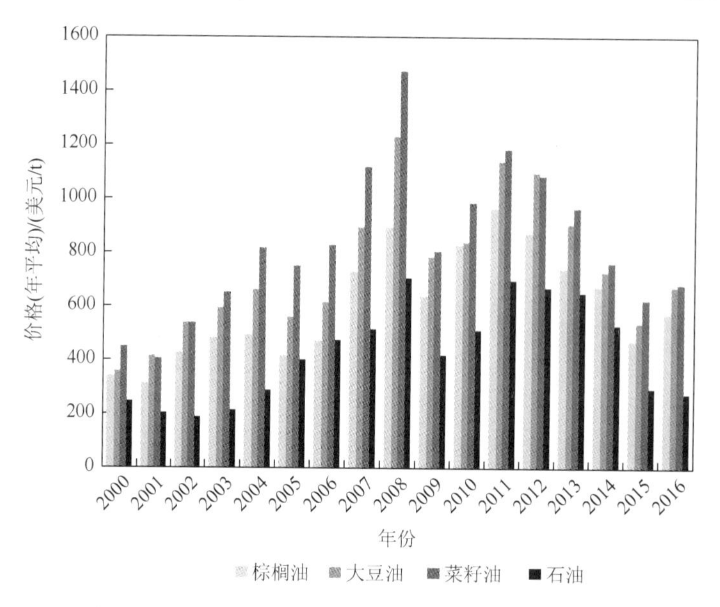

图 1.7　2000～2016 年几种主要植物油价格的变动情况

石油价格与柴油价格的变动关系如图 1.8 所示[77]。可以看出柴油价格亦步亦趋地跟着石油价格变动。也就是说，虽然高石油价时植物油价格也高，但产品生物柴油价格也高，抵消了部分原料价格上涨增加的成本。由于生物柴油受到各国

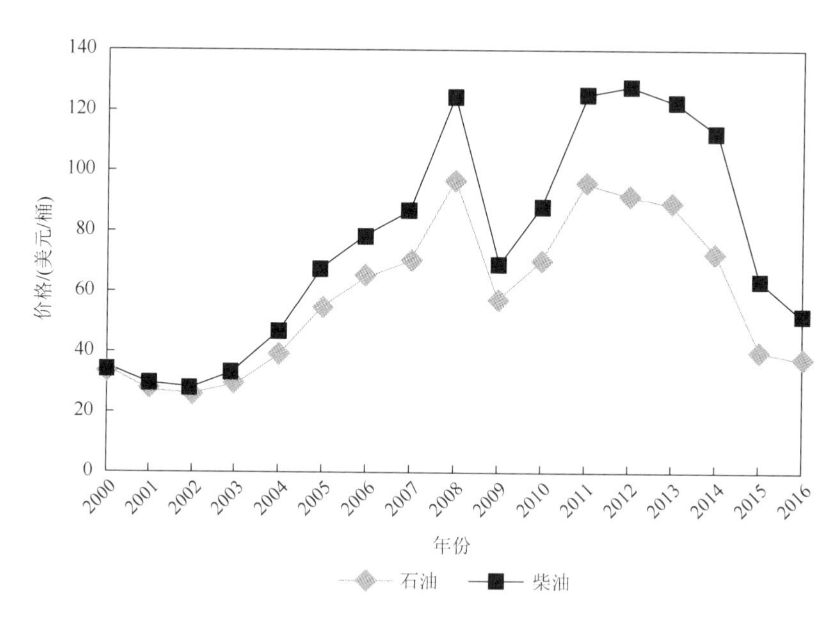

图 1.8　2000 年～2016 年石油价格与柴油价格的对比

政府的鼓励和扶持，减税和补贴政策实施到位，生物柴油行业发展拥有较为宽松的环境。但2012年后的“后京都时代”，许多国家的减税、补贴政策连续到期，政策能否延续关乎生物柴油行业的未来发展。一旦没有了减税、补贴政策，低油价时代生物柴油产业发展将变得艰难，高油价时代情况可能要好些。

1.5.4 “后京都时代”补贴和减税政策延续与否

1997年在日本京都召开的《联合国气候变动框架公约》第三次缔约方会议通过的《京都议定书》极大地影响了生物柴油产业的发展。发达国家为了实现《京都议定书》中规定的减排温室气体的承诺，以能源立法为重点，制定了多项法律和税收优惠政策激励生物能源、太阳能等可再生能源开发利用。例如，欧盟2003年发布了《欧盟交通部门替代汽车燃料使用指导政策》，要求各成员国对生产和销售生物柴油免征增值税，规定车用柴油中生物柴油燃料所占份额，到2004年达到2%，到2010年提高到5.75%。鼓励采用休耕地种植油菜，并给予补贴，生物柴油可免除90%的燃油税。这一系列的立法支持、差别税收及原料生产的补贴政策的实施提高了生物柴油的市场竞争能力。

而美国虽然没有签署《京都议定书》，但没有拒绝履行减排义务。1999年，美国总统签署了开发生物质能的法令，其中生物柴油被列为重点发展的清洁燃料之一而采取免税政策。2001年11月，美国农业部拿出1.5亿美元补贴用以增加乙醇和生物柴油的使用；2003年，美国通过了一项给予生物柴油税收优惠政策的法案，在石化柴油中每掺1%的生物柴油可免营业税1美分，免税最高额度为20%。美国各州也颁布相应法律，在生物柴油税收与补贴方面予以适当的激励。正是由于这些政策的激励，美国生物柴油获得迅猛发展。

然而，完成履行《京都议定书》义务的时间节点是2012年12月31日。由于《京都议定书》只强制发达国家履行减排义务，发展中国家没有被强制履行减排义务，国家和地区间的矛盾重重，发达国家多次发难，提议共同履行减排义务。2011年年底在南非召开的联合国德班气候大会上，经过艰难的谈判才宣布通过“德班一揽子决议”，同意《京都议定书》的第2承诺期将从2013年1月1日开始，38个发达国家将继续做出有法律约束力的减排承诺。但由于发达国家和发展中国家的分歧难以消弭，德班会议未能全部完成“巴厘路线图”谈判，并且发达国家在自身减排和向发展中国家提供资金和技术转让支持的政治意愿不足，这些因素都影响了国际社会合作应对气候变化的努力。另外，发展中国家在2012年后的减排框架和体系也存在着变数。随着经济危机接连不断地发生，以及面对着不断增长的减排成本和不断增强的发展中国家总体经济实力，发达国家的减排动力也逐渐减弱。发达国家即使作出继续履行有法律约束力的减排承诺，相关的补贴、减税政策能否持续也存在很大变数。实际上，2012年后，先后有加拿大、澳大利亚、新西兰等国家宣布实施生物能源补贴一年一审的政策。尽管欧盟和美国还没有取消已经实行的优惠政策，但减税力度和补贴标准在不断调整，以减轻政府的财政负担。生物柴油受这些因素影响，发展步幅有所放慢。

参 考 文 献

[1] 闵恩泽，杜泽学. 我国生物柴油产业发展的探讨. 中国工程科学，2010，12（2）：11-15.

[2] Atabania A E，Silitonga A S，Badruddina I A，et al. A comprehensive review on biodiesel as an alternative energy resource and its characteristics. Renewable and Sustainable Energy Reviews，2012，16：2070.

[3] REN21. Renewables 2016：Global Status Report. 2016.

[4] 石元春. 生物能源四十年. 生命科学，2014，26（5）：432-439.

[5] EIA. Monthly Biodiesel Production Report. 2016-03-02.

[6] Lin L，Zhou C S，Saritporn V，et al. Opportunities and challenges for bio-diesel fuel. Applied Energy，2011，88：1020-1031.

[7] Avinash K A，Jai G G，Atul D. Potentialand challenges for large-scale application of biodiesel in automotive sector. Progress in Energy and Combustion Science，2017，（61）：113-149.

[8] USDA. Biofuels Annual Reports. Published GAIN Reports. [2017-02-09].

[9] Naylor R L，Higgins M M. The political economy of biodiesel in an era of low oil prices. Renewable and Sustainable Energy Reviews，2017，（77）：695-705.

[10] European Commission. Renewable energy directive. [2017-02-09].

[11] EPA. Program Overview for Renewable Fuel Standard Program. [2016-02-16].

[12] 杨妙梁. 京都议定书与欧洲柴油轿车发展动向. 上海汽车，2005，（6）：35-37.

[13] 郑莉. 欧盟等发达国家应对气候变化法律制度探析. 生态经济，2011，246（11）：172-174.

[14] Murphy F，Devlin G，Deverell R，et al. Potentialtoin crease indigenous biodiesel production to help meet 2020 targets-An EU perspective with a focus on Ireland. Renewable and Sustainable Energy Reviews，2014，35：154-169.

[15] Pacesila M，Burcea S G，Colesca S E. Analysis of renewable energies in European Union. Renewable and Sustainable Energy Reviews，2016，56：156-171.

[16] Tanzer E，Murat K Y，Cuneyt C，et al. Biodiesel production potential from oil seeds in Turkey. Renewable and Sustainable Energy Reviews，2016，58：842.

[17] Flach B，Bendz K，Krautgartner R，et al. Biofuels Annual. USDA FAS GAIN Report No. NL3034，2013.

[18] European Biodiesel Board. The EU biodiesel industry. 2016-02-16.

[19] Flach B，Lieberz S，Rondon M，et al. EU-28 Biofuels Annual. USDA FAS GAIN Report No. NL6021，2016.

[20] Naylor R L，Falcon W P. The global costs of American ethanol. Am Interest，2011，7（2）：66-76.

[21] Jennifer L T，Bruce E T. Biofuel：a sustainable choice for the United States' energy future. Technological Forecasting & Social Change，2016，104：147.

[22] AFDC. Biodiesel Income Tax Credit. [2016-02-16].

[23] EPA. Final renewable fuel standards for 2017，and the biomass-based diesel volumefor 2018. [2017-03-14].

[24] Kortba R. Biodiesel blenders tax credit passes US House，Senate. Biodiesel Magazine，2015. [2016-02-16].

[25] Pradhan A，Shrestha D，Gerpen J，et al. Reassessment of life cycle greenhouse gas emissions for soybean biodiesel. Transactions of the Asabe，2012，55（6）：2257-2273.

[26] Trumbo L R，Tonn B E. Biofuels：A sustainable choice for the United States' energy future? Technological Forecasting & Social Change，2016，104：147-161.

[27] Barros S. Brazil Biofuels Annual. USDA FAS GAIN Report No. BR13005，2013.

[28] Bergmann J C，Tupinambá D D，Costa O Y A，et al. Biodiesel production in Brazil and alternative biomass feedstocks. Renewable and Sustainable Energy Reviews，2013，21：411-424.

[29] Jelmayer R. Brazil's Petrobras raises fuel prices. Wall Street 2015.

[30] DÁgosto M D A，Oliveira C M D，Franca L S，et al. Evaluating the potential of the use of biodiesel for power generation in Brazil. Renewable and Sustainable Energy Reviews，2015，43：807-817.

[31] Di Bella G，Norton L D，Ntamatungiro J，et al. Energysubsidies in Latin America and the Caribbean：stocktaking and policy challenges. Social Science Electronic Publishing，2015，15（30）.

[32] Barros S. Brazil Biofuels Annual. USDA FAS GAIN Report No. BR16009，2016.

[33] Oliveira F C D，Coelho S T. History，evolution，and environmental impact of biodiesel in Brazil：Areview. Renewable and Sustainable Energy Reviews，2017，75：168-182.

[34] Joseph K. Argentina Biofuels Annual. USDA FAS GAIN Report，2016.

[35] Lamers P，Mccormick K，Hilbert J. The emerging liquid biofuel market in Argentina：implications for domestic demand and international trade. Energy Policy，2008，36：1479-1490.

[36] Cameron D. National energy plan：2004-2008. Argentina Ministry of Energy，2003. [2016-03-30].

[37] Deese W，Reader J. Export taxes on agricultural products：recent history andeconomic modeling of soybean export taxes in Argentina. US International TradeCommission Journal of International Commerce and Economics，2007.

[38] Milazzo M F，Spina F，Cavallaro S，et al. Sustainable soy biodiesel. Renewable and Sustainable Energy Reviews，2013，27：806-817.

[39] Mc Donnell PJ. Argentina ends farm tax hike. The LA Times，2008. [2016-02-16].

[40] Pinzon L. Colombia Biofuels Annual. USDA FAS GAIN Report，2014.

[41] Castiblanco C，Moreno A，Etter A. Impact of policies and subsidies in agribusiness：the case of oil palm and biofuels in Colombia. Energy Economics，2015，49：86-98.

[42] Pinzon L. Colombia Biofuels Annual. USDA FAS GAIN Report，2012.

[43] Gilbert A，Pinzon L. Colombia Biofuels Annual. USDA FAS GAIN Report，2013.

[44] Gomez L A. Colombia Biofuels Annual. USDA FAS GAIN Report，2016.

[45] Johnson T，Franco J. Economic assessment of palm oil production for biodiesel in Colombia：case study analysis for the Central and Eastern zones. The World Bank；Washington DC，2009.

[46] Dessureault D. Canada Biofuels Annual. USDA FAS GAIN Report CA15076，2015.

[47] Mukherjee I，Sovacool B K. Palm oil-based biofuels and sustainability in Southeast Asia：A review of Indonesia，Malaysia，and Thailand. Renewable and Sustainable Energy Reviews，2014，37：1-12.

[48] Wright T，Wiyono I E. Indonesia Biofuels Annual. USDA FAS GAIN Report No. ID1420，2014.

[49] Wright T，Rahmanulloh A. Indonesia Biofuels Annual. USDA FAS GAIN Report No. ID1525，2015.

[50] Wright T，Rahmanulloh A. Indonesia Biofuels Annual. USDA FAS GAIN Report No. ID1619，2016.

[51] World Bank. The cost of fire：An economic analysis of Indonesia's 2015 fire crisis. note No. 1. Washington D. C，2016. 2017-02-02.

[52] Preechajarn S，Prasertsri P. Thailand Biofuels Annual. USDA FAS GAIN Report No. TH5085，2015.

[53] Praiwan Y. Palm oil's portion in biodiesel to be halved. Bangkok：Bangkok Post，2015.

[54] Kochapum C，Gheewala S H，Vinitnantharat S. Does palm biodiesel driven land use change worsen greenhouse

gas emissions？An environmental and socioeconomic assessment. Energy for Sustainable Development，2015，29：100-121.

[55] Byerlee D. The fall and rise again of plantations in tropical Asia history repeated？Land，2014；3（3）：574-597.

[56] EIA. Malaysia，2014. [2016-03-16].

[57] Wahab A G. Malaysia Biofuels Annual. USDA FAS GAIN Report No. MY2006，2015.

[58] Thukral N. Crude oil tumble hits Southeast Asia's biodiesel ambitions. Reuters；January 14，2016.

[59] 李扬，曾静，杜伟，等. 我国生物柴油产业的回顾与展望. 生物工程学报，2015，31（6）：820-824.

[60] 王瑞元. 2015年中国食用油脂市场供需分析. 粮油加工，2016，23（5）：14-18.

[61] 杜泽学. 采用废弃油脂生产生物柴油的 SRCA 技术工业应用及其生命周期分析. 石油学报（石油加工），2012，28（3）：353-361.

[62] 嵇磊，张利雄，姚志龙，等. 利用藻类生物质制备生物燃料研究进展. 石油学报（石油加工），2007，23（6）：1-7.

[63] 闵恩泽，杜泽学，胡见波. 利用植物油发展生物炼油化工厂的探讨. 科技导报，2005，23（5）：15-17.

[64] 闵恩泽. 利用可再生农林生物质资源的炼油厂——推动化学工业迈入碳水化合物新时代. 化学进展，2006，18（3）：131-139.

[65] 杨元一，杜泽学. 国内外生物柴油的发展现状与展望. 石油化工，2012，41（增刊）：21-28.

[66] Shahid E M，Jamal J. Production of biodiesel：a technical review. Renewable & Sustainable Energy Reviews，2011，15（9）：4732.

[67] Kafuku G，Mbarawa M. Biodiesel production from Croton megalocarpus oil and its process optimization. Fuel，2010，89：2556.

[68] Singh S P，Singh D. Biodiesel production through the use of different sources and characterization of oils and their esters as the substitute of diesel：a review. Renewable & Sustainable Energy Reviews，2010，14（1）：200.

[69] Karmakar A，Karmakar S，Mukherjee S. Properties of various plants and animals feedstocks for biodiesel production. Bioresour Technol，2010，101（19）：7201-7210.

[70] 杜泽学，阳国军. 木本油料制备生物柴油——麻疯树及其油的研究和展望. 化学进展，2009，21（11）：2341-2348.

[71] ABG Inc. Glycerin market analysis. U. S. Soybean Export Council Inc，2010.

[72] Ciriminna R，Pina C D，Rossi M，et al. Understanding the glycerol market. European Journal of Lipid. Science & Technology，2014，116（10）：1432-1436.

[73] Quispe C A G，Coronado C J R，Jr J A C. Glycerol：Production，consumption，prices，characterization and new trends in combustion. Renewable & Sustainable Energy Reviews，2013，27（6）：475-492.

[74] Anuar M R，Abdullah A Z. Challenges in biodiesel industry with regards to feedstock，environmental，social and sustainability issues：A critical review. Renewableand Sustainable Energy Reviews，2016，58：208-227.

[75] Stelmachowski M. Utilization of glycerol，aby-product of the transestrification process of vegetable oils：a review. Ecological Chemistry & Energing，2011，18：9-21.

[76] EIA. Petroleum and other liquids. [2017-02-31].

[77] EIA. International Energy Statistics. [2016-03-02].

第2章　生物柴油装置的方案设计依据

2.1　生物柴油装置方案设计原则

生物柴油装置由原料和产品的储运单元、生产单元和公用工程（含环保）单元构成，设计建成的装置要在满足安全、稳定运转生产的要求下，尽量地简化工艺流程和操作，降低装置投资、生产消耗和运行成本。生产原料的品质和供应量对装置的经济性规模、生产工艺技术的选择有决定性影响。当前，世界上以优质油脂为原料，多选择碱催化酯交换的生产工艺生产生物柴油，品质差的废弃油脂采用包括酸碱法、酶催化法、超临界甲醇醇解法等工艺生产生物柴油。工艺技术方案是生物柴油装置设计和建造的重要依据，方案应明确，技术实施风险要可控。装置设计阶段要根据各物质的物性参数对装置的安全等级进行分析，确定设备、仪表和管线的选型、选材、布置及用电设备的防护等级等。

生物柴油装置布置要满足全厂总体规划的要求，不仅要注意布置的协调性和统一性，还要适当考虑装置将来的生产和技术改造的要求。气候、地质情况也必须考虑，因为风向决定了设备、设施与建筑物的相对位置；气温、降水量、沙尘量等决定了是否对设备采取防护措施；地质条件决定了重荷载设备和振动设备的布置。要按照工艺流程要求，有序布置设备，做到设备管道安装经济合理、整齐美观，便于施工、操作和维修，在满足生产要求和安全防火、防爆的条件下，达到节省用地、降低能耗、节约投资和有利于环境保护的目的。

关于装置和设备的选材，由于油脂和脂肪酸甲酯都有水解的倾向，生成的脂肪酸有一定的腐蚀性，腐蚀生成的皂盐溶解在产品中会导致产品颜色加重。所以建议反应系统的设备和管线材质选用 304 不锈钢，为防止环境中氯离子对不锈钢产生的应力腐蚀，相关设备和管道外部必须进行油漆涂层保护。至于储罐的材质，原料如果是废弃油脂，建议采用 304 不锈钢，如果是精制的优质油脂，储罐可以采用碳钢，但必须有氮气保护，不能与大气自由接触。产品罐建议选用 304 不锈钢，即使有氮气保护也不宜选择碳钢材质。

关于装置的安全性设计，由于生物柴油生产过程中反应放热不大，反应过程的危险性低，装置的安全性问题主要来源于辅助性生产原料甲醇。甲醇有毒、易燃易爆，属于甲类易燃液体。尽管油脂和生物柴油都属于丙类可燃液体，但整个装置在选用管道、阀门、管件、垫片等的材料和类型时，必须按甲类易燃液体进行设计管理。管道布置时必须考虑有无甲醇的情形合理布置。例如，当管道中输送的物料中含有甲醇时，设置管道时应该避开无关的构筑物和建筑物。

设备与设备之间的管线布置设计要合理。例如，甲醇蒸馏塔内部塔体与回流罐之间的管线设计要考虑到管道中存在着气液两相流，应将调节阀布置在尽量靠近回流罐的管道上，这样可起到降低管线压差，维持管道稳定运行的作用。换热器受热膨胀会产生位移，因此换热器安装要牢固，降低换热器移动对封头端管嘴管线形成的应力，以免诱发材料疲劳出现事故。再沸器连接也应充分考虑热应力的影响，以免设备运行时管嘴处应力过大造成损坏。

必须考虑在工艺管道上设计安装一些必要的辅助设备，如安全阀、防爆膜、报警系统等来保障设备和管道安全，安装的泄压设施、自动检测仪表等应当保障其正常运行。另外还要设计安装卫生检测设施来监测环境卫生。

此外，还要重视生物柴油装置中的通道和空间设计。要按照相关设备仪表设计的要求、操作频率对空间和通道进行合理的设置，消除安全隐患。当然，在通道和空间设计的过程中，一定要注意避免占用公共空间，保证通道和空间的合理性、科学性，为生物柴油装置建成后的高效、安全生产奠定良好的基础。

2.2　生物柴油原料油脂和脂肪酸的分类、组成和结构

2.2.1　油脂的分类

天然油脂指来源于自然、由生命体合成的油脂，是可再生资源。

按存在状态，天然油脂可分为固态油脂、半固态油脂和液态油脂；按在空气中的稳定性可分为干性油脂、半干性油脂和不干性油脂；更习惯的是按来源分类，见表2.1。

表2.1　天然油脂的分类

<table>
<tr><td rowspan="7">天然油脂</td><td rowspan="4">植物油脂</td><td rowspan="2">草本油脂</td><td>可食用油脂</td><td>大豆油（作为生物柴油原料的是转基因大豆油）、菜籽油（卡诺拉油）、花生油、葵花籽油、棉籽油、玉米油、米糠油、芥子油、亚麻油、红花油</td></tr>
<tr><td>不可食用油脂</td><td>蓖麻油</td></tr>
<tr><td rowspan="2">木本油脂</td><td>可食用油脂</td><td>棕榈油、橄榄油、椰子油、茶籽油、可可脂</td></tr>
<tr><td>非食用油脂</td><td>桐油、乌桕籽油、麻疯树籽油、棕榈仁油、黄连木籽油、文冠果油、野山杏仁油、妥尔油、橡胶籽油、光皮树籽油</td></tr>
<tr><td>动物脂肪</td><td colspan="3">猪油、牛油、羊油、家禽油、鱼油</td></tr>
<tr><td>微生物油脂</td><td colspan="3">微藻油、酵母菌油、霉菌油、杆菌油、细菌油</td></tr>
<tr><td>废弃油脂</td><td colspan="3">餐厨废油、酸化油、地沟油、皮革油、过期食用油、白土油、DD油</td></tr>
</table>

作为可再生资源，天然油脂中年产出量最大的是植物油脂，其中草本的五大作物油脂，即大豆油、菜籽油、花生油、葵花籽油和棉籽油，全球年产量约 1.2 亿 t[1]，是人类食用油脂的主要来源，也是目前生物柴油的主要原料，特别是转基因大豆油和双低菜籽油（卡诺拉油）贡献了一半以上的生物柴油原料[2-4]。蓖麻油在印度和巴西曾少量作为生物柴油原料，但在其他地区，由于其独特的结构和优良的性能，价高量少，很少被用来生产生物柴油。

木本油脂中棕榈油是产量最多的植物性油脂，产量占整个植物性油脂的 30%以上，主产地是东南亚的印度尼西亚、马来西亚和泰国等[5]。棕榈油也是重要的生物柴油原料，全球生物柴油有约 20%是棕榈油生产的。此外，一些非食用性的木本油脂，如麻疯树籽油、黄连木籽油、妥尔油、乌桕籽油等近十几年来很受重视，是有潜力的生物柴油原料。

动物脂肪伴产在肉食生产中，产出量很大，全球年产量估计在 3000 万 t 以上，已经在许多国家被当作生物柴油原料，如美国的火鸡油、中国的猪油、澳大利亚和新西兰的牛羊油等。许多国家的居民都有食用动物脂肪的习惯，但其饱和脂肪酸含量高，过量食用不利于健康，常作为油脂化工的原料，当然也可以用来生产生物柴油。

废弃油脂是食用油精炼加工和消费过程中产生的不适合食用的一类油脂，包括植物油精炼产生的油脚、皂脚酸化加工出来的酸化油、食用油烹调食物剩余的餐厨废油、储备中变质的食用油等。妥当处理这些油脂，对保障食用油安全和保护环境十分重要，各国都很重视用这种原料生产生物柴油。

油脂的主要化学成分是三脂肪酸甘油酯，简称三甘酯。三甘酯是由一个甘油分子与三个脂肪酸分子缩合脱水而成。如果是相同的三个脂肪酸构成的油脂，称为同酸三甘酯，否则称为异酸三甘酯。天然油脂是同酸三甘酯和异酸三甘酯的混合物，其中异酸三甘酯含量远远高于同酸三甘酯，而蓖麻油和桐油是个例外，蓖麻油多由三蓖麻醇酸甘油酯构成，而桐油由三 α-桐酸甘油酯构成。

在油脂的分子结构中，甘油基部分（$—C_3H_5$）的分子量是 41，其余部分是脂肪酸基团（RCOO—），油脂种类不同，所含的脂肪酸基团差别很大，分子量从 650 到 970 不等，脂肪酸组成对油脂的物理和化学性质起主导作用。因此，了解和认识脂肪酸组成能够帮助人们认识油脂性质。

2.2.2　脂肪酸的分类和结构[6-8]

脂肪酸最初由油脂水解得来，因其具有酸性而得名。天然油脂中存在的脂肪酸已经发现的有 800 多种，绝大部分是偶碳直链的一元羧酸。脂肪酸的分类是依据碳链长短、结构和连接的官能团划分的。碳链饱和的脂肪酸称为饱和脂肪酸，碳链含双键的脂肪酸称为不饱和脂肪酸，碳链含有官能团的脂肪酸称为官能团脂肪酸。

饱和脂肪酸碳链的碳数分布通常在 C_{10}～C_{30}，见表 2.2。

表 2.2 天然油脂中的饱和脂肪酸

俗称	系统命名	标记	结构简式	分子量	熔点/℃	来源
酪酸	正丁酸	$C_{4:0}$	C_3H_7COOH	88	−7.9	黄油
低羊脂酸	正己酸	$C_{6:0}$	$C_5H_{11}COOH$	116	−3.4	黄油
亚羊脂酸	正辛酸	$C_{8:0}$	$C_7H_{15}COOH$	144	16.7	黄油、椰子油
羊脂酸	正癸酸	$C_{10:0}$	$C_9H_{19}COOH$	172	31.6	黄油、椰子油
月桂酸	十二烷酸	$C_{12:0}$	$C_{11}H_{23}COOH$	200	44.2	棕榈仁油、椰子油
肉豆蔻酸	十四烷酸	$C_{14:0}$	$C_{13}H_{27}COOH$	228	53.9	肉豆蔻籽油
棕榈酸	十六烷酸	$C_{16:0}$	$C_{15}H_{31}COOH$	256	63.1	所有动植物油
硬脂酸	十八烷酸	$C_{18:0}$	$C_{17}H_{35}COOH$	284	69.6	所有动植物油
花生酸	二十烷酸	$C_{20:0}$	$C_{19}H_{39}COOH$	312	75.3	花生油含少量
山萮酸	二十二烷酸	$C_{22:0}$	$C_{21}H_{43}COOH$	340	79.9	花生油和菜籽油含少量
木焦油酸	二十四烷酸	$C_{24:0}$	$C_{23}H_{47}COOH$	368	84.2	花生油、豆科木本种子油
蜡酸	二十六烷酸	$C_{26:0}$	$C_{25}H_{51}COOH$	396	87.7	棕榈蜡、蜂蜡
褐煤酸	二十八烷酸	$C_{28:0}$	$C_{27}H_{55}COOH$	424	90.0	褐煤蜡、蜂蜡
蜂花酸	三十烷酸	$C_{30:0}$	$C_{29}H_{59}COOH$	452	93.6	棕榈蜡、蜂蜡

饱和脂肪酸：C_{10} 以下的饱和脂肪酸仅在少数油脂中发现过，而且含量很低；C_{26} 及以上的油脂在深海鱼油和一些植物蜡中发现过，含量也很低。动植物油脂中常见的饱和脂肪酸是在 C_{10}～C_{22} 之间的，其中分布最广、几乎在所有天然油脂中都存在的是软脂酸（C_{16}）和硬脂酸（C_{18}）。软脂酸也称棕榈酸，在棕榈油（30%～50%）、猪油（20%～30%）、牛羊油（25%～30%）、可可脂（25%～30%）和乌桕油（60%以上）等中含量较高；硬脂酸多分布在动物脂肪中，猪油中含 10%～20%，牛羊油中含 20%～35%，可可脂是例外，含 35%左右。碳数为 12 的饱和脂肪酸也称月桂酸，是最早在月桂油中发现的，但月桂油中月桂酸含量只有 3%左右，月桂酸含量高的油脂是椰子油（45%～50%）和棕榈仁油（44%～52%），还有热带地区出产的巴巴苏籽油，含量 43%左右，其他油脂含量少。碳数为 14 的饱和脂肪酸也称肉豆蔻酸，在肉豆蔻种子油中含量 70%以上，其他油脂含量一般低于 5%。

不饱和脂肪酸：是指碳链中含烯键（—C ═ C—）的脂肪酸，当然也有脂肪酸含有炔键的，但极为稀有。按含“—C ═ C—”的个数，分一烯酸、二烯酸、三烯酸和多烯酸，其中常见的是一烯酸、二烯酸和三烯酸。由于双键的位置及顺反异构等同分异构现象的存在，不饱和脂肪酸的种类比饱和脂肪酸的多得多。表 2.3 列出了常见的不饱和脂肪酸。

表 2.3　天然油脂中的不饱和脂肪酸（部分）

俗称	系统命名	标记	分子式	来源
		一烯酸		
癸烯酸	顺-9-十碳烯酸	9c-10: 1	$C_{10}H_{18}O_2$	黄油
月桂烯酸	顺-9-十二碳烯酸	9c-12: 1	$C_{12}H_{22}O_2$	脂肪
肉豆蔻烯酸	顺-9-十四碳烯酸	9c-14: 1	$C_{14}H_{26}O_2$	黄油
棕榈油酸	顺-9-十六碳烯酸	9c-16: 1	$C_{16}H_{30}O_2$	黄油、海鱼油、牛油
油酸	顺-9-十八碳烯酸	9c-18: 1	$C_{18}H_{34}O_2$	所有动植物油
反油酸-9	反-9-十八碳烯酸	9t-18: 1	$C_{18}H_{34}O_2$	动物脂肪
反油酸-11	反-11-十八碳烯酸	11t-18: 1	$C_{18}H_{34}O_2$	黄油、牛油
花生一烯酸	顺-9-二十碳烯酸	9c-20: 1	$C_{20}H_{38}O_2$	深海鱼油
鲸蜡烯酸	顺-11-二十二碳烯酸	11c-22: 1	$C_{22}H_{42}O_2$	深海鱼油
芥酸	顺-13-二十二碳烯酸	13c-22: 1	$C_{22}H_{42}O_2$	十字花科种子油、芥菜油
		二烯酸		
乌桕仁油	顺-2，顺-4-十二碳二烯酸	2c，4c-12: 2	$C_{12}H_{20}O_2$	乌桕籽仁
亚油酸	顺-9，顺-12-十八碳二烯酸	9c，12c-18: 2	$C_{18}H_{32}O_2$	大多数植物油
		三烯酸		
α-桐酸	顺-9，反-11，反-13-十八碳三烯酸	9c，11t，13t-18: 3	$C_{18}H_{30}O_2$	桐油
α-亚麻酸	顺-9，顺-12，顺-15-十八碳三烯酸	9c，12c，15c-18: 3	$C_{18}H_{30}O_2$	亚麻籽油、苏籽油
γ-亚麻酸	顺-6，顺-9，顺-12-十八碳三烯酸	6c，9c，12c-18: 3	$C_{18}H_{30}O_2$	月见草油
		含官能团的脂肪酸		
蓖麻油	12-羟基-顺-9-十八碳一烯酸	12-OH，9c-18: 1	$C_{18}H_{34}O_3$	蓖麻籽

在不饱和脂肪酸中，油酸分布最广，几乎存在于所有的油脂中。有些植物油脂，如茶籽油、橄榄油等，油酸含量超过 80%。顺式油酸是人体必需的健康脂肪酸，它的同分异构体，即反式油酸对健康不利，在天然油脂中含量很少，但油脂氢化加工中会增加反式油酸的含量，所以人造奶油、炸薯条等应少食用。油酸转化的油酸甲酯是生物柴油的优良组分，含量越高，生物柴油的品质越高。

亚油酸和亚麻酸也广泛存在于植物油中，特别是亚油酸在大豆油、葵花籽油、菜籽油中含量很高。亚麻酸在大豆油、葵花籽油、菜籽油中虽然含量不高，但亚麻酸很容易被氧化，会导致生物柴油氧化安定性指标不合格。

同样是十八碳三烯酸的 α-桐酸是构成桐油的主要脂肪酸，由于其三个碳碳双键是共轭连接的，性质更加不稳定，容易氧化交联成为大分子的胶质，进而固化。因此，桐油不适合作为生物柴油的生产原料。国内一些企业宣传用桐油生产生物柴油，但这种生物柴油安定性肯定很差，无法作为车用燃料使用。

蓖麻油主要由蓖麻醇酸构成，含量在 90%以上。蓖麻醇酸是含一个羟基的十八碳一烯酸，其转化为生物柴油，品质优于油酸甲酯。不过国内蓖麻油价格远高于常见的植物油，生产经济性较差。

2.2.3 天然油脂的脂肪酸组成和结构[9]

一般来说，高级植物油脂，如大豆油、菜籽油、棕榈油等仅含 5～10 种脂肪酸。低级植物油脂，如微藻油、菌油等含有更多的脂肪酸。即使是 5～10 种脂肪酸，在甘油基团的三个羟基位排布，将会形成数百种、甚至上千种的甘油三酸酯分子，物化性质呈现一定的差别，再考虑到脂肪酸碳链的长度、碳碳双键的个数和位置等因素也影响油脂的物化性质，所以弄清油脂分子结构进而推断油脂的物化性质是极为困难的，通过油脂脂肪酸组成来判断油脂的物化性质往往会有很大出入。因此，生物柴油装置设计时，最好对所用到的主要油脂原料的物性数据进行实际检测，以保证采用的数据真实可靠。油脂转化为生物柴油时，甘油基团上的脂肪酸酰基转化为脂肪酸甲酯，可由油脂的脂肪酸组成判断生物柴油的化学组成，从而推测生物柴油的物化性质和质量性能。表 2.4 列出了生物柴油常用原料的脂肪酸组成。

表 2.4 生物柴油常用油脂原料的脂肪酸分布

油脂类别	脂肪酸分布/%								
	$C_{12:0}$	$C_{14:0}$	$C_{16:0}$	$C_{18:0}$	$C_{18:1}$	$C_{18:2}$	$C_{18:3}$	C_{20}	$C_{22:0}$
大豆油	—	<0.5	7～12	2～5.5	20～50	35～60	2～13	<2.0	<0.5
卡诺拉油	<0.1	<0.2	2.5～6.0	0.9～2.1	50～66	11～23	5～13	0.2～4.5	<5.5
葵花籽油	<0.1	<0.5	3～11	1.0～10.0	14～65	20～75	<0.7	<1.5	<1.5
棉籽油	<0.1	0.5～2.5	17～19	1.0～4.0	13～44	33～58	0.1～2.1	<1.0	<0.5
花生油	0～0.4	0～0.6	6.0～16	1.3～6.5	36～72	13～45	0～0.3	1.5～5.1	1.0～5.3
棕榈油	0.1～1.0	0.9～1.5	41.8～46.8	4.2～5.1	37.3～40.8	9.1～11.0	0～0.6	0.2～0.7	—

续表

油脂类别	脂肪酸分布/%								
	$C_{12:0}$	$C_{14:0}$	$C_{16:0}$	$C_{18:0}$	$C_{18:1}$	$C_{18:2}$	$C_{18:3}$	C_{20}	$C_{22:0}$
麻疯树油	0.1～1	0.5～1.0	17.8～22.5	5.0～8.7	38.5～45.3	31.6～35.5	0.2～1.3	<0.5	<0.5
黄连木油	<0.2	<0.5	20.3～23.1	0.84～1.17	44.4～45.9	28.5～28.9	0.84～0.92	0.10～0.14	<0.2
猪油	—	1～4	20～28	5～14	41～51	2～15	0～1	0.3～1	—
牛油	<0.10	3～5	22～28	27～33	31～35	1～4	<0.1	0.～0.7	—
羊油	<0.5	0.7～1.1	18～22	35～41	22～26	1.1～1.9	0.6～1.0	0.3～0.5	1.8～2.5
火鸡油	<0.3	<1.0	25～28	4～7	41～44	13～16	0.3～0.7	0.1～0.4	0.3～0.7
蓖麻油	蓖麻醇酸 87.1～90.4，油酸 2.0～3.5，亚油酸 4.1～4.7								

从脂肪酸组成上看，饱和脂肪酸含量高的油脂生产的生物柴油冷滤点高，亚麻酸含量高的油脂生产的生物柴油氧化安定性差，需要在装置设计时考虑应对措施，以保证产品质量合格出厂。

2.3　天然油脂中的类脂物[6, 8]

天然油脂中除甘油脂肪酸酯外，还含有一些油溶性的类脂物，它们是提取天然油脂时，一同被提取出来的非三甘酯的天然物质。它们种类繁杂，以溶解或溶胶的形式分散在油脂中，含量范围 2%～8%，含量多少与油脂的种类、提取方法有关。这些物质参与生物体的生命活动，有些物质对人体有益，加工时会尽量保留在食用油中。但这些物质进入生物柴油中时，几乎都对质量产生不利影响。

2.3.1　非皂化的类脂物

非皂化的类脂物品种很多，含量有的达百分之几，有的达 μg/g 级。对生物柴油质量有影响的成分，包括脂肪烃、甾醇、三萜醇、色素及脂溶性维生素等，其中脂肪烃和甾醇类化合物分子量在 350～500，油脂精制时易残留，而色素和维生素类易分离除去。

脂肪烃在油脂中含量在 0.1%～1%，有直链烷烃、支链烷烃及萜类化合物等，其典型代表是角鲨烯。角鲨烯由六个异戊二烯齐聚而成的三萜类化合物构成，含六个碳碳双键，在生物体中会消纳过氧化自由基，有抗衰老、抗肿瘤的作用。角鲨烯在鱼肝油中含量很高，是鱼肝油的主要保健成分之一。常见油脂中角鲨烯的含量见表 2.5。

表 2.5　常见油脂中角鲨烯的含量

油脂种类	角鲨烯含量/(μg/g)	油脂种类	角鲨烯含量/(μg/g)
菜籽油	8～16	米糠油	332
大豆油	7～17	玉米油	19～36
葵花籽油	8～19	橄榄油	136～708
棕榈油	2～5	茶油	8～16
棉籽油	4～12	椰子油	2～5
花生油	13～49	芝麻油	3～7

甾醇类物质又称类固醇，是结构复杂、数目繁多的化合物，广泛存在于动植物体中，胆固醇即是其中之一。油脂中含量相对较高的是甾醇、4-甲基甾醇和三萜醇，具体见表 2.6。

表 2.6　常见油脂中甾醇类物质的含量

油脂种类	甾醇含量/%	4-甲基甾醇含量/%	三萜醇含量/%
菜籽油	0.35～0.50	0.027	0.054
大豆油	0.15～0.38	0.025～0.066	0.04～0.084
葵花籽油	0.35～0.75	0.078～0.112	0.032～0.07
棕榈油	0.03～0.26	0.036	0.032
棉籽油	0.26～0.51	0.042	0.017～0.048
花生油	0.19～0.47	0.016	0.017～0.054
米糠油	0.75～1.8	0.42	1.18
玉米油	0.95～1.17	0.008～0.013	0.006～0.015
橄榄油	0.11～0.31	0.016～0.068	0.14～0.29
蓖麻油	0.29～0.50	0.02	0.045
椰子油	0.06～0.23	0.016	0.068

2.3.2　可皂化的类脂物

油脂中可皂化的类脂物主要是磷酸甘油酯，也称磷脂，对动植物的生命活动有重要作用。成熟的油料植物种子都含有一定量的磷脂，从种子提取油脂时，一部分磷脂溶解在油中。常见植物油中磷脂含量见表 2.7。

表 2.7　常见油脂中磷脂的含量

油脂种类	磷脂含量/%	油脂种类	磷脂含量/%
菜籽油	1.5～2.5	米糠油	0.4～0.6
大豆油	1.1～3.5	棉籽油	1.5～1.8
葵花籽油	0.52～0.91	花生油	0.6～1.2

磷脂是优良的表面活性剂。作为生物柴油原料的油脂如果磷脂处理不干净，在生产的水洗工段容易造成乳化，使生产操作被迫中断。

2.4　常用脂肪酸和油脂的物化性质[6-9]

从生物柴油装置设计和生产管理的角度，需要清楚了解脂肪酸和油脂的熔点、密度、黏度、溶解性和热性质等物理性质。

2.4.1　熔点

一般来说，脂肪酸的碳链越长，其熔点越高；同碳数的脂肪酸熔点，饱和的比不饱和的高，碳碳双键少的比碳碳双键多的高，反式结构的高于顺式的。各种脂肪酸的熔点见表 2.8。

表 2.8　脂肪酸的熔点

脂肪酸名称	熔点/℃	脂肪酸名称	熔点/℃
月桂酸	44.2	棕榈油酸	0.53～1
肉豆蔻酸	54.4	油酸	13.36～16.25
棕榈酸	62.75	亚油酸	−5.1
硬脂酸	69.6	亚麻酸	−11.2
花生酸	75.35	芥酸	33.5
山嵛酸	79.95		

实际生产中，遇到的都是脂肪酸的混合物，表 2.9～表 2.13 的数据更有参考价值。

表 2.9　油酸-棕榈酸混合物的熔点

棕榈酸/mol%	熔点/℃	棕榈酸/mol%	熔点/℃	棕榈酸/mol%	熔点/℃
0.0	16.25	11.7	28	60	54.3
1.0	16.05	15.7	33	72	57.15
3.3	15.5	21.7	38.3	87.45	60.4
4.0	15.35	32.6	44.5	96.3	62.15
5.0	16	40.7	48.2	100.0	62.75
6.0	16	46.9	50.25		
8.6	22	52.7	52.1		

注：mol%表示摩尔分数，下同。

表 2.10　油酸-硬脂酸混合物的熔点

硬脂酸/mol%	熔点/℃	硬脂酸/mol%	熔点/℃	硬脂酸/mol%	熔点/℃
0.0	13.36	4.8	30.2	27.1	51.0
1.1	13.20	7.2	34.5	37.5	55.3
2.3	13.10	12.9	41.6		
3.55	13.10	17.7	45.6		

表 2.11　油酸-亚油酸混合物的熔点

油酸/mol%	熔点/℃	油酸/mol%	熔点/℃	油酸/mol%	熔点/℃
0.0	−6.5	24.97	−8.9	67.63	7.2
6.58	−7.3	25.5	−8.6	88.71	11.5
15.88	−8.4	26.53	−8.0	100.0	13.4
20.82	−9.2	33.70	−4.1		
24.67	−9.1	49.71	2.8		

表 2.12　油酸-亚麻酸混合物的熔点

油酸/mol%	熔点/℃	油酸/mol%	熔点/℃	油酸/mol%	熔点/℃
0	−12.8	15.38	−14.5	50.70	1.9
6.26	−13.7	20.03	−11.8	75.01	8.7
10.97	−14.5	24.01	−9.2	93.04	12.2

表 2.13　棕榈酸-硬脂酸混合物的熔点

硬脂酸/mol%	熔点/℃	硬脂酸/mol%	熔点/℃	硬脂酸/mol%	熔点/℃
0	62.85	45.7	56.85	83.0	67.2
7.8	61.7	47.51	57.2	94.0	69.0
15.0	59.7	50.8	57.6	94.28	68.9
20.3	58.4	53.8	58.4	98.5	69.9
31.38	55.8	57.49	60.6	100.0	69.9
32.7	55.7	67.5	63.3		
40.7	56.35	70.0	63.7		

天然油脂多是不同脂肪酸甘油三酯的混合物，没有确定的凝固点，从开始凝固到完全凝固存在一个温度范围，往往饱和度高的三甘酯先析出，沉积在容器的底部。油脂冬化分离操作就是根据这个特性设计的。常见天然油脂的初凝点和终凝点见表 2.14。

表 2.14　常见天然油脂的初凝点和终凝点

油脂种类	初凝点/℃	终凝点/℃
菜籽油	−1	−5
大豆油	−15	−18
葵花籽油	−16	−18
棕榈油（原）	58	18
棉籽油	4	−6
花生油	3	0
猪油	48	36
牛油	51	43
羊油	55	44

2.4.2　密度

脂肪酸的密度通常小于 1g/mL。同碳数脂肪酸的密度，饱和的比不饱和的小，碳碳双键少的比碳碳双键多的小。常见脂肪酸的密度见表 2.15。

表 2.15　常见脂肪酸的密度

脂肪酸名称	ρ/(g/cm^3)	脂肪酸名称	ρ/(g/cm^3)
月桂酸	0.8690(50℃)	山萮酸	0.8221(100℃)
肉豆蔻酸	0.8533(70℃)	油酸	0.8905(20℃)
棕榈酸	0.8487(70℃)	亚油酸	0.9038(18℃)
硬脂酸	0.8386(80℃)	花生四烯酸	0.8500(70℃)
花生酸	0.8240(100℃)	芥酸	0.853(70℃)

油脂的密度表现相对复杂些，不仅跟组成的脂肪酸有关，而且跟状态、结晶形态等因素都有关。用作生物柴油原料的油脂储存时必须呈液态，以方便输送。常见油脂液态时的密度见表 2.16。

表 2.16　常见油脂液态时的密度

油脂种类	ρ/(g/cm^3)	油脂种类	ρ/(g/cm^3)
菜籽油	0.9187(20℃)	棉籽油	0.917(25℃)
大豆油	0.9206(20℃)	花生油	0.9146(25℃)
葵花籽油	0.9203(20℃)	玉米油	0.9192(20℃)
棕榈油	0.912(25℃)		

2.4.3　黏度

同碳数的脂肪酸，饱和的黏度比不饱和的高，碳碳双键少的比碳碳双键多的高。常见脂肪酸的黏度见表 2.17。

表 2.17　常见脂肪酸的黏度

棕榈酸		硬脂酸		油酸	
温度/℃	黏度/(mPa·s)	温度/℃	黏度/(mPa·s)	温度/℃	黏度/(mPa·s)
70	7.8	70	9.4	20	38.8
128	2.67	130	3.55	60	9.41
151	1.93	155	2.01	134	2.41
194	1.05	188	1.32	153.5	1.81
				196	1.02

油脂具有更高的黏度，其脂肪酸组成和脂肪酸的不饱和程度也有一定的影响。常见油脂 20℃的黏度见表 2.18。

表 2.18　常见油脂的黏度（20℃）

油脂种类	黏度/(mPa·s)	油脂种类	黏度/(mPa·s)
菜籽油	65.6	棉籽油	67.2
大豆油	57.8	花生油	75.9
葵花籽油	63.3	玉米油	58(25℃)

油脂的黏度与温度关系密切，设计时需要密切关注。图 2.1 表示菜籽油、大豆油和花生油的表观黏度与温度的变化关系[10]。

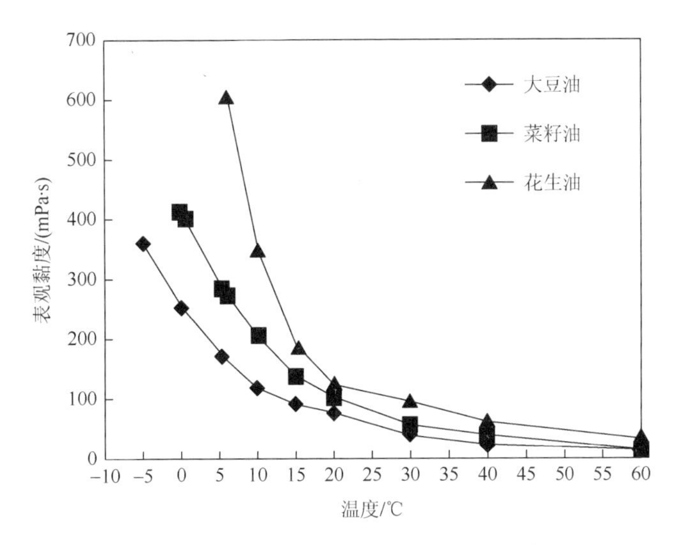

图 2.1　常见的植物油表观黏度随温度的变化

2.4.4　溶解性

从油脂到生物柴油，甲醇或乙醇是反应物之一，水常用作洗涤溶剂，原料酸值高时水又是副产物之一，关注脂肪酸和油脂在低碳醇或水中的溶解性质是十分必要的。

脂肪酸在水中溶解度很小，而且溶解的脂肪酸只有很小一部分发生电离，形成脂肪酸根负离子和氢离子，因此溶液呈弱酸性。水中未电离的脂肪酸溶解度可以用下面的公式估算，误差一般不超过 3%。

$$\lg S = -0.60n + 2.44$$

式中，S 为溶解度，mol/L，即 1L 水中溶解的脂肪酸的物质的量；n 为脂肪酸的碳原子数。

脂肪酸在水中的溶解度随温度升高而增大，随碳数增加而减少，碳原子数多于 10 的脂肪酸在水中溶解度都很小，具体见表 2.19。

表 2.19　常见脂肪酸在水中的溶解度

脂肪酸名称	溶解度/(g 脂肪酸/100g 水)				
	0.0℃	20.0℃	30.0℃	45.0℃	60.0℃
月桂酸	0.0037	0.0055	0.0063	0.0075	0.0087
肉豆蔻酸	0.0013	0.0020	0.0024	0.0029	0.0034
棕榈酸	0.00046	0.00072	0.00083	0.0010	0.0012
硬脂酸	0.00018	0.00029	0.00034	0.00042	0.00050

脂肪酸在甲醇或乙醇中的溶解度比水中大得多，具体见表 2.20 和表 2.21。

表 2.20　常见脂肪酸在甲醇中的溶解度

脂肪酸名称	溶解度/(g 脂肪酸/100g 甲醇)						
	0.0℃	10.0℃	20.0℃	30.0℃	40.0℃	50.0℃	60.0℃
月桂酸	12.7	41.1	120	383	2250	互溶	互溶
肉豆蔻酸	2.8	5.8	17.3	75	350	2670	互溶
棕榈酸	0.8	1.3	3.7	13.4	77	420	4650
硬脂酸	—	—	0.1	1.8	11.7	78	524

表 2.21　常见脂肪酸在乙醇中的溶解度

脂肪酸名称		溶解度/(g 脂肪酸/100g 乙醇)						
		0.0℃	10.0℃	20.0℃	30.0℃	40.0℃	50.0℃	60.0℃
无水乙醇	月桂酸	20.4	41.6	105	292	1540	互溶	互溶
	肉豆蔻酸	7.07	9.77	23.9	84.7	263	1560	互溶
	棕榈酸	1.89	3.20	7.21	23.9	94.2	320	2600
	硬脂酸	0.42	1.09	2.25	5.42	22.7	105	400
95%乙醇	月桂酸	15.2	34.0	91.2	260	1410	互溶	互溶
	肉豆蔻酸	3.86	7.64	18.9	68.7	238	1485	互溶
	棕榈酸	0.85	2.10	4.93	16.7	73.4	287	2280
	硬脂酸	0.24	0.65	1.13	3.42	17.1	83.9	365

2.4.5　沸点

废弃油脂生产生物柴油，需要把三甘酯和游离脂肪酸转化为脂肪酸甲酯，然后进行蒸馏精制，从而实现与废弃油脂中的高沸点杂质分离。一般来说，同一真空压力下，脂肪酸的沸点比脂肪酸甲酯高 20℃左右，了解和掌握脂肪酸的沸点十分必要。常见饱和脂肪酸的沸点见表 2.22。不饱和脂肪酸热敏性比饱和脂肪酸高，碳碳双键个数越多越敏感，双键共轭纯度越高越敏感。常见不饱和脂肪酸的沸点见表 2.23。

表 2.22　常见饱和脂肪酸在不同绝压下的沸点（℃）

脂肪酸名称	0.1333kPa	0.2666kPa	0.5332kPa	1.0664kPa	2.1328kPa	68.2496kPa	101.325kPa
月桂酸	130.2	148.8	154.1	167.4	181.8	282.5	298.9
肉豆蔻酸	149.2	161.1	173.9	187.6	202.4	309.0	326.2*
棕榈酸	167.4	179.0	192.2	206.1	221.5	332.6*	351.5*
硬脂酸	183.6	195.9	209.2	221.1	240.0	355.2*	376.1*

* 经外插法推算得到。

表 2.23　常见不饱和脂肪酸在不同绝压下的沸点

油酸	绝压/kPa	0.1600	0.6666	1.3332	1.9998	3.9330	6.5328	101.325
	沸点/℃	200	215	225	234	250	264	360（分解）
亚油酸	绝压/kPa	0.0024	0.0093	0.1867	1.3332	2.1331	101.325	—
	沸点/℃	129	133	202	224	230	分解	
亚麻酸	绝压/kPa	0.0003	1.3332	2.2665	101.325			
	沸点/℃	158	224.5	230	分解			
芥酸	绝压/kPa	0.13332	0.5332	1.3332	2.6664	5.3328	13.3322	101.325
	沸点/℃	206.7	239.7	254.5	270.6	289.1	314.4	分解

常压下油脂一般不到沸点就碳化分解，没有相关的沸点数据。

2.4.6　热力学性质

熔化热随分子量增加而增加。常见饱和脂肪酸的熔化热如表 2.24 所示。

表 2.24 常见饱和脂肪酸的熔化热

脂肪酸名称	熔化热/(kJ/mol)
月桂酸	36.63
肉豆蔻酸	44.97
棕榈酸	54.34
硬脂酸	56.48
花生酸	70.97
山萮酸	78.50

蒸发热与蒸气压和沸点都有关系，常压下常见脂肪酸的蒸发热见表 2.25。

表 2.25 常见脂肪酸的蒸发热

项目	月桂酸	肉豆蔻酸	棕榈酸	硬脂酸	油酸
温度/℃	301.5	327.9	351.9	373.9	368.9
蒸发热/(kJ/mol)	57.53	61.55	63.18	66.40	67.19

脂肪酸的摩尔比热容如表 2.26 所示。

表 2.26 脂肪酸的摩尔比热容

脂肪酸名称	固体		液体	
	温度/℃	比热容/[kJ/(mol·℃)]	温度/℃	比热容/[kJ/(mol·℃)]
月桂酸	19～39	0.429	100	0.455
肉豆蔻酸	24～43	0.498	56～100	0.515
棕榈酸	22～53	0.528	65～101	0.701
硬脂酸	20～56	0.537	75～137	0.655
花生酸	20～66	0.624	22～100	0.728
山萮酸	18～71	0.664	80～109	0.792
油酸	10	0.546	100	0.603

常见脂肪酸的燃烧热如表 2.27 所示。

表 2.27 常见脂肪酸的燃烧热

脂肪酸名称	燃烧热/(MJ/mol)	脂肪酸名称	燃烧热/(MJ/mol)
月桂酸	7.418	花生酸	13.641
肉豆蔻酸	8.733	山萮酸	13.977
棕榈酸	10.041	油酸	11.283
硬脂酸	11.354	芥酸	13.805

2.4.7　碘值、皂化值和酸值

碘值是衡量油脂不饱和度的指标，碘值越大，不饱和度越高，生产出来的生物柴油氧化安定性越差。

皂化值能够表达油脂中脂肪酸碳链的长短和油脂的纯度。纯度相当时，皂化值越大，碳链越短；同一种油脂，皂化值低的杂质含量高。

酸值是衡量油脂卫生质量的指标，是食用油的重要指标，酸值越高，油脂的质量越差。国家对食用油分级管理时，酸值是关键指标，最差的 4 级食用油酸值为不大于 4mg KOH/g 油。对于作为生物柴油原料的油脂，酸值高将增加油脂精制的成本。常见油脂的碘值、皂化值和酸值见表 2.28。

表 2.28　常见油脂的碘值、皂化值和酸值

油脂名称	碘值/(g I_2/100g 油)	皂化值/(mg KOH/g 油)	酸值/(mg KOH/g 油)
菜籽油	97～110	168～181	1.5（毛油）
大豆油	120～141	188～195	1.1（毛油）
葵花籽油	125～136	188～194	1.4（毛油）
棕榈油	44～54	190～207	7.7（原棕油）
棉籽油	99～115	189～198	2.1（毛油）
花生油	84～105	187～196	1.6（毛油）
玉米油	103～128	187～193	0.9（毛油）
猪油	52～77	192～203	0.7
牛油	35～48	189～199	0.9

2.5　油脂原料的氧化与抗氧化[8, 11]

油脂原料运输和储存是生物柴油生产中不可缺少的环节，其在运输和储存中难免与空气接触。受光、热、酶或金属及其离子催化等多种因素作用，油脂将被空气中的氧气氧化，产生分解或聚合现象。油脂氧化分解产生一些小分子的醇、醛、酮、酸等物质，腐蚀设备和管线，增加了尾气的处理难度；油脂氧化引发的交联聚合会增加生物柴油产品中胶质含量，导致产品质量不达标。

油脂的氧化倾向和氧化速率与其脂肪酸组成有关。不饱和脂肪酸的碳碳双键容易先被氧化，不饱和度越高，氧化越容易发生，氧化速率也越快。例如，油酸、亚油酸、亚麻酸和花生四烯酸的相对氧化速率是 1∶10∶20∶40。此外，油脂中的水分、脂质、酶等也会促进油脂氧化，但维生素 E 又有保质作用，延缓油脂发生氧化。油脂与空气的接触面大或接触时间长、光照时间长、光照强度高、储存温度高、金属离子浓度高等都将加快油脂的氧化速率。

为了降低油脂氧化带来的不利影响，在生物柴油装置设计、建设和生产管理中，采取下列措施是必要的：①采购油脂原料时应制定控制指标，严格控制水分、胶杂和高不饱和度的亚麻酸、花生四烯酸的含量。②油脂运输和罐储过程中要进行氮封，避免与空气接触。③油脂储存过程中避免光照和局部高温。④对运输罐车、储罐、管道进行钝化处理，避免增加金属离子。⑤添加抗氧剂，增强油脂的储存稳定性。

2.6 甲 醇[12]

用于酯交换反应最多的醇是甲醇，因为和其他醇相比，其不仅价格低廉而且活性高。在碱催化存在下，甲醇和油脂甚至可以在室温条件下反应，不到 0.5h 就能达到平衡。由甲醇生成的甲酯和甘油分层快。另外，甲醇沸点低，不与水产生共沸，循环甲醇更容易脱水，进而减少甲醇中残留水引起的油脂水解和皂化反应。

工业甲醇基本上由合成气生产，所含的杂质，如水分、醛类、羧酸类等对生物柴油生产不利。中国对甲醇质量实行分级管理，质量最好的是一级，其质量指标见表 2.29，符合生产生物柴油的要求。

表 2.29 工业一级甲醇的质量要求

项目	指标
色度(Pt-Co)/号	≤5
密度(20℃/4℃)/(g/cm^3)	0.791～0.793
讲程温度范围(0℃, 1bar[a])/℃	64.0～64.5
沸程范围[包括(64.6±0.1)℃]/℃	≤1.0
高锰酸钾试验/min	≥30
水溶性试验	澄清
水分含量/%	≤0.08
酸度(以 HCOOH 计)/%	≤0.0030

续表

项目	指标
碱度(以 NH_3 计)/%	≤0.0008
羰基化合物含量(以 HCHO 计)/%	≤0.005
蒸发残渣含量/%	≤0.003

a 1bar = 10^5Pa。

有人认为甲醇是由化石资源通过合成气生产的，而乙醇可以从生物质生产得到，更加环境友好，而且乙醇毒性低，生产的生物柴油热值和十六烷值更高。但乙醇反应活性比甲醇差，酯交换反应后酯相和甘油相的分离不如甲醇高效，而且酯相中溶解的甘油多，给后续水洗增加困难。另外乙醇与水共沸，不能直接循环利用，需要再脱水，增加了成本，经济上不如生产脂肪酸甲酯的竞争性强。

2.7　油脂和脂肪酸的转化化学

油脂和脂肪酸分子中含有多种类型的官能团，化学性质十分活泼，可以发生多种转化反应，生产功能各异的化学品，是油脂化学工业的基础。对于生物柴油，需要将油脂和脂肪酸转化成脂肪酸甲酯或乙酯，发生的反应包括三甘酯的酯交换反应和脂肪酸的酯化反应。下面主要介绍三甘酯的酯交换反应。

2.7.1　三甘酯的酯交换反应热力学

生物柴油生产中，三甘酯与甲醇的酯交换反应是最重要的反应，一个三甘酯分子完全反应需要三个甲醇分子，生成三个脂肪酸甲酯和一个甘油，反应历程如图 2.2 所示。图 2.2 中，反应原料三甘酯记为 TG、中间产物二甘酯记为 DG，单甘酯记为 MG，主产物生物柴油的化学成分是脂肪酸甲酯，记为 FAME，副产物甘油记为 GL，R_1'、R_2'、R_3' 代表组成脂肪酸的碳链。

三甘酯与甲醇的酯交换反应是典型化学平衡控制的反应。准确地掌握反应热力学是了解这个反应体系进行的可能性和判断这个反应进行程度的重要理论依据，并且能为反应条件的确定、反应装置的设计及催化剂的筛选提供指导。但是，由于组成三甘酯的脂肪酸种类比较多，形成的三甘酯种类更多，基本数据缺乏，研究起来难度很大，因此国内外学者研究时，都以三油酸甘油酯与甲醇的酯交换反应作为研究对象。例如，Dossin 等[13]研究得出，在 313～343K 区间的化学平衡常数接近 1.0，熵变非常小，而反应过程受温度的影响较小。马鸿宾等[14]的分析计算更加系统一些，验证了 Dossin 等[13]的研究结论，计算得出了标准状况下的热力学数据及 303～338K 的焓变、Gibbs 自由能变与平衡常数。张继龙等[15]在此基础上，假定油脂由三油酸甘油酯组成，进一步开展研究，反应历程简单表示如下：

$$R_1\text{：} TG + MeOH \rightleftharpoons DG + FAME$$

$$R_2\text{：} DG + MeOH \rightleftharpoons MG + FAME$$

$$R_3\text{：} MG + MeOH \rightleftharpoons GL + FAME$$

针对反应体系有关物质热力学数据缺乏的现状，张继龙等[15]应用基团贡献法和赵氏经验公式对反应体系中存在的除甲醇甘油之外的各种物质（气、液）进行热力学数据估算，结果见表 2.30[15]。

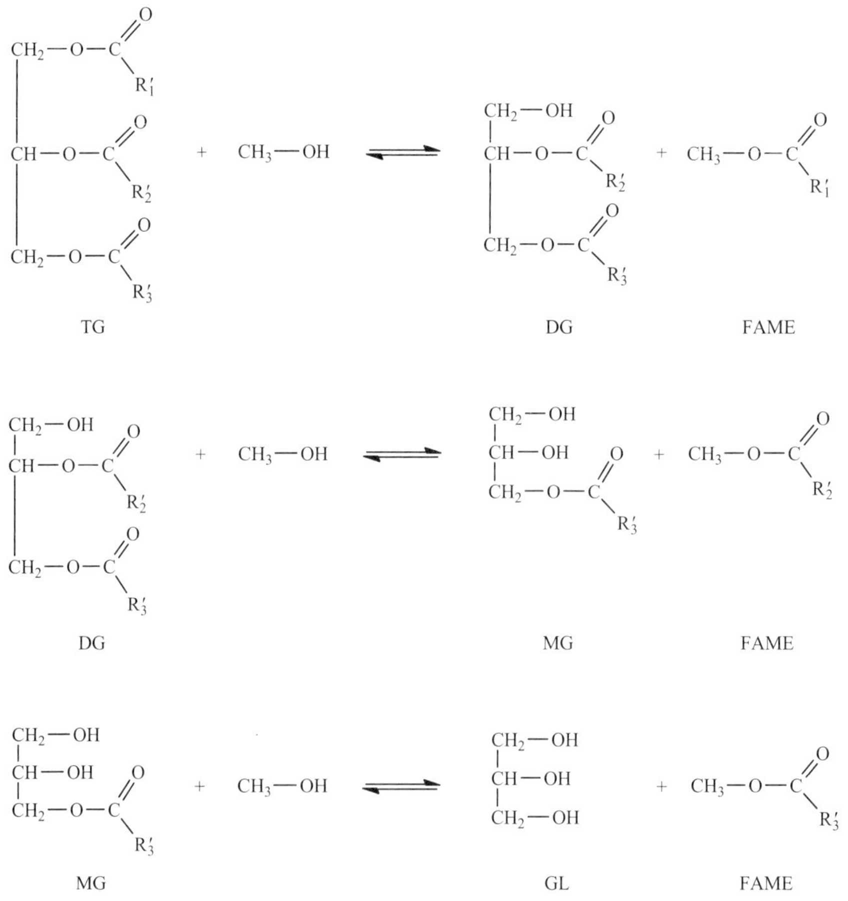

TG + CH_3—OH ⇌ DG + FAME

DG + CH_3—OH ⇌ MG + FAME

MG + CH_3—OH ⇌ GL + FAME

图 2.2　三甘酯与甲醇的酯交换反应历程

表 2.30　三甘酯、二甘酯、单甘酯和油酸甲酯热力学数据的估算结果

组分	$\Delta_f H_{298}^{\ominus}(g)$ /(kJ/mol)	$\Delta_v H^{\ominus}$ /(kJ/mol)	$\Delta_f H_{298}^{\ominus}(l)$ /(kJ/mol)	$\Delta S_{298}^{\ominus}(g)$ /[J/(mol·K)]	$\Delta_v S^{\ominus}$ /[J/(mol·K)]	$\Delta S_{298}^{\ominus}(l)$ /[J/(mol·K)]	T_b/K	$C_p = a + bT + dT^2$		
								a	$b\times10^3$	$d\times10^6$
TG	−1858.2	285.8	−2144.0	2555.7	143.4	2412.3	822.5	1561.7	−1151.9	6166.3
DG	−1430.1	221.7	−1651.8	1839.4	138.9	1700.5	757.9	1169.9	−1671.3	6730.8
MG	−1002.0	157.2	−1159.2	1123.1	132.0	991.1	667.2	767.4	−2038.7	6703.9
FAME	−649.9	84.6	−734.5	960.0	128.2	827.8	622.2	541.7	−504.4	2372.5

注：$T = 200\sim1000$K。

以表 2.30 的数据为基础，计算得到油脂酯交换三个反应步骤的热力学数据，见表 2.31[15]。

表 2.31　酯交换反应体系中各步反应的热力学数据（298.15K）

反应历程	$\Delta_r H^{\ominus}$ /(kJ/mol)	$\Delta_v S^{\ominus}$ /[J/(mol·K)]	$\Delta_r G^{\ominus}$ /(kJ/mol)	$K^{\ominus}$
R_1	−3.190	−11.240	0.159	0.938
R_2	−2.870	−8.748	−0.263	1.200
R_3	−4.682	−86.092	20.973	0.0003

根据表 2.31，酯交换三步反应的标准热焓都不大，吸热和放热效应小，而且升高温度不利于总反应的进行。从标准摩尔 Gibbs 自由能变和平衡常数来看，酯交换反应正反应自发进行有些困难，需要通过改变反应条件来使反应进行。

利用 Kirchhoff 方程和 Gibbs-Helmholtz 方程整理可获得标准摩尔 Gibbs 自由能变随温度变化的关系式，以便预判温度对酯交换反应的影响结果。图 2.3 表示的是油脂酯交换反应的标准摩尔自由焓随温度变化的计算结果[15]。可见，升温不利于酯交换反应的进行。

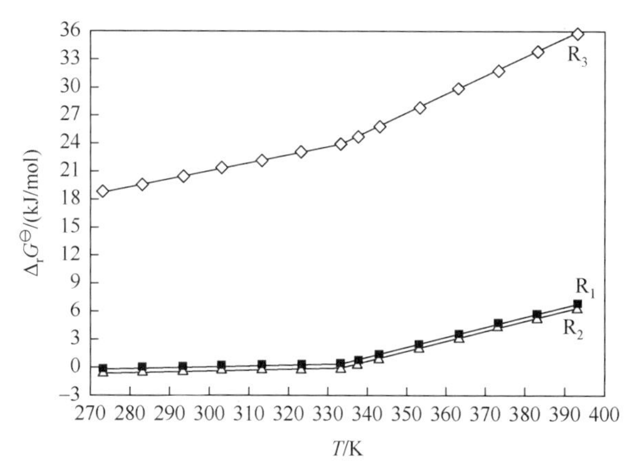

图 2.3　酯交换反应的标准摩尔 Gibbs 自由能变随温度变化的计算结果[15]

由于甲醇的气化温度相对较低，气相下的甲醇参与反应行为的混乱度大，影响计算结果的准确性。但甲醇沸点随压力增加而提高，因此对 Gibbs 函数公式进行整理得到不同压力下的标准摩尔自由焓与温度关系的计算公式，计算结果见图 2.4～图 2.6[15]。

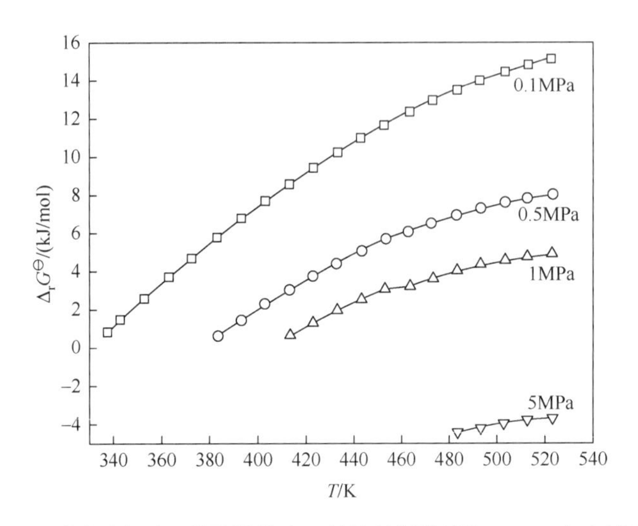

图 2.4　不同压力下三甘酯转化为二甘酯的标准摩尔 Gibbs 自由能变[15]

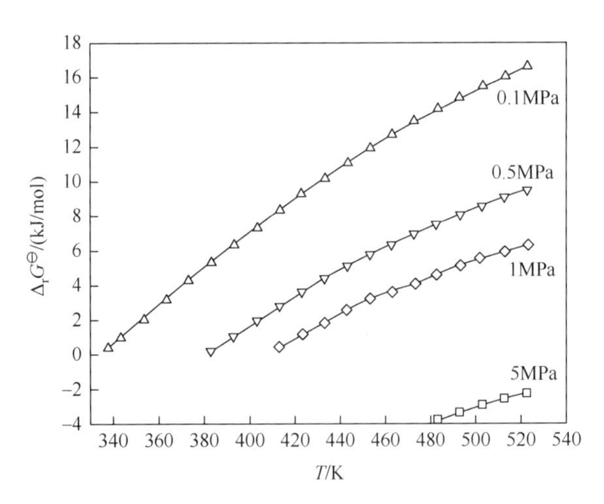

图 2.5　不同压力下二甘酯转化为单甘酯的标准摩尔 Gibbs 自由能变[15]

从图 2.4～图 2.6 可以看出，酯交换各步反应的标准摩尔自由焓随压力的增加而减小，即提高压力有利于反应的进行。压力为 5MPa 时，三步反应的前两步的 $\Delta_r G^\ominus < 0$，而第三步的标准 $\Delta_r G^\ominus < 0$，据此可以推断出总反应产物仍然有二甘酯和单甘酯存在。

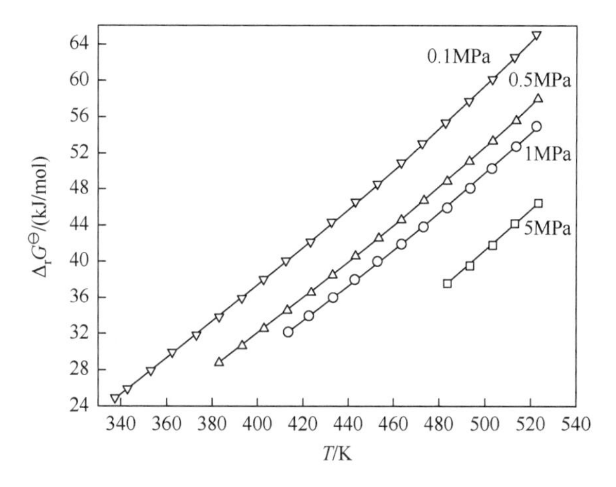

图 2.6　不同压力下单甘酯转化为脂肪酸甲酯的标准摩尔 Gibbs 自由能变[15]

根据标准摩尔自由焓与温度的关系方程可以推导出平衡转化率与温度的关系方程，从而估算出不同压力和不同醇油比下的平衡转化率随温度的变化情况，计算结果如图 2.7 和图 2.8 所示[15]。

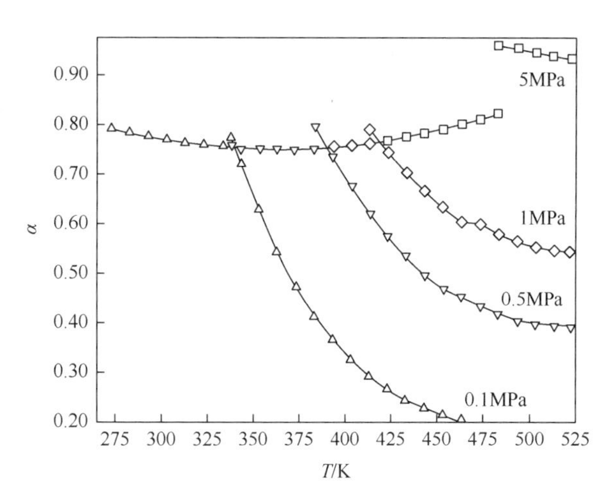

图 2.7　不同压力下的平衡转化率随温度变化的关系[15]

由图 2.7 可以看出，当甲醇处于液相时，压力对反应平衡转化率影响不大，0.1MPa 下随着温度的升高，平衡转化率逐渐减小，而当压力达到 0.5MPa 以上时，反应平衡转化率在 373K 处的最小，为 75.1%，随后逐渐增大。当甲醇呈气相时，压力对反应平衡转化率影响明显，相同压力下随着温度的升高，平衡转化率明显减小，相同温度下随着压力的升高，平衡转化率明显增大，当压力为 5MPa、487.89K 时，平衡转化率达到 97.5%。

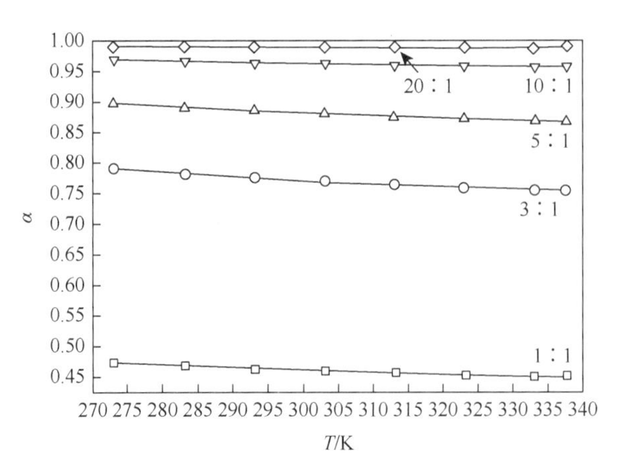

图 2.8　不同醇油比下的平衡转化率随温度的变化[15]

从图 2.8 可以看出，通过调整反应物的浓度，如改变醇油比，也能够改变三甘酯反应的平衡转化率。在压力 0.1MPa、甲醇呈液相的条件下，相同温度三甘酯的平衡转化率随着醇油比的增加而增大，当醇油比为 20：1、温度 337.7K 时，平衡转化率可达到 98.8%。醇油比相同时，反应的平衡转化率随温度的升高而略有降低，降低幅度不明显。

根据以上反应热力学分析的结果，酯交换的三步反应中，各步反应和总反应的热效应都很小。三甘酯与甲醇酯交换反应的平衡转化率受到反应温度、压力和醇油比的影响，提高反应温度稍稍不利于反应，提高压力和醇油比有利提高反应的平衡转化率。但实际试验中发现，缓和的反应条件下，反应很长时间都难以达到平衡状态，只有在高温高压下，即甲醇的近/超临界状态下，反应才能很快达到平衡，三甘酯的转化率才能接近热力学的计算值。因此，掌握三甘酯酯交换反应动力学规律十分重要。

2.7.2　三甘酯的酯交换反应动力学

由于组成油脂的脂肪酸的多样性，三甘酯和二甘酯种类更多，研究三甘酯酯交换反应动力学都进行了简化处理，以化合物类属为对象，不以成分为对象，即按三甘酯、二甘酯、单甘酯、甲醇、脂肪酸甲酯和甘油为研究对象，考察它们的浓度对反应速率的影响。酯交换反应可用的催化剂有液体酸碱、固体酸碱、脂肪酶等，不同催化剂作用下三甘酯反应行为很不相同，动力学行为规律自然差别很大。相比之下，液体碱，如氢氧化钠、氢氧化钾、甲醇钠、甲醇钾的甲醇溶液是效果最好的一类催化剂，对这类催化剂催化的油脂酯交换反应动力学研究得最充分。

对油脂碱催化酯交换反应动力学研究最有贡献的研究者有 Freedman[16]、Noureddini[17]和 Mittelbach[18]等，研究常用的碱催化剂有 KOH 和 NaOH 等。油脂与甲醇反应生成的最终产物为脂肪酸甲酯与甘油，甘油二酯与甘油单酯为中间产物。分步反应的表达式如下：

$$\mathrm{TG} + \mathrm{CH_3OH} \underset{k_2}{\overset{k_1}{\rightleftharpoons}} \mathrm{DG} + \mathrm{R_1COOCH_3}$$

$$\mathrm{DG} + \mathrm{CH_3OH} \underset{k_4}{\overset{k_3}{\rightleftharpoons}} \mathrm{MG} + \mathrm{R_2COOCH_3}$$

$$\mathrm{MG} + \mathrm{CH_3OH} \underset{k_6}{\overset{k_5}{\rightleftharpoons}} \mathrm{GL} + \mathrm{R_3COOCH_3}$$

忽略中间产物，总的反应式为

$$\mathrm{TG} + 3\mathrm{CH_3OH} \underset{k_8}{\overset{k_7}{\rightleftharpoons}} 3\mathrm{RCOOCH_3} + \mathrm{GL}$$

用 A 和 E 分别表示甲醇和脂肪酸甲酯，则反应动力学模型可以写成

$$\frac{\mathrm{d[TG]}}{\mathrm{d}t} = -k_1[\mathrm{TG}][\mathrm{A}] + k_2[\mathrm{DG}][\mathrm{A}] - k_7[\mathrm{TG}][\mathrm{A}]^3 + k_8[\mathrm{A}][\mathrm{GL}]^3$$

$$\frac{\mathrm{d[DG]}}{\mathrm{d}t} = k_1[\mathrm{TG}][\mathrm{A}] - k_2[\mathrm{DG}][\mathrm{E}] - k_3[\mathrm{DG}][\mathrm{A}] + k_4[\mathrm{MG}][\mathrm{E}]$$

$$\frac{\mathrm{d[MG]}}{\mathrm{d}t} = k_3[\mathrm{DG}][\mathrm{A}] - k_4[\mathrm{MG}][\mathrm{E}] - k_5[\mathrm{MG}][\mathrm{A}]^3 + k_6[\mathrm{GL}][\mathrm{E}]$$

$$\frac{\mathrm{d[E]}}{\mathrm{d}t} = k_1[\mathrm{TG}][\mathrm{A}] - k_2[\mathrm{DG}][\mathrm{E}] + k_3[\mathrm{DG}][\mathrm{A}] - k_4[\mathrm{MG}][\mathrm{E}] + k_5[\mathrm{MG}][\mathrm{A}] - k_6[\mathrm{GL}][\mathrm{E}] + k_7[\mathrm{TG}][\mathrm{A}]^3 - k_8[\mathrm{GL}][\mathrm{E}]^3$$

$$\frac{\mathrm{d[A]}}{\mathrm{d}t} = \frac{\mathrm{d[E]}}{\mathrm{d}t}$$

$$\frac{\mathrm{d[GL]}}{\mathrm{d}t} = k_5[\mathrm{MG}][\mathrm{A}] - k_6[\mathrm{GL}][\mathrm{E}] + k_7[\mathrm{TG}][\mathrm{A}]^3 - k_8[\mathrm{GL}][\mathrm{E}]^3$$

按实际情况求解上述微分方程组是不可能的，需要设置一些边界条件、进行一些假设、使用一些模型，还要考虑到化学平衡的关系，并对求解得到的数据进行实验验证，统计实验值和计算值之间的相对偏差，并求出平均相对偏差，不断修正模型，最终使模型计算结果与实验值偏差最小。这样得到的模型可作为装置设计模拟计算的一个依据。文献上虽然有不少动力学的研究结果，但由于假设太多、边界条件设置太笼统，模型选择匹配性不强，研究结果的借鉴价值不大。

2.8　生物柴油及其副产甘油的物化性质[9, 19-21]

2.8.1　生物柴油的物化性质

生物柴油的化学成分是脂肪酸甲酯，其组成是由油脂原料的脂肪酸组成决定

的。生物柴油主要生产原料是转基因大豆油、双低菜籽油、棕榈油、葵花籽油、动物脂肪、妥尔油、废弃油脂等，这些油脂的脂肪酸组成中，饱和的脂肪酸分布在 C_{12}～C_{22}，其中棕榈酸和硬脂酸是最主要的；不饱和的脂肪酸主要是油酸、亚油酸、亚麻酸、芥酸等。其中最主要的是油酸、亚油酸和芥酸。由于菜籽油的品种改良，芥酸含量大大下降。生物柴油的主要成分是棕榈酸甲酯、硬脂酸甲酯、油酸甲酯和亚油酸甲酯，还有少量的月桂酸甲酯、肉豆蔻酸甲酯、棕榈油酸甲酯、亚麻酸甲酯、花生酸甲酯、山萮酸甲酯和芥酸甲酯，部分脂肪酸甲酯物性数据见表 2.32。

表 2.32　生物柴油中部分脂肪酸甲酯的物性数据

名称	密度/(g/cm^3)	熔点/℃	40℃运动黏度/(mm^2/s)	十六烷值	汽化热/(kJ/mol)	热值/(MJ/kg)
油酸甲酯	0.874（20℃）	−19.9	4.45	55	—	38.9
亚油酸甲酯	0.894（15℃）	−35	3.64	42.2	—	38.7
亚麻酸甲酯	0.904（15℃）	−46	3.27	22.7	—	39.9
棕榈酸甲酯	0.884（20℃）	30.55	4.32	74.3	91.6	39.6
硬脂酸甲酯	0.852（38℃）	39.1	5.56	75.7	—	40.3
月桂酸甲酯	0.873（15℃）	5	—	60.8	81.8	37
肉豆蔻酸甲酯	0.867（20℃）	18.5	—	73.5	71.9	38.3

不同压力下脂肪酸甲酯沸点数据见表 2.33。

表 2.33　一些脂肪酸甲酯在不同绝压下的沸点（℃）

脂肪酸甲酯名称	0.1333kPa	0.2666kPa	0.5332kPa	0.8000kPa	1.0666kPa	1.3332kPa	2.6664kPa
月桂酸甲酯	—	100	113	121	128	134	149
肉豆蔻酸甲酯	114	125.1	141	150	157	162	177
棕榈酸甲酯	136	148.1	162	172	177	184	202
硬脂酸甲酯	155.5	166.2	181	191	199	204	222
花生酸甲酯	165	—	—	—	—	—	218.5
油酸甲酯	152.5	166.5	182	192	201	205.3	215
亚油酸甲酯	149.5	166.5	182.4	193.5	199	206	—
亚麻酸甲酯	—	—	184	198	—	—	—
棕榈油酸甲酯	135	—	—	—	—	—	—

2.8.2　甘油的物化性质[22, 23]

甘油是生物柴油的副产品，在生物柴油生产中通常与水混合在一起，甘油及其水溶液的基本物理性质数据见表 2.34～表 2.37。

表 2.34　纯甘油的物理性质

温度/℃	蒸气压/kPa	汽化热/(kJ/mol)	密度/(g/cm^3)	比热容/[kJ/(mol·℃)]	表面张力/[mN/m]	黏度/(mPa·s)	导热系数/[×10^{-3}J/(m·s·K)]
20		88.15	1.261	0.2164	74.90	612	287.1
30		87.38	1.252	0.2210	72.83	284	288.4
40		86.59	1.242	0.2962	70.77	142	289.7
50		85.80	1.232	0.2307	68.72	81.3	290.9
60		85.00	1.222	0.2357	66.67	50.6	292.6
70		84.18	1.211	0.2408	64.64	31.9	293.9
80		83.35	1.201	0.2459	62.62	21.3	295.5
90		82.51	1.190	0.2514	60.61	14.8	296.4
100		81.64	1.180	0.2567	58.62	9.92	297.6
110		80.77	1.170	0.2620	56.63	5.96	298.9
120		79.88	1.159	0.2671	54.65	3.67	300.1
130		78.97	1.149	0.2721	52.69	2.32	301.4
140		78.04	1.138	0.2772	50.74	1.49	302.6
150		77.10	1.127	0.2823	48.40	0.983	303.9
160		76.13	1.116	0.2873	46.87	0.659	305.6
170	1.5115	75.15	1.105	0.2924	44.96	0.450	306.8
180	2.4262	74.14	1.093	0.2975	43.06	0.312	308.5
190	3.7835	73.11	1.081	0.3025	41.18	0.220	309.3
200	5.7427	72.05	1.069	0.3076	39.30	0.157	310.6
210	8.5072	70.97	1.058	0.3131	37.45	0.114	312.3
220	12.3246	69.86	1.045	0.3186	35.61	0.0837	313.5
230	17.4939	68.71	1.033	0.3251	33.78	0.0622	314.5
240	24.3704	67.55	1.020	0.3315	31.97	0.0467	316.5
250	33.3661	66.34	1.007		30.18	0.0355	317.3
260	44.9572	65.09	0.9937		28.40	0.0272	318.5
270	59.6850	63.81	0.9793		26.65		320.6
280	78.2392	62.48	0.9665		24.91		
290	101.0532	61.09	0.9517		23.19		
300	129.1126	59.66	0.9375		21.49		

表 2.35　甘油不同绝压下对应的沸点

压力/kPa	沸点/℃	压力/kPa	沸点/℃	压力/kPa	沸点/℃
0.53	141.84	5.33	197.86	40.00	256.32
0.67	152.03	6.67	203.62	53.33	266.20
0.80	155.69	8.00	208.40	66.66	274.23
1.07	161.49	9.33	212.52	79.99	280.91
1.33	166.11	10.67	216.17	93.33	286.79
2.00	174.86	12.00	219.44	101.32	290.0
2.67	191.34	13.33	222.41	106.66	292.01
4.00	190.87	26.66	243.16		

表 2.36　甘油水溶液的冰点

甘油含量/%	冰点/℃	甘油含量/%	冰点/℃
10	−1.6	66.7	−46.5
30	−9.5	80	−20.3
50	−23	90	−1.6

表 2.37　甘油水溶液的相对密度（20℃）

甘油含量/%	相对密度	甘油含量/%	相对密度	甘油含量/%	相对密度	甘油含量/%	相对密度
100	1.264	91	1.240	74	1.195	35	1.088
99	1.261	90	1.237	72	1.189	30	1.075
98	1.258	88	1.232	70	1.183	25	1.062
97	1.256	86	1.227	65	1.170	20	1.049
96	1.253	84	1.221	60	1.156	15	1.036
95	1.251	82	1.216	55	1.142	10	1.024
94	1.248	80	1.211	50	1.128	5	1.012
93	1.245	78	1.205	45	1.115	1	1.002
92	1.243	76	1.200	40	1.101		

2.9　生物柴油质量标准和品质控制指标

生物柴油和石化柴油因生产原料的不同而化学组成不同，它们的物理化学性质也存在一定的差异，因而不能完全沿用石化柴油的质量指标来管理生物柴油的品质，必须建立一套符合生物柴油性能特征要求的标准体系。

2.9.1　国内外生物柴油的标准发展[20, 21, 24-26]

产业发展，标准先行，生物柴油产业也不例外。生物柴油质量标准的发布实施，不仅能够指导生产、保护消费者权益、指导指标检测，而且对发动机和汽车制造等相关行业具有参考价值。

奥地利是世界上第一个颁布生物柴油标准的国家，1991 年为菜籽油甲酯用作柴油替代燃料制定了标准。此后，法国、瑞典、德国、意大利等国家相继颁布了生物柴油相关标准。1997 年欧盟开始着手研究制定统一的脂肪酸甲酯用作燃料标准，并且同步制定了相关质量指标的测试方法标准，这个统一的生物柴油标准 EN 14214 直到 2003 年才发布，2004 年对欧盟的所有成员国开始生效，并取代了各成员国的国家标准。

美国生物柴油标准颁布于 1999 年，2003 年进行了一次修订。加拿大、巴西、阿根廷、哥伦比亚、澳大利亚、马来西亚、印度尼西亚、日本、印度、泰国等都参照美国、借鉴欧盟制定并发布了生物柴油标准。表 2.38 对比了欧洲、美国和其他一些国家生物柴油质量标准。可以看出，欧洲车用生物柴油标准 EN 14214 是目前世界上要求最严格的生物柴油标准；从美国标准历次的修订情况来看，美国标准也越来越严格，与欧洲标准的差距在逐步缩小。全球其他国家或地区所制定的生物柴油标准与欧洲生物柴油标准的差距也在缩小。

表 2.38　国际上有效采用的生物柴油标准（部分）

项目	美国	欧洲（炉用）	欧洲（车用）	日本	巴西
标准编号	ASTM 6751-12	EN14213: 2003	EN14214: 2008	JISK2390: 2008	ANP255-2008
实施日期（年-月）	2012-08	2003-07	2008-07	2008-02	2008-03
密度(15℃)/(kg/m³)	—	860～900	860～900	860～900	850～900
运动黏度(40℃)/(mm²/s)	1.9～6.0	3.5～5.0	3.5～5.0	3.5～5.0	3～6
90%馏程温度/℃	≤360	—	—	—	—
闪点(闭口)/℃	≥93	≥120	≥101	≥120	≥100
浊点/℃	报告	—	—	—	—
硫含量/%	≤0.05/0.0015	≤0.0010	≤0.0010	≤0.001	≤0.005
100%康氏残炭/%	≤0.05	—	—	—	≤0.05
10%康氏残炭/%	—	≤0.3	≤0.3	≤0.3	—
硫酸盐灰分/%	≤0.02	≤0.02	≤0.02	≤0.02	≤0.02
水含量/(mg/kg)	—	≤500	≤500	≤500	≤500

续表

项目	美国	欧洲（炉用）	欧洲（车用）	日本	巴西
总污染物/(mg/kg)	—	≤24	≤500	≤500	实测
水分和沉积物体积分数/%	≤0.05	—	—	—	≤0.050
铜片腐蚀(50℃，3h)/级	≤3	≤1	≤1	≤1	≤1
十六烷值	≥47	≥51	≥51	≥51	实测
酸值/(mg KOH/g 油)	≤0.5	≤0.5	≤0.5	≤0.5	≤0.5
氧化安定性(110℃)/h	>3	≥4.0	≥6.0	—	≥6
甲醇含量/%	≤0.2	—	≤0.2	≤0.2	≤0.2
酯含量/%	—	≥96.5	≥96.5	≥96.5	≥96.5
单甘酯含量/%	≤0.4(1-B 级)	≤0.8	≤0.8	≤0.8	实测
二甘酯含量/%	—	≤0.2	≤0.2	≤0.2	实测
三甘酯含量/%	—	≤0.2	≤0.2	≤0.2	实测
游离甘油含量/%	≤0.02	≤0.02	≤0.02	≤0.02	≤0.02
总甘油含量/%	≤0.24	—	≤0.25	≤0.25	≤0.25
碘值(g I_2/110g)	—	≤130	≤120	≤120	报告
亚麻酸甲酯含量/%	—	—	≤12	≤12	—
磷含量/%	≤10	≤10	≤4	≤10	≤10
一价金属(Na + K)含量/(mg/kg)	≤5	—	≤5	≤5	≤5
二价金属(Ca + Mg)含量/(mg/kg)	≤5	—	≤5	≤5	≤5

我国于 2007 年颁布实施了生物柴油国家标准，标准号为 GB/T 20828—2007，标准名称为《柴油机燃料调合用生物柴油（BD100）》。该标准参照美国标准和欧盟标准制定，其质量技术要求和试验方法见表 2.39。

表 2.39 《柴油机燃料调合用生物柴油（BD100）》（GB/T 20828—2007）技术要求和试验方法

项目	质量指标		试验方法
	S500	S50	
密度(20℃)/(kg/m^3)	820～900		GB/T 2540—1988
运动黏度(40℃)/(mm^2/s)	1.9～6.0		GB/T 265—1988
闪点(闭口)/℃	≥130		GB/T 261—2008
冷滤点/℃	报告		SH/T 0248—2006
硫含量(质量分数)/%	≤0.05	≤0.005	GB/T 0689—2006
10%蒸余物残炭(质量分数)/%	≤0.3		GB/T 17144—1997

续表

项目	质量指标		试验方法
	S500	S50	
硫酸盐灰分(质量分数)/%	≤0.020		GB/T 2433—2001
水含量(质量分数)/%	≤0.05		SH/T 0246—1992
机械杂质	无		GB/T 511—2010
铜片腐蚀(50℃，3h)/级	≤1		GB/T 5096—1991
十六烷值	≥49		GB/T 386—2010
氧化安定性(110℃)/h	≥6.0[e]		EN 14112—2003
酸值/(mg KOH/g)	≤0.80		GB/T 264—1983
游离甘油含量(质量分数)/%	≤0.020		SH/T 0796—2007
总甘油含量(质量分数)/%	≤0.240		SH/T 0796—2007
90%回收温度/℃	≤360		GB/T 6536—2010

鉴于当时国内石化柴油的质量现状和未来发展的需求，GB/T 20828—2007 按照硫含量的规定分为 S500 和 S50 两个牌号，前者指硫含量（质量分数）不大于 0.05%（500mg/kg），后者指硫含量（质量分数）不大于 0.005%（50mg/kg）。

针对 GB/T 20828—2007 生物柴油标准在生效实施过程中发现的一些问题，2014 年国家批准发布修订后的生物柴油标准，标准号为 GB/T 20828—2014。与 GB/T 20828—2007 相比，GB/T 20828—2014 版标准增加了“醇含量、一价金属（Na + K）含量以及酯含量”3 项指标要求；修改了“闪点、硫含量和酸值”3 项指标的要求限值；将“10%蒸余物残炭”指标修改为“残炭”；将“90%回收温度”的分析方法修改为“减压蒸馏法”。

由于国内成品油质量升级步伐加快，2015 年国家再次发布修订后的生物柴油国家标准 GB/T 20828—2015，以便适应国Ⅴ及以上柴油质量的技术要求。在 GB/T 20828—2014 版生物柴油标准基础上，GB/T 20828—2015 增加了“二价金属（Ca + Mg）含量、磷含量和单甘酯含量”的指标要求，其他指标没有变化。GB/T 20828—2015 版生物柴油标准的技术要求见第 1 章的表 1.1。

2.9.2　生物柴油质量指标及控制

生物柴油生产必须按国家生物柴油标准制定产品质量控制项目及技术要求。新修订的 GB/T 20828—2015 版生物柴油标准里共 22 项指标，只有准确理解这些指标的含义，才能在生产中制定出有效的控制措施。

1. 脂肪酸甲酯含量

脂肪酸甲酯是生物柴油的主要成分，只要不是在原料或产品中故意掺假或者操作失误，此项指标容易满足标准要求。GB/T 20828—2015 规定生物柴油中脂肪酸甲酯的含量不得低于 96.5%（质量分数）。对于使用优质油脂原料的生物柴油装置，如果生产的生物柴油中脂肪酸甲酯含量不达标，原因可能是转化率偏低，单甘酯、二甘酯和三甘酯含量超标，或原料油脂中杂质的去除没有达到控制要求，或者残留甲醇多。对于使用杂质较多的废弃油脂原料的生物柴油装置，由于最终产品是蒸馏得到的，通常脂肪酸甲酯含量高于 96.5%，否则，很有可能是掺假。

生物柴油标准中脂肪酸甲酯含量检测方法推荐的是气相色谱法。色谱进样器、色谱柱、检测器等任何器件工作状态出现波动，或者操作人员业务不熟练都会导致脂肪酸甲酯含量的误报。因此，生物柴油生产中遇到脂肪酸甲酯含量不达标首先应检查分析仪器的工作状态等客观原因。

一般来说，色谱积分区间是肉豆蔻甲酯（$C_{14:0}$）的峰和正二十四碳酸甲酯（$C_{24:1}$）的峰之间。如果有些原料含有不在此范围内的脂肪酸，就会影响脂肪酸甲酯含量分析结果的准确度，例如，采用椰子油或棕榈仁油生产生物柴油时就会出现这个问题，因为这两种油含有丰富的月桂酸，不在通常考虑的积分范围内，需要修正分析方法。从地沟油生产生物柴油，如果产品不是蒸馏获得，建议不要采用气相色谱法分析脂肪酸甲酯含量，否则一方面结果偏低，另一方面有可能损坏色谱柱。

对于生物柴油和石化柴油的调和燃料，不建议采用上述的气相色谱法来测定其中的脂肪酸甲酯含量，因为石化柴油中很多组分的峰会与脂肪酸甲酯的峰重叠。推荐采用近红外光谱方法进行脂肪酸甲酯的定量分析，因为在 1745cm^{-1} 处只是脂肪酸甲酯羰基的振动吸收带，石化柴油、柴油添加剂和游离脂肪酸在此波长区域都不会产生吸收。

2. 游离甘油含量

由于生物柴油中游离甘油超标会给储运和车辆带来很多不利影响，生物柴油生产和使用部门都很关注这个指标，这使得游离甘油的含量成为评价生物柴油品质的一个重要指标。生物柴油中游离甘油的含量与生产过程有关，一旦粗酯洗涤不充分就可能导致产品中游离甘油残存过多，储存过程中会逐渐沉降到储罐的底部，将吸附溶解一些极性化合物，如水、甘油单酯和皂等，结果一方面容易造成罐底腐蚀，另一方面可能随生物柴油抽出，若加到车辆油箱，会损害柴油发动机的高压喷油泵。游离甘油极易与单甘酯溶解在一起，富裕的羟基容易与非铁金属（尤其铜和锌）和铬发生络合而使金属发生腐蚀。因此，现行标准 GB/T 20828—2015 限定生物柴油中游离甘油的最高含量为 0.02%（质量分数）。

对于微量甘油的分析定量，标准中推荐的是 SH/T 0796—2007，这是一个石化行业的方法标准，是采用毛细管柱的气相色谱法，且需要对油品进行衍生化处理，能同时对游离甘油、甘油单酯、二酯进行定量分析。

3. 单甘酯、二甘酯、三甘酯和总甘油含量

我国标准 GB/T 20828—2015 中限定了单甘酯和总甘油的含量，其中单甘酯最高含量为 0.8%（质量分数），总甘油最高含量为 0.24%（质量分数）；而欧盟的标准（EN 14214: 2008）除限定单甘酯和总甘油分别为≤0.80%、≤0.25%（质量分数）外，还限定二甘酯和三甘酯的含量，分别为≤0.20%、≤0.20%（质量分数）。生产技术有缺陷或操作失误都会导致这些指标超标，特别是非蒸馏生产生物柴油产品，反应条件优化不合理、操作不稳定等很容易造成单甘酯、二甘酯和三甘酯含量超标。我国生物柴油产品几乎都是通过蒸馏粗甲酯得到的，通常检测不到二甘酯和三甘酯，单甘酯的含量也很低，不会出现超标现象。

单甘酯、二甘酯和三甘酯超标的生物柴油在使用过程中容易引起结焦，并在柴油机高压喷油泵喷嘴、活塞及阀等处产生沉积物。另外，这三种物质超标也会直接导致生物柴油其他的指标，如黏度、残炭超标。

单甘酯、二甘酯和三甘酯和总甘油含量的检测方法与游离甘油的检测方法一致。也就是说通过一个样品的精心操作，可以同时测定三个指标。

如果采用的生物柴油原料中包含椰子油、棕榈仁油等月桂酸含量较高的原料，上述分析方法需要进行修正，否则会报出错误的结果，因为长链脂肪酸甲酯与单月桂酸甘油酯的色谱峰重叠。

4. 甲醇含量

甲醇是生物柴油生产中投入的另一种反应物，生产中通过蒸馏或多次水洗来去除生物柴油中未转化的甲醇。标准 GB/T 20828—2015 中限定甲醇最高含量为 0.2%（质量分数），超标会导致生物柴油闪点不合格，也会增加生物柴油的运输和储存过程中的危险性。没有甲醇干扰的情况下，生物柴油的闪点一般在 130℃以上，因此我国现行标准中规定，如果生物柴油闪点大于 130℃，甲醇含量指标可以免检，直接视为合格；同样，如果甲醇含量不超过 0.2%（质量分数），生物柴油闪点指标可以免检，直接视为合格。

标准 GB/T 20828—2015 中关于甲醇检测方法推荐采用欧盟的 EN 14110 方法标准。该方法属气相色谱法，使用极性毛细管柱和氢焰检测器，最好配备顶空进样器，对甲醇含量在 0.01%～0.5%（质量分数）的样品检测有效。

5. 酸值

生物柴油标准中关于酸值的定义是：中和 1g 生物柴油油品消耗的 KOH 毫克

数。酸值是反映生物柴油中无机酸和游离脂肪酸含量的参数。现行国标和欧盟标准都规定酸值不能超过 0.5mg KOH/g。生物柴油的酸值与很多因素有关。一方面，它与原料的种类及精制程度有关，另一方面，在生产过程中也可能引入一些酸性物质，例如，无机酸催化剂的残余或皂遇到酸会转化为脂肪酸。此外，酸值也反映生物柴油储存时的老化程度，不饱和脂肪酸甲酯氧化分解会产生小分子脂肪酸，也会使酸值升高。生物柴油酸值高会增加储存和使用中的腐蚀风险，也可能会增加发动机气缸内的积炭。

关于测定酸值，标准 GB/T 20828—2015 中推荐了多个标准方法。这些方法用 KOH 的乙醇溶液来滴定样品，酚酞为指示剂。

6. 磷含量

标准 GB/T 20828—2015 中磷含量指标是新增补的。生物柴油中的磷含量超标可能会降低汽车尾气三元催化剂的催化效率，从而增加尾气颗粒物的排放量；也可能导致生物柴油的另一个指标硫酸盐灰分超标。欧盟标准 EN14214: 2008 早已限定了磷含量，磷含量在生物柴油中的最高含量不超过 10μg/g。生物柴油中所含的磷主要是原料所含的磷脂带来的。磷脂是强乳化剂，会对生产过程中的水洗分相起阻碍作用。因此，控制生物柴油中磷含量首要的是精制处理油脂原料时脱磷脂要彻底，尽力降低其含量。酯交换过程也能破坏磷脂结构，使磷以磷酸根的形式进入水相，有效地降低磷含量。不过，我国生物柴油多通过蒸馏获得，磷含量超标情况少见，因为磷脂的分子量比较大，会留在重油中。磷的检测有成熟的方法，现行国标中推荐了多个标准方法供选用。

7. 金属和碱土金属的含量

由于我国生物柴油多是采用减压蒸馏获得的，碱皂会留在重油中，生物柴油产品碱金属和碱土金属的含量很低，往往低于 1μg/g。欧盟、美国标准都对生物柴油中总碱金属含量和总碱土金属含量进行了限定，都不能超过 5μg/g。原因是欧美等国家和地区的生物柴油多数没有经过蒸馏，碱皂的残余不可避免。随着生物柴油国际贸易的发展，我国生物柴油进出口量越来越大，进口的生物柴油碱皂含量超标现象时有发生，因此，2014 年颁布修订的生物柴油标准，增加了碱金属离子的含量限定指标；2015 年颁布再修订的生物柴油标准时，又加入了碱土金属离子含量的限定指标。生物柴油中的金属离子主要是在生物柴油的生产过程中引入的。碱金属主要来自催化剂残余物，而碱土金属主要来自硬度超标的洗涤水。碱皂超标会增加发动机内缸灰烬的生成，而钙皂和镁皂超标会黏着在高压喷油泵上，影响正常工作。此外，这两个指标还可能导致生物柴油的硫酸盐灰分和残炭指标不合格。

8. 碘价、亚麻酸甲酯和多元不饱和脂肪酸甲酯

我国生物柴油标准 GB/T 20828—2015 没有对碘价、亚麻酸甲酯和多元不饱和脂肪酸甲酯指标进行限定，但欧盟标准 EN14214: 2008 对其进行了限定。原因主要是我国生物柴油原料多是废弃油脂，碘值一般低于 80g I_2/100g，亚麻酸甲酯和多不饱和脂肪酸甲酯在蒸馏粗甲酯时，受热变重留在重油中。碘价是用来衡量脂肪酸酰基总不饱和度的一个指标，与含不同双键个数的化合物的含量分布无关。它是用 100g 样品消耗的碘的克数来表示。欧盟生物柴油标准限定碘价不超过 120g I_2/100g。除此之外，EN 14214 还要求控制亚麻酸甲酯和多元不饱和脂肪酸甲酯（含有 4 个或以上的碳碳双键）的含量分别为不超过 12.0%（质量分数）和 1%（质量分数）。

柴油发动机制造商担心碘价高的生物柴油在受热燃烧前会发生聚合，在高压油泵喷嘴、活塞环及其凹槽处生成沉积物。高不饱和度的化合物被认为氧化安定性比较低，容易生成多种降解产品，这也会危害发动机。欧盟标准对生物柴油碘价 120g I_2/100g 的限制使得由大豆油和葵花籽油生产的生物柴油不能在欧盟地区销售。这也可能是欧盟的一种贸易保护形式，因为欧盟自产大量的双低菜籽油。

国内外发动机试验结果表明，只有含 3 个或更多双键的脂肪酸甲酯才能在一定程度上发生聚合反应，这些脂肪酸在大豆油和葵花籽油中只占很小的份额。但生物柴油中即使含有很少量的这些甲酯，也会使其氧化安定性变差。因此，限制生物柴油中高不饱和度脂肪酸甲酯的含量要比限制其碘价更合理一些。

基因工程或油料植物育种技术的进步都可使高碘价植物油的脂肪酸分布变得更适合生物柴油油料的要求。欧盟已经成功地种出了高油酸含量的双低菜籽油，葵花籽油的改进工作进展也很快。

9. 水分

由于生物柴油分子的极性高于石化柴油，而且含有一些极其微量的强极性化合物，如甘油、甲醇等，水在生物柴油中的饱和溶解度远高于其在石化柴油中的溶解度。全世界还在生效的生物柴油标准都限定水含量最高为 0.05%（质量分数）。水含量超标的危害表现在：①增加脂肪酸甲酯发生水解反应的倾向，导致产品酸值升高或超标；②导致与石化柴油混合后浊度高，甚至可能发生分相现象；③温度下降时，生物柴油中的溶解水会析出沉降在罐底，促进微生物滋生，产生一些软泥类沉积物，导致过滤器和管线堵塞。

水分超标可能是脱水干燥操作控制失当造成的，也可能是储存中与大气接触时吸收空气中水分造成的，因为脂肪酸甲酯具有吸湿性。生物柴油生产和储存过

程中水分管理比石化柴油严格，必须在氮气保护下储存，避免与空气直接接触。石化柴油往往通过观察浊度来判断水分是否合乎要求。但这不适于生物柴油，因为生物柴油中饱和溶解水的多少跟其中微量极性杂质含量和气温相关，例如，25℃含 0.15%甲醇的生物柴油中饱和水含量可达到 1100μg/g。即使生产中把生物柴油水分控制到 0.05%（质量分数）以下，其在储存过程中如果频繁与大气接触，也会从大气中吸收水分。大气湿度大时，很快就能达到饱和水含量，一旦气温下降，饱和溶解水变得过饱和，水就会游离出来并沉积到底部。

10. 硫含量

在我国生物柴油中硫含量的限定值一直跟随油品质量升级的步伐不断降低。生物柴油标准 GB/T 20828—2015 限定生物柴油中硫的最大含量为 10μg/g，这也是国Ⅴ及以上规格石化柴油硫含量的限定值。长期以来生物柴油因为硫含量低而受到称赞，对于使用优质新鲜植物油原料，且生产中不使用硫酸催化剂生产生物柴油产品时更是如此。但是，我国主要采用废弃油脂生产生物柴油，如果采用硫酸作为催化剂或中和剂使用，生物柴油产品硫含量难以达到 10μg/g 以下的要求，这给不少生物柴油企业带来困惑。针对这种生物柴油必须开发适宜的脱硫精制方法。

11. 氧化安定性

不可否认，生物柴油的氧化安定性比石化柴油的差。现行标准都规定生物柴油的 Rancimat 诱导期最小值为 6h。这个限定值是指在 110℃和一定量的空气流中，脂肪酸甲酯老化分解至能够检测到挥发性有机酸所用的时间。实际上，这个限定值使大多数生物柴油都需要添加一定量的抗氧剂才能达到要求。

生物柴油特殊的化学组成使得其比石化柴油更容易发生氧化降解。生物柴油发生氧化时，靠近双键的亚甲基更容易氧化，数量增加，氧化速度将以几何级数增加。因此，富含亚油酸和亚麻酸甲酯的生物柴油（如大豆油和葵花籽油生产的）具有比较差的氧化安定性，而富含饱和脂肪酸的生物柴油（如棕榈油和椰子油生产的）具有比较好的安定性。

生物柴油被氧化时，首先生成过氧化物，这种过氧化物会加速发动机橡塑部件的老化。不过这些过氧化物并不稳定，会发生进一步反应：一是与其他游离基团发生聚合产生不溶性沉积物和胶体，这可能会造成发动机喷油泵喷嘴或燃烧室内燃料过滤系统的堵塞和沉积；二是被进一步氧化，进而分解成醛、酮和短链脂肪酸，导致燃料的酸值增加，增加腐蚀性。

其实油脂储存的保质期比相应的生物柴油长，因为油脂中的一些微量物质，如生育酚和胡萝卜素等是天然抗氧化剂，已被证明能改善生物柴油的氧化安定性。如果生物柴油由新鲜植物油生产，并且是非蒸馏获得的，这些天然抗氧化剂会得到一些保存；但是废弃油脂几乎不含这些物质，而且生产的生物柴油是蒸馏获得的。因此，废弃油脂生物柴油的氧化安定性更差，必须加入抗氧化剂来提高其氧化安定性，这些抗氧化剂包括特丁基对苯二酚（TBHQ）、2, 6-二叔丁基对甲酚（BHT）、联苯三酚及其他新合成的酚类抗氧化剂。氧化诱导期会随着储藏时间的增加而降低，因此为了使生物柴油在出售时还能达到质量指标，可能需要向燃料中加入相对较多的抗氧化剂。

测试生物柴油氧化安定性的标准分析方法是从食品化学行业的方法改进而来的，与石化柴油的氧化安定性检测方法不同，检测结果不能进行直接比较。生物柴油样品的测试是测从开始试验到变酸所需的时间；而对石化柴油样品来说是测氧化时产生的不溶物、聚合化合物的含量。

12. 低温流动性

我国生物柴油标准 GB/T 20828—2015 中没有对生物柴油的低温流动性提出具体的限定指标，但这并不意味着生物柴油在生产和储存管理中可以忽视这个限制，否则会带来意料不到的麻烦，导致装置不能生产，产品不能装车外运销售。

在寒带和温带地区，燃料的耐低温性质是一个重要质量指标。在冷季时柴油的部分固化会引起燃料管线和过滤器堵塞，发动机不能启动。为了方便管理，曾设置了多个指标来评估石化柴油的低温性质，包括浊点（cloud point，CP）、倾点（pour point，PP）、冷滤点（cold filter plugging point，CFPP）。生物柴油作为石化柴油的替代品，等效采用了这些指标。

浊点是指在温度降低的过程中，柴油样品第一次出现明显结晶物时的温度点；倾点是指柴油能够保持流动性的最低温度；冷滤点和低温流动性测试都是指柴油在低气温时的过滤性能。冷滤点和低温流动性被认为能够预示发动机是否可以启动的限定指标，但多数生物柴油标准中都只限定冷滤点，没有强调必须进行低温流动性测试。

晶化开始温度是指柴油保持为液体时的最低温度，它是从示差扫描热量计测量的溶解曲线中获得的。虽然所有柴油燃料标准中都没有规定晶化开始温度的限定指标，但它能快速筛选给定燃料样品的低温性能，所以生物柴油生产和销售企业应该重视测试生物柴油产品晶化开始温度，因为生物柴油的低温流动性能要比石化柴油的差。表 2.40 列出了典型生物柴油的浊点、倾点和冷滤点。可见，含有棕榈油或动物脂肪的油脂原料生产的生物柴油，即使在室温下也可能有低温性问题，必须对储罐、管线、过滤器等进行保温。

表 2.40　不同原料生产的生物柴油的浊点、倾点和冷滤点（℃）

项目	菜籽油甲酯	橄榄油甲酯	葵花籽油甲酯	大豆油甲酯	椰子油甲酯	棕榈油甲酯	牛油甲酯
浊点	−2	−2	−1	0	12	13	14
倾点	−9	−6	−3	−2	—	—	12
冷滤点	−15	−9	−3	−2	8	1	13

液体生物柴油储存遇到低温时，硬脂酸甲酯和棕榈酸甲酯首先结晶沉淀，它们是堵塞管线和过滤器的主要化合物。不仅生物柴油的晶化开始温度比石化柴油的高，其结晶速度也快，生物柴油的浊点和倾点非常接近，不像石化柴油那样有一定的差距。

可以通过冬化分提的方法分离饱和脂肪酸甲酯来改善生物柴油的低温流动性。但这种方法会把一定量的不饱和脂肪酸甲酯夹带出去，减少生物柴油产量。当然，如果分提出去的高饱和度甲酯有更高的价格，也可以实施这种操作。不过，把生物柴油中的饱和脂肪酸甲酯完全脱除是不可行的，这将降低生物柴油产品的十六烷值，导致十六烷值指标不达标。

除以上指标外，我国生物柴油标准 GB/T 20828—2015 中还对生物柴油的密度、闪点、残炭、运动黏度、十六烷值、硫酸盐灰分、机械杂质、铜片腐蚀和 90% 回收温度都进行了限定。这些指标中，前五项指标跟原料油脂密切相关，应该对进厂的原料仔细把关；后三项指标的控制需要做好过滤和防尘管理，在酸值、磷含量等指标合格时基本不会出现超标现象。这里要特别强调生物柴油的氧化安定性，虽然没有对其进行指标限定，但日常储存管理时必须加以重视。否则，从生产装置出来的合格生物柴油产品，到出罐销售时会变成不合格产品，造成不必要的损失。

生物柴油储存过程中必须重视水和氧的管理。水和氧导致的水解和氧化反应会加快生物柴油变质。因为水解产生的游离脂肪酸反过来又会促进水解和氧化降解。储存温度也很关键，温度低可能导致生物柴油流动性变差，不能运输出厂，但储存温度高时会加速过氧化物生成。因此，生物柴油储存时应注意：①储罐要采用氮封来隔离空气，呼吸阀要接氮气，不接大气，以隔断空气中的氧气、水分；②保存温度要适合，还要避光；③入罐前添加抗氧剂并搅拌均匀；④伴热管、过滤器、阀件不要选择铜材质的。

目前还没有测试生物柴油氧化安定性的标准方法。日常管理应不间断地进行监测，如果发现酸值、十六烷值增加或颜色加深，都要考虑存储设施和条件是否出现问题，及时维修，防微杜渐。

参 考 文 献

[1] 闵恩泽. 利用可再生农林生物质资源的炼油厂——推动化学工业迈入碳水化合物新时代. 化学进展，2017，18（2/3）：131-141.

[2] Agarwal A K，Gupta J G，Dhar A. Potential and challenges for large-scale application of biodiesel in automotive sector. Progress in Energy and Combustion Science，2017，（61）：113-149.

[3] Naylor R L，Higgins M M. The political economy of biodiesel in an era of low oil prices. Renewable and Sustainable Energy Reviews，2017，（77）：695-705.

[4] Singh S P，Singh D. Biodiesel production through the use of different sources and characterization of oils and their esters as the substitute of diesel：a review. Renewable and Sutainable Energy Reviews，2010，14（1）：200-221.

[5] Mukherjee I，Sovacool B K. Palm oil-based biofuels and sustainability in southeast Asia：A review of Indonesia，Malaysia，and Thailand. Renewable and Sustainable Energy Reviews，2014，37：1-12.

[6] 陈洁. 油脂化学. 北京：化学工业出版社，2004.

[7] 马传国. 油脂加工工艺与设备. 北京：化学工业出版社，2004.

[8] 汪学德. 油脂制备工艺与设备. 北京：化学工业出版社，2004.

[9] 张金廷. 脂肪酸及其深加工手册. 北京：化学工业出版社，2002.

[10] 孙玉秋，陈波水，孙玉丽，等. 植物油粘温特性和流变特性研究. 内燃机，2009，（2）：52-54.

[11] 王宪青，余善鸣，刘妍妍. 油脂的氧化稳定性与抗氧化剂. 肉类研究，2003，（3）：18-21.

[12] 马娅，史俊杰，席静，等. 中国甲醇的生产现状. 广东化工，2015，（17）：11-14.

[13] Dossin T F，Reyniers M F，Berger R J，et al. Simulation of heterogeneously MgO-catalyzed transesterification for fine-chemical and biodiesel industrial production. Applied Catalysis B：Environmental，2006，67（1/2）：136-148.

[14] 马鸿宾，李淑芬，王渤洋，等. 三油酸甘油酯与甲醇酯交换反应热力学分析. 化学工程，2010，38（5）：55-58.

[15] 张继龙，赵志仝，乔燕，等. 酯交换制油酸甲酯的基团贡献法热力学分析. 化工学报，2012，63（6）：1684-1690.

[16] Freedman B，Butterfield R，Pryde E. Transesterification kinetics of soybean oil. JAOCS，1986：（63）10：1375-1380.

[17] Noureddini H，Zhu D. Kinetics of transesterification of soybean oil. Journal of the American Oil Chemists' Society，1997，74（11）：1457-1463.

[18] Mittelbach M，Tratnigg B. Kinetics of alkaline catalyzed methanolysis of sunflower oil. Fat Science and Technology，1990，92（4）：145-148.

[19] Mahmudul H M，Hagos F Y，Mamat R，et al. Production，characterization and performance of biodiesel as an alternativefuel in diesel engines-A review，Renewable and Sustainable Energy Reviews，2017，72：497-509.

[20] Mohanad A，Radu C，Viorel B. Ignition delay，combustion and emission characteristics of Diesel engine fueled with rapeseed biodiesel—A literature review. Renewable and Sustainable Energy Reviews，2017，73：178-186.

[21] Gerhard Knothe，Luis F. Razon. Biodiesel fuels. Progress in Energy and Combustion Science，2017，58：36-59.

[22] 程能林. 溶剂手册（第五版）. 北京：化学工业出版社，2015.

[23] 卢焕章. 石油化工基础数据手册. 北京：化学工业出版社，1982.

[24] 蔺建民，张永光，杨国勋，等. 柴油机燃料调合用生物柴油国家标准的编制. 石油炼制与化工，2007，38（3）：27-42.

[25] 乔莉，蔺建民. 解读《柴油机燃料调合用生物柴油（BD100）》国家标准. 标准现在时，2007，（4）：42-46.

[26] 蔺建民，张永光. 生物柴油产品标准的修订. 标准现在时，2013，（3）：50-58.

第3章　优质油脂原料生产生物柴油

生物柴油的原料包含原生油脂和回收油脂。原生油脂是指从植物种子或果实（油料）中提取得到的油脂，如转基因大豆油、双低菜籽油（低硫苷低芥酸菜籽油）、葵花籽油、棕榈油、棉籽油、蓖麻油等都属于原生油脂；回收油脂是指从原生油脂精制、食品加工和食用过程中产生的废物中回收的油脂，如地沟油、餐厨废油，也包括从肉制品分割、皮毛脱脂鞣制产生的含脂肪的废物中回收的油脂，如皮革油等，这些油脂来源于废弃资源，因此也称为废弃油脂。原生油脂来源渠道固定、质量稳定、易于精制，属于优质油脂资源；回收油脂来源渠道多、质量不稳定、杂质多、精制困难，属于劣质油脂。生物柴油产业经过20多年的发展，已经分别形成了针对优质油脂和劣质油脂的成熟生产技术。本章介绍优质油脂原料生产生物柴油及相关技术。

3.1　优质油脂原料生产生物柴油的技术方案

对于原生的优质油脂来说，一旦原料种类确定，其产品组成和性质也基本确定，接下来就是按照投资最省、操作成本最低、生产效益最大的原则选择技术方案。

前一章介绍过，从植物种子或果实提取到的油脂除三甘酯外，还含有少量的蛋白质、黏液质、糖基甘油酯、游离脂肪酸、甾醇及其酯、各类磷脂、色素、蜡质等杂质，这些杂质留在生物柴油产品中将导致产品质量不达标，必须予以分离。从技术角度看，反应前和反应后分离这些物质都是可行的。反应前把油脂原料精制到生物柴油生产要求的规格，反应后可以不经蒸馏获得生物柴油产品，但精制装置建设和操作将增加生产成本；反应前对油脂原料不精制，反应后通过蒸馏获得生物柴油产品，同时分离杂质，也可保证生物柴油质量，但蒸馏装置建设和操作也会增加生产成本。选择哪一条技术路线取决于技术经济性水平的高低。

从化学反应原理上看，酸碱催化剂都可以催化油脂发生酯交换反应，但碱催化剂是目前使用最多的催化剂[1-7]。碱催化剂的优点是反应条件温和、反应速率快，比同等量的酸催化剂快得多，而且腐蚀性也比酸催化剂弱，能够降低反应器的材质要求，降低造价。此外，碱催化酯交换反应时，油脂达到相同转化深度时，甲醇的用量远比酸催化的少，使得反应器和甲醇回收装置变小，降低设备投资，而且甲醇回收量少，能节省能耗。当然，碱催化剂也有缺陷，对水分和游离脂肪酸很敏感，提高了原料油脂精制要求，增加了成本。综合考虑，目前采用碱催化的酯交换技术更有优势。

碱催化的机理已经研究得较为清楚，真正起活性作用的是甲氧阴离子[1, 4]。如图 3.1 所示，甲氧阴离子攻击甘油三酯的羰基碳原子，形成一个四面体结构的中间体，然后这个中间体分解成一个脂肪酸甲酯和一个甘油二酯阴离子，这个阴离子与甲醇反应生成一个甲氧阴离子和一个甘油二酯分子，后者会进一步转化成甘油单酯，然后转化成甘油。所生成的甲氧阴离子又循环进行下一个催化反应。

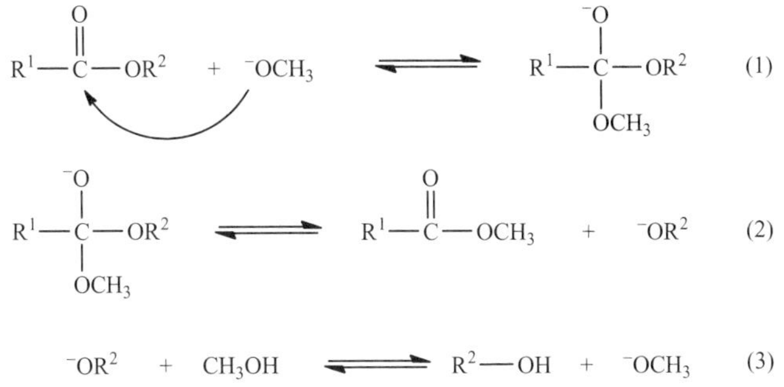

$$R^1{-}C(=O){-}OR^2 + {}^{-}OCH_3 \rightleftharpoons R^1{-}C(O^{-})(OCH_3){-}OR^2 \quad (1)$$

$$R^1{-}C(O^{-})(OCH_3){-}OR^2 \rightleftharpoons R^1{-}C(=O){-}OCH_3 + {}^{-}OR^2 \quad (2)$$

$${}^{-}OR^2 + CH_3OH \rightleftharpoons R^2{-}OH + {}^{-}OCH_3 \quad (3)$$

图 3.1　碱催化酯交换反应的催化机理

R^1-脂肪酸；R^2-甘油

依据碱催化剂使用时的形态不同，碱催化分为液碱均相催化工艺和固体碱多相催化工艺。

液碱均相催化工艺使用的催化剂[5, 6]包括钠碱（$NaOH$、$NaOCH_3$）和钾碱（KOH、$KOCH_3$），使用时以甲醇溶液的形式加入。均相碱催化剂的最适宜用量为油重的 0.5%～1.0%，如果油脂原料中酸值和水含量控制得很低，则可以降到油重的 0.5%以下。原料酸值高会增加催化剂的消耗，游离脂肪酸生成的皂会导致甘油相中溶解较多的甲酯，从而降低生物柴油的收率。因此，对油脂进行深度精制脱酸十分必要。

2016 年全球生产了超过 3000 万 t 的生物柴油，90%以上是液碱均相催化的酯交换技术生产的，特别是采用优质新鲜植物油原料时几乎 100%使用该类技术，说明该类技术具有很强的市场竞争优势[6, 8]。因此，本章主要围绕液碱均相催化的酯交换技术进行论述和分析。

3.2　油脂原料的精制[9, 10]

未经精炼的毛油原料在进入生物柴油装置反应前必须经过一系列精制操作，

以除掉各种妨碍反应、影响生产稳定操作和产品质量的杂质，如水分、各类磷脂、甾醇及其酯、游离脂肪酸、蜡质、蛋白质、黏液质、糖基甘油酯、色素和机械杂质等。精制操作包括脱胶工序、脱酸工序、脱色工序、脱臭工序和脱蜡工序，如图 3.2 所示。

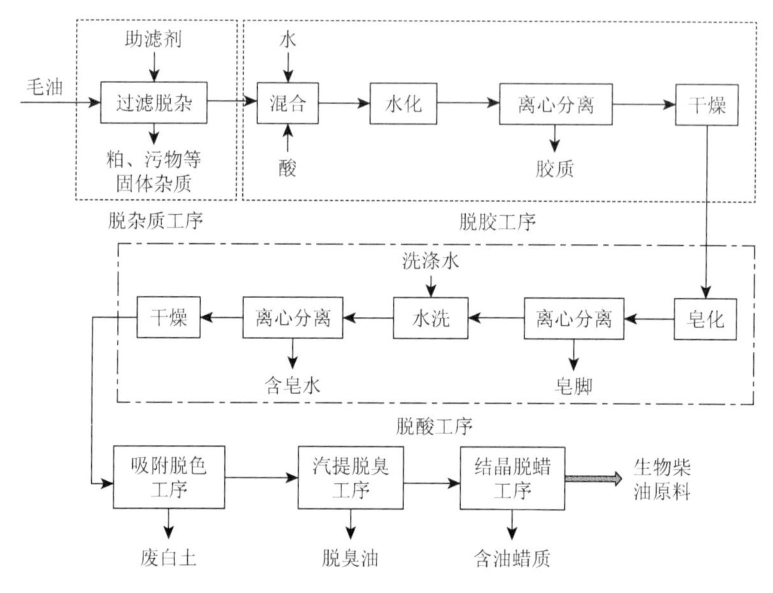

图 3.2　毛油精制流程示意图

植物油开始精制时，要先过滤除去饼粕碎屑、灰分等机械杂质后才能进入脱胶工序。脱胶工序是油脂精制的基础，目的是脱除毛油中以胶体形式存在的磷脂、蛋白质、黏液质、糖基甘油酯等杂质，这些杂质的存在会使油脂在存储期间变得混浊，并且还会吸潮使水分发生聚集，加速油脂酸败，在碱催化的酯交换反应中也会增加催化剂的消耗。脱胶工艺有水化脱胶、酸化脱胶、吸附脱胶、热凝聚脱胶等多种工艺，其中使用最普遍的是水化脱胶。该方法利用磷脂等杂质亲水性的特点，将溶解了盐、磷酸或柠檬酸等物质的 60～90℃热水按设定的量加入毛油中，搅拌混合，使胶溶性杂质吸水凝聚，通过高速离心机使水相和油相分开。水化脱胶时加入磷酸或柠檬酸是十分必要的，能使油中磷含量脱到 30μg/g 以下，满足生产生物柴油的要求。否则，只能脱除水溶性磷脂，不能脱除非水化的磷脂，如磷脂酸及其钙镁盐等，导致油里的磷含量还有 100～200μg/g，用来生产生物柴油时，其中的磷含量和碱土金属离子导致产品质量超标。

油脂脱胶之后一般实施脱酸操作。作为生物柴油原料，必须尽可能除去游离脂肪酸。因为在酯交换反应的温度下，游离脂肪酸更容易与碱反应生成皂，一方面会降低催化剂的催化效果，另一方面皂的乳化作用会增加甘油相的沉降分离难度，还可能导致甲酯水洗时出现乳化。油脂精制脱酸时最常使用的化学剂是NaOH。因为NaOH几乎能把绝大部分的游离脂肪酸转化为钠皂，而且钠皂在油中溶解度很低，以絮状物的形式出现，对脱胶后残余的磷脂、色素等具有吸附作用，使其一同在油中沉降而得到分离。所以油脂精制脱酸的同时，又起到一定的脱胶脱色作用。现行的先进酯交换生物柴油工艺，对原料油脂酸值通常要求在0.2mg KOH/g以下。由于毛油酸值高低不一，为了防止碱炼造成的过度损失，碱炼生成的皂分离出去后要进行单独处理，回收其中的油脂和脂肪酸。

脱酸后的油脂接着要进行脱色。实际上，脱胶和脱酸过程都有脱色效果，但脱得还不够。脱色经常使用的是吸附作用强的活性白土，在吸附色素的时候，还吸附了微量的皂、磷脂、甾醇等，对油脂起到了强化精制的作用。

经历脱胶、脱酸、脱色后的油脂，要进行水蒸气分馏脱臭，除去其中的异味物质，以及残余的游离脂肪酸、过氧化物、色素、甾醇、维生素E等，使油脂得到进一步的净化。

脱蜡不是每种油脂都需要的。如果选用葵花籽油、玉米油、棉籽油等含蜡质高的原料生产生物柴油，脱蜡是必需的。否则，生物柴油干点就可能不合格。油脂中蜡质的主要成分是脂肪醇酯，还有甾醇酯等，对热、碱稳定，难以在脱胶和脱酸工序中除去，要采用冷冻结晶法过滤除去。

最后，对油脂完成这些精制操作后必须干燥脱水处理。微量水的存在会显著降低碱催化酯交换反应的效果。现行的先进酯交换生物柴油工艺，对原料油脂中的水分通常要求为0.05%。

3.3 酯交换工艺技术关键点的分析

油脂酯交换技术是油脂化工中发展很完善的技术之一。传统的酯交换技术用于生物柴油生产后，由于生产体量增大很多，对技术的要求更高，不仅要保证原料的高利用率、生产长期稳定、能耗低、“三废”排放极少甚至无排放、产品质量稳定达标，而且要使操作成本低。国际上一些知名的油脂化工企业都对自己拥有的酯交换技术进行了优化升级，在一些技术关键点上形成了自己的特色，使其更加适应生物柴油生产的要求，在技术市场上增强了竞争力。

3.3.1 原料和产品中水的控制

国外所有的生物柴油技术商都很重视生产中水的管理，因为水分失控可能造成生产中断、产品质量不达标、产品保质期缩短等不利影响。

生产中如果原料水分超过控制要求，首先将损害碱催化剂的活性，导致酯交换反应达不到要求的深度，产品中单甘酯和二甘酯含量超标。大量的生产实践证明，甲醇钾是性能最好的酯交换反应催化剂，其用量少、活性高、易分离。甲醇钾通常以甲醇溶液的形式使用，其活性基团是$[CH_3O]^-$，催化效率高，缺陷是遇到水会立即水解，虽然生成的 KOH 中$[OH]^-$也具有相当强的活性，但比$[CH_3O]^-$差，难以使三甘酯的中间产物二甘酯和单甘酯转化到 0.8%（质量分数）以下。其次，水的存在会促进游离脂肪酸生成，与碱催化剂发生皂化反应，消耗催化剂，导致催化剂活性下降，设定的时间内反应达不到要求，产品中单甘酯等多个指标将不达标。再次，水分会增加碱皂的生成量，导致产品水洗工段可能出现乳化，轻则降低产品收率，重则水油不能分相，中断生产。最后，产品中水分超标易导致细菌快速繁殖，使产品中出现机械杂质，增加产品酸值，缩短保质期。

所有的生物柴油技术商在控制水分方面都有一些自己的技术诀窍，包括：①对精炼油脂和甲醇的水含量提出十分严格的控制指标，要求客户必须承诺做到；②制定了专门的碱催化剂运输、储存和使用的规定，杜绝与空气接触吸潮，带到反应体系中；③装置设计上对密封提出更高的设计要求；④开发先进的回收甲醇中水分的控制技术，做到回收甲醇水分含量不超过 0.05%（质量分数）；⑤开发了先进的生物柴油产品干燥技术，不仅使回收甲醇水分含量不超过 0.05%（质量分数），而且能耗低。

3.3.2　液碱催化剂的选择

相关研究表明，苛性碱（NaOH 或 KOH）和醇碱（$NaOCH_3$或$KOCH_3$）都是性能良好的油脂酯交换反应催化剂。从价格上看，NaOH 最低而$KOCH_3$最高，毫无疑问，人们肯定会选择使用 NaOH。但是，国外推广应用较多的典型酯交换生物柴油工艺，都选择$KOCH_3$作催化剂。采用$KOCH_3$或 KOH 作催化剂的好处表现在以下几个方面：①$KOCH_3$活性比 NaOH 高，用量减少；②$KOCH_3$不容易诱发皂化反应，而 NaOH 容易引起皂化反应，降低产品收率，增加废水处理难度；③使用$KOCH_3$催化剂时，粗酯和粗甘油沉降速度快，容易分相操作；④使用 KOH 为催化剂时，催化剂绝大部分溶解到甘油相中，甲酯相中溶解的少，只有使用 NaOH 催化剂的一半左右，能够减少洗涤水的用量；⑤使用 KOH 为催化剂时，甘油相中溶解的甲酯比较少，有利于提高产品收率；⑥以 KOH 为催化剂，用磷酸中和催化剂生成的磷酸二氢钾是优质的化肥，可用来配制生产复合肥，不仅可以减少废物的排放，同时还会增加经济效益，而采用 NaOH 为催化剂，钠盐只能作为废物来处理。

3.3.3　反应温度的控制

从研究角度看，油脂进行酸催化酯交换反应温度相对较高，通常在 110℃左右，而碱催化剂酯交换反应温度的选择范围相对较宽，从 30～90℃都可以，温度高虽然能够适当地加快反应速率，但实际意义不大。现行先进的油脂酯交换技术中，反应温度的控制范围也是技术关键点之一，要求为（60±1）℃。选择这个温度主要是考虑到催化剂的稳定性。研究证明，CH_3OK 在酯交换反应体系中电离成 $[CH_3O]^-$ 和 K^+，起到催化作用的是 $[CH_3O]^-$。在 65℃以下，$[CH_3O]^-$ 基本保持稳定，很少被消耗，活性一直得到保持；当温度达到 65℃时，$[CH_3O]^-$ 开始发生反应而消耗，催化效果下降。发生的反应如下：

$$CH_3OK + RCOOCH_3 = RCOOK + CH_3OCH_3$$
$$CH_3OK + CH_3OH = KOH + CH_3OCH_3$$
$$KOH + RCOOCH_3 = RCOOK + CH_3OH$$

温度越高，以上反应进行得越快。催化剂生成的碱皂对甘油相和甲酯分离不利，而且甲酯相进行水洗操作时，洗水中甲酯的含量增加，损失生物柴油产品的收率。

3.3.4　甲醇和甘油的控制

油脂酯交换反应是典型的化学平衡控制的反应。从原理上说，甲醇与油脂的摩尔比（以下简称醇油摩尔比）越大，即甲醇过量越多，平衡转化率越接近 100%，这也意味着回收未参加反应的甲醇的量越多，能耗越高，越增加生产成本。因此，实际操作生物柴油装置时，考虑增加甲醇浓度的同时，也考虑降低反应体系中甘油的浓度，在反应过程中对生成的甘油进行分相，把甘油移出反应系统，打破化学平衡限制，从而促进反应物进一步深度转化，达到装置设计的要求。

现行的先进液碱催化的酯交换工艺，醇油摩尔比几乎都控制在 6∶1，反应中间分出甘油，再补充催化剂和甲醇继续反应，生产的生物柴油中单甘酯、二甘酯和三甘酯的含量能够满足标准的规定要求。但德国鲁奇生命科学公司开发的生物柴油工艺，创新性地将第二步反应分出的甘油甲醇相直接返回到第一步的反应器中，不仅把反应进料的醇油比从通常的 6∶1 降到 4.8∶1，而且把催化剂用量降低到 0.4%（相对于油脂），甲醇回收量减少了 40%，明显降低了回收甲醇的能耗。

反应完成后，过量的未反应甲醇分别溶解在粗甲酯和粗甘油中。由于甘油和甲醇的极性都很强，还有氢键的作用，因此甲醇趋向于溶解在甘油相中，浓度约

50%，混合相的密度约 0.98g/cm^3；甲酯相中甲醇的浓度约 7%，混合相的密度约 0.85g/cm^3。早期的油脂酯交换工艺对于粗甲酯中甲醇采取闪蒸的方式回收，现行的一些生物柴油工艺采取水洗涤的方式分离这些甲醇，将这部分洗水与粗甘油相合并，一起蒸馏回收甲醇。从粗甲酯中闪蒸回收甲醇的好处是能耗低，回收的甲醇水含量低，可直接循环利用。但这种操作带来的问题也很严重，主要是闪蒸过程中，粗甲酯相中的碱催化剂（约占催化剂投用量的 10%，浓度约 0.05%）受热与脂肪酸甲酯发生皂化反应，生成的皂充当表面活性剂，在进行甲酯水洗操作时，促进了甲酯在水相中的溶解，使其浓度超过 6%，这样就会使生物柴油产品的收率损失超过 2%。此外，酸化回收洗水中溶解的甲酯时，酸的消耗比水洗分离甲醇的操作增加一倍。综合计算，水洗分离甲醇的操作经济效益更好。

3.3.5 甘油和水的管理

甘油是生物柴油的副产品，水主要是在洗涤净化甲酯过程中产生的。从反应系统分离出来的甘油相主要含甘油（约 60%）、甲醇（约 40%），还含有少量的催化剂、碱皂及非皂化物杂质等。早期通常采用闪蒸方式把甲醇分离出来直接循环使用，这样可以降低甲醇分离的能耗。生产实践中发现这样操作存在不少缺陷：①微量水会不断累积，影响催化剂活性和酯交换反应深度。②分离出甲醇的甘油中，催化剂、碱皂及非皂化物杂质溶解度下降，从甘油中析出，容易黏附在反应器器壁上，需要定期停工清理，黏附到管线上导致堵塞，容易发生停产事故。③分离出甲醇的浓甘油黏度大，对输送设备要求高，而且其中所含的碱催化剂必须中和处理，否则在储存中会加快甘油的变质。④为了加强中和效果，还需要加水稀释改善流动性，增加了污水的生成量。

现行一些先进的酯交换工艺将甲酯相的洗涤水与甘油相合并，这样上述问题都不复存在了，而且洗涤水中存在的甲醇、甘油、甲酯、皂、非皂化物等也得到处理。虽然有水时甲醇需要精馏分离，控制住水含量才能循环利用，增加了能耗，增加一些生产成本，但生产故障大大减少，而且甘油提浓分出的蒸汽冷凝水可以循环作为洗涤水使用，基本不向装置外排放污水，使生产的清洁性得到提高。

3.4 国外先进的液碱催化酯交换生物柴油工艺技术

传统的油脂酯交换技术主要用于油脂提质或生产油脂化工中间体原料脂肪酸甲酯，国际上一些大型油脂生产和加工企业都已掌握这些技术。2000 年之后，随着欧美等国家和地区开始重视和发展生物柴油产业，一些工程设计、油脂设备制造等专业公司纷纷与油脂企业合作，针对生物柴油生产的特点和产品质量的要求，对传统的油脂酯交换技术进行改进，形成了一批以优质油脂为原料的生物柴油技术。根据美国生物柴油委员会（The National Biodiesel Board，NBB）和国际能源署（The International Energy Agency，IEA）的统计，国外主要的生物柴油技术供应商如表 3.1 所示[11]。

表 3.1　国外主要的碱催化剂酯交换生物柴油技术提供商

序号	公司名称	序号	公司名称
1	BioDiesel Technologies GmbH	12	Biodiesel Industries
2	Lurgi PSI Inc.	13	BioSource Fuels，LLC
3	Imperial Western Products，Inc.	14	Energea-Klosterneuburg，Austria
4	Ölmühle Leer	15	Superior Process Tech.
5	Cimbria Sket	16	Crown Iron Works
6	Renewable Energy Group	17	Bratney Companies
7	Brawner，s.a.	18	Westfalia Separator，Inc.
8	Biodiesel Technologies	19	Pacific Biodiesel
9	JatroDiesel	20	Renewable Products Development Laboratories
10	NextGen Fuel Incorporated	21	Biodiesel International
11	Desmet Ballestra		

这些公司的技术优势有的表现在工艺上，有的表现在设备上，有的表现在技术集成上。其中，工艺优势突出的生物柴油技术市场竞争力最强。

3.4.1　鲁奇两级连续醇解工艺[12, 13]

鲁奇两级连续醇解工艺由德国鲁奇生命科学公司开发，其工艺流程简图如图 3.3 所示。

其操作流程是：先将甲醇和催化剂配制成溶液，然后与油脂、甲醇一起，按设定比例送入第一级反应器中，在搅拌下不断反应；待物料超过第一级反应器溢流堰后，不断进入沉降罐进行分相，上层甲酯相不断溢流到第二级反应器，与补充的甲醇和催化剂一起继续在搅拌条件下反应，下层甘油相与洗水合并进入甲醇蒸馏塔回收甲醇，循环利用，塔釜甘油水溶液进入提浓塔提浓甘油，水蒸气冷凝后作为洗涤水循环利用；物料在第二级反应器超过溢流堰后流入沉降罐沉降分相。上层的粗甲酯相经过逆流水洗除去甲醇、碱皂、甘油及其他杂质等，然后真空干燥，得到合格的生物柴油产品；下层甘油相直接返回到第一级反应器参加反应。

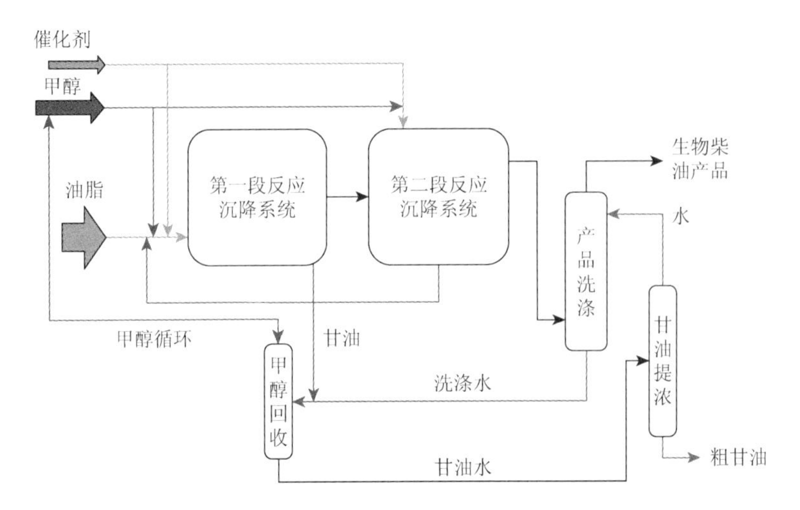

图 3.3　鲁奇两级连续醇解工艺原则流程图

与传统的酯交换技术及其他公司的生物柴油技术相比，鲁奇生物柴油工艺特点表现在：①反应—分离—精制全自动化连续操作，生产效率高；②两级反应中间分甘油，促进酯交换反应几乎彻底完成；③第二级反应沉降得到的甘油相因含有催化剂和较高浓度的甲醇返回到第一级反应器中参加反应，减少了第一级反应催化剂和甲醇的投用量；④粗甲酯直接水洗涤，同时除去甲醇、甘油、碱皂等杂质；⑤沉降甘油和洗涤水合并处理，先蒸馏甲醇循环使用，再浓缩甘油，蒸出的水冷凝后循环使用，没有污水排放。

鲁奇工艺对原料要求很严格，其指标为：游离脂肪酸含量≤0.1%，水含量≤0.1%，非皂化物含量≤0.8%，磷含量≤10ppm。植物毛油必须加强精制才能达到这个要求。鲁奇工艺生产的生物柴油能满足欧盟标准 EN 14214，粗甘油加工的医药级甘油满足欧洲标准 EU Pharmacopoeia 99.5。每 1000kg 原料生产生物柴油约 996kg、粗甘油约 128kg 或医药级甘油约 93kg。

鲁奇工艺的消耗指标为（以每吨菜籽油原料计）：蒸汽约 415kg，冷却水约 $25m^3$，电约 12kWh，甲醇钾约 5kg，甲醇约 96kg，50%烧碱约 1.5kg，37%盐酸约 10kg，氮气约 $1Nm^3$。

自 2002 年 7 月鲁奇工艺在德国 Marl 建成一套年产 10 万 t 的生物柴油装置成功运行生产以来，该工艺的优势得到广泛认可。到目前为止，利用鲁奇工艺建成的生物柴油装置近百套，单套装置的生产能力最小的为 120t/d（约合 4 万 t/a），最大为 600t/d（约合 20 万 t/a）。鲁奇生物柴油技术的应用推广业绩（部分）见表 3.2。

表 3.2　鲁奇生物柴油技术的应用推广业绩（部分）

序号	客户名称	规模/(t/d)	原料
1	AJ Oleo/Malaysia	300	棕榈油
2	Zurex Corporation/Malaysia	600	棕榈油、大豆油
3	Global BioEnergy Resources/Malaysia	600	棕榈油
4	Centre Quest Cereales/France	300	双低菜籽油、葵花籽油
5	RTM/Germany	600	双低菜籽油、大豆油、棕榈油
6	RTM/Germany	300	双低菜籽油
7	Renew Biofuels Ltd./UK	600	双低菜籽油、大豆油、棕榈油
8	TexComResources/USA	360	大豆油
9	Bio-Fuels Corp./UK	2×600	双低菜籽油、大豆油、棕榈油
10	NFL/Singapore	3×600	棕榈油
11	Ecofuel/Argentina	600	双低菜籽油、大豆油
12	Costal Energy/Calcutta	125	双低菜籽油、大豆油、棕榈油
13	PME BioFuels/Malaysia	600	棕榈油
14	Bio-Futures Intl/Malaysia	600	棕榈油
15	Cleanenergy/Netherlands	600	双低菜籽油、大豆油、棕榈油
16	Green Bio-Fuels/Malaysia	300	棕榈油
17	BioPetrol/Netherlands	2×600	双低菜籽油
18	Renova/Argentina	600	双低菜籽油、大豆油
19	PT PelitaAgung/Indonesia	600	棕榈油
20	Victoria Group/Serbia	300	双低菜籽油
21	OleonBenelux/Belgium	300	双低菜籽油
22	ECO/Bulgaria	300	双低菜籽油、葵花籽油
23	EPC/Germany	300	双低菜籽油
24	Martifer/Portugal	300	双低菜籽油、大豆油
25	Confidential/Germany	170	双低菜籽油
26	Acciona/Spain	600	双低菜籽油、葵花籽油、大豆油
27	Acciona/Spain	145	双低菜籽油、葵花籽油、大豆油
28	Confidential/Germany	600	双低菜籽油
29	Manheim Bio-Fuel/Germany	300	双低菜籽油
30	KL Biodiesel/Lulsdorf/Germany	300	双低菜籽油
31	EPC Eng. Consulting/Germany	120	双低菜籽油

续表

序号	客户名称	规模/(t/d)	原料
32	Rostock BiopetrolGermany	600	双低菜籽油
33	Neckerman/Wittenberg Germany	600	双低菜籽油
34	Cargill/Germany	600	双低菜籽油
35	Cargill/USA	380	大豆油
36	Technicas Reunidas/Spain	145	双低菜籽油、大豆油
37	Sudstarke/Germany	300	双低菜籽油
38	Bio-Diesel Enns/Austria	300	双低菜籽油
39	NFDPL/Australia	360	棕榈油
40	Lereno/Malaysia	182	棕榈油、大豆油
41	NFL/Australia	300	棕榈油
42	Confidential/Ukraine	174	双低菜籽油
43	Natural Energy West 2/Germany	300	双低菜籽油
44	Farmers Union/USA	30	精制动物油
45	Confidential/Brazil	150	棕榈油、大豆油
46	D&L Industries/Philippines	300	椰子油
47	JCN-Neckermann，Halle/Germany	170	双低菜籽油
48	Acciona/Spain	300	双低菜籽油、葵花籽油、大豆油、棕榈油
49	Rapsveredelung Vorpommern/Germany	120	双低菜籽油
50	Southern States/US	300	大豆油
51	Confidential/SEA	150	棕榈油
52	Natural Energy West/Germany	300	双低菜籽油
53	Huish Detergents Texas/USA	190	牛油、棕榈仁油、椰子油、
54	BatamasMegah/Indonesia	245	棕榈油、棕榈仁油、椰子油
55	SherexChem Co/USA	200	大豆油

3.4.2 凯姆瑞亚-斯凯特生物柴油技术[14, 15]

凯姆瑞亚-斯凯特（Cimbria Sket）生物柴油技术由德国凯姆瑞亚·斯凯特股份有限公司开发，采用反应中间连续脱甘油技术，技术原则流程如图 3.4 所示。

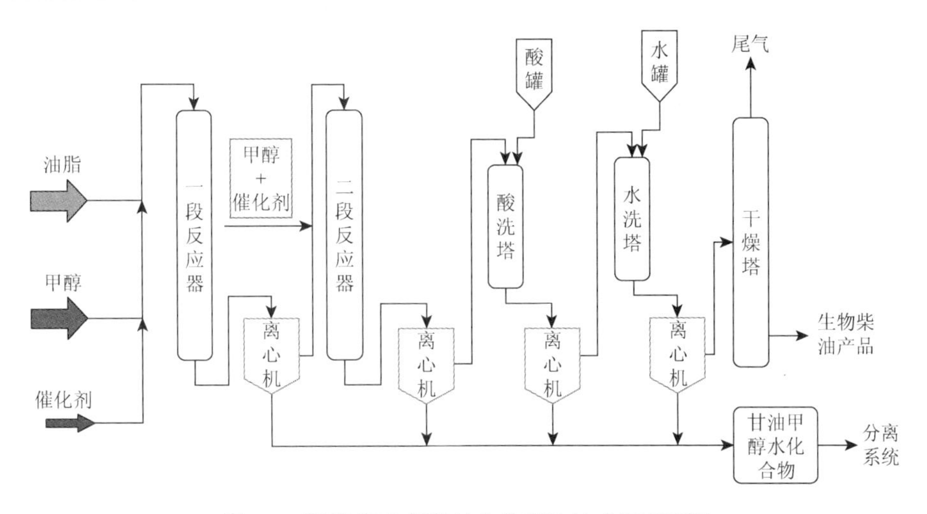

图 3.4　凯姆瑞亚-斯凯特生物柴油技术原则流程

该工艺包括两级反应、两级分甘油、一级酸洗、一级水洗，最后生物柴油干燥出装置。物料在第一级反应醇解、离心分离甘油后，补充甲醇与催化剂进入第二级反应器再进行醇解，然后再离心分离甘油。得到的粗甲酯进入酸洗塔中和碱催化剂和洗涤混合、离心洗出甲醇、皂和残余的甘油后，再进入水洗塔进行精洗，使残余的甲醇、甘油、皂等杂质再进入水相，离心分离除去水相。洗涤后的甲酯进入干燥塔脱水，水分合格后进罐。由于采用了连续脱甘油技术，醇解反应的平衡不断向右移动，从而获得几乎 100%的转化率。

凯姆瑞亚-斯凯特生物柴油工艺特点表现在：①高速离心机承担了所有相分离的操作，效率高；②反应—分相—洗涤—干燥全自动化连续操作，人为影响因素少，生产稳定；③两段酯交换反应中，甘油离心分离干净，酯交换反应更完全；④沉降甘油、中和水和洗涤水合并处理，实现了甲醇回收循环、甘油提浓、冷凝水回收循环、盐过滤回收，基本无废水排放。

凯姆瑞亚-斯凯特技术是最早一批商业化的生物柴油技术之一，也是最早开发出来的全自动、连续化的生物柴油技术，在欧洲的影响仅次于鲁奇技术。凯姆瑞亚-斯凯特技术仅在德国就建立了 30 多套装置，在东南亚也有多套装置建成生产。

3.4.3　Connemann 生物柴油工艺[16, 17]

Connemann 生物柴油工艺由 Westfalia 与 Ölmühle Leer Connemann GmbH & Co. 公司合作开发，也是以离心机进行连续分离的生物柴油技术。Ölmühle Leer 公司在 20 世纪 80 年代就开发出油脂酯交换的 Connemann 工艺，后来与 Westfalia 合作，完善了技术。1996 年，一套 320t/d 规模的生物柴油装置建成投入运行。

Connemann 工艺流程如图 3.5 所示。从流程上看该工艺与鲁奇及其他公司的工艺相差无几，差别主要在于反应罐的设计与分离方式。Connemann 工艺可以生产高质量的生物柴油，同时配套甘油蒸馏设备来生产医药级甘油。

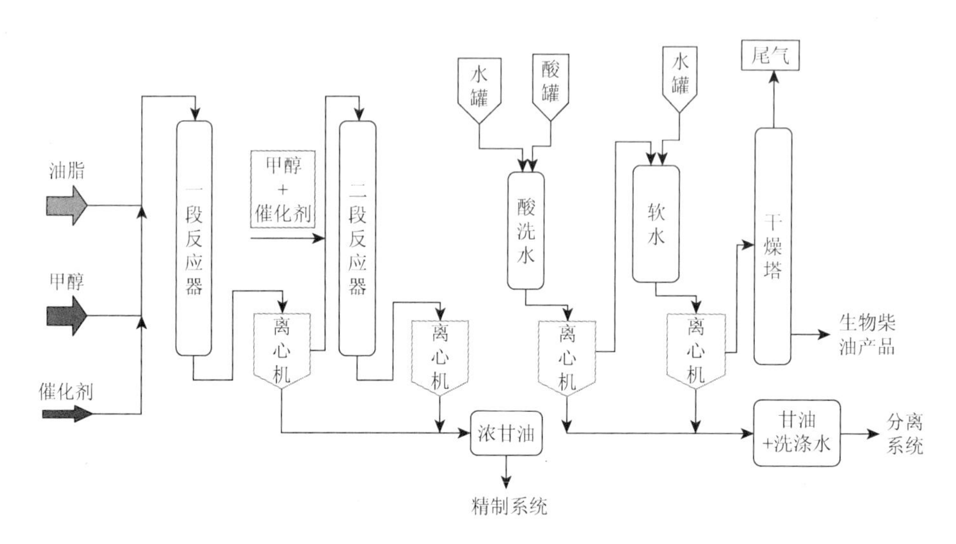

图 3.5 Connemann 生物柴油工艺流程示意图

以双低菜籽油为原料，该流程描述如下：菜籽油经预热后，与甲醇和催化剂混合，进行第一级酯交换反应，生成的甘油与甲醇混合物被连续带出，并用离心机进行离心分离，分别得到酯相与甘油相。甲醇与甘油在后续工艺中被分离。然后再补充甲醇与催化剂进行第二级反应，并继续用离心机离心分离。从反应系统出来的粗菜籽油甲酯，先将含有的甲醇通过蒸发回收继续使用，然后对粗酯分两次进行水洗，第一次水洗时使用普通水，第二次使用加酸水。用离心机来分离洗涤水。水洗过的菜籽油甲酯经过真空干燥再通过换热冷却进罐。

Connemann 生物柴油工艺在欧盟、南美、东南亚都建成了生产装置，在中国南通也有一套 26 万 t/a 规模的生物柴油装置采用该技术建成，但因原料供应原因，运行生产不正常。总体来说，该工艺先进性比不上鲁奇工艺，特别是生物柴油产品收率要低一些。

3.4.4 迪斯美-巴拉斯特生物柴油技术[18]

迪斯美-巴拉斯特（Desmet Ballestra）生物柴油技术是由迪斯美-巴拉斯特公司开发完成的，工艺流程如图 3.6 所示。

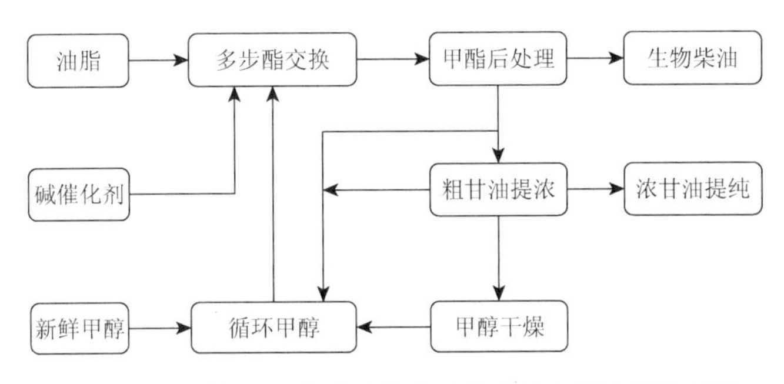

图 3.6　迪斯美-巴拉斯特生物柴油技术的工艺流程示意图

迪斯美-巴拉斯特生物柴油技术工艺特点表现在：①全自动化连续操作；②两段或三段酯交换反应；③甲酯采用多级水洗，确保产品质量合格；④生物柴油产品可进行分提处理，产品方案灵活，把生物柴油生产与油脂化工原料生产考虑在一起，使生产效益最大化；⑤适当降低了原料的精制要求，可用一些相对低品质的原料，如煎炸废油或动物脂。

迪斯美公司是 1946 年在比利时成立的著名油脂公司，集工程设计、安装、设备供应于一体，是世界上重要的油脂加工设备供应商，业务范围涵盖从油料预处理至油脂改性。巴拉斯特于 1960 年在意大利成立，在表面活性剂、清洁剂及相关产品领域的技术开发、工程安装，设备供应方面有领先优势。2004 年 11 月，迪斯美与巴拉斯特合并营运，优势互补，共同致力于生物柴油技术的开发。借助于迪斯美公司在油脂行业的影响力，以及毛油精制技术的领先地位，其开发的生物柴油技术发展势头很好，在欧洲，南美的巴西、阿根廷、哥伦比亚，东南亚的印度尼西亚、马来西亚、泰国等国家和地区迅速挤占了市场，建立了 30 多套生物柴油装置。

3.4.5　格林在线工业公司生物柴油技术[19]

格林在线工业公司（Greenline Industries）生物柴油技术的工艺流程如图 3.7 所示，反应部分采用两段酯交换流程。催化剂以甲醇溶液的形式使用，第一段酯交换反应完成后通过离心分离或沉降罐进行甘油沉降分离，分出甘油之后的酯相补充催化剂和甲醇，进行第二段反应。在甘油分出后，对酯相进行蒸馏回收甲醇，得到粗酯，然后进行净化脱杂。

格林在线工业公司生物柴油技术特点之一是第一段酯交换反应的转化率控制不超过 80%，以保证第二段酯交换反应后甘油沉降时甘油相密度大于甲酯的密度。此工艺还有一个特点是其粗甲酯闪蒸出甲醇后采用干洗方法，即吸附方法脱杂。Greenline Industries 公司和 Rohm-Hass Corporation 公司合作开发了一种性能独特

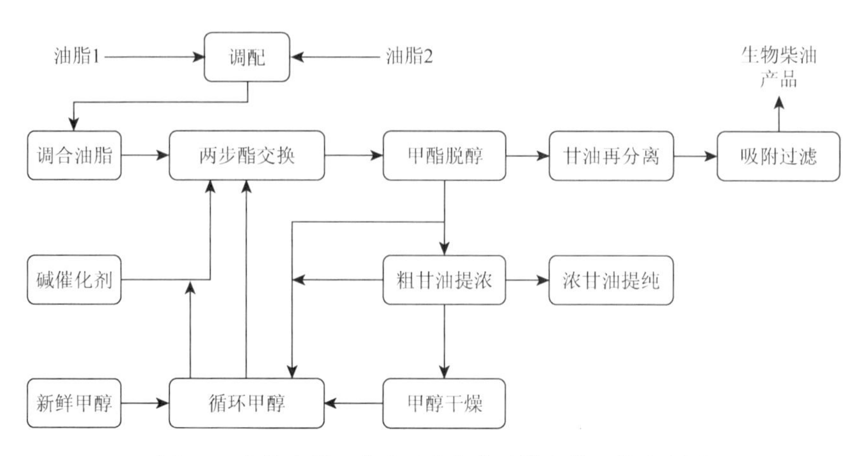

图 3.7　格林在线工业公司生物柴油技术的工艺流程图

的树脂 Amberlite，专门用于格林在线工业公司的生物柴油技术。蒸完甲醇之后的生物柴油由上往下通过填有 Amberlite 树脂的塔，Amberlite 树脂会把生物柴油中一些杂质吸附干净。从塔中出来的生物柴油再通过精制过滤，以除出可能存在的一些细小颗粒，就得到了成品生物柴油。吸附剂的消耗约 0.1%（相对于生物柴油），可再生使用，废弃的树脂无毒，可以作为普通固废处理。

3.5　优质油脂固体碱催化的生物柴油技术

液碱均相催化酯交换工艺的优势很明显，但也存在着缺陷。主要是催化剂不能重复使用，残留的碱催化剂必须从产物中脱除，需要进行多步水洗工序，产生的水需要蒸馏回收处理，增加了生产成本，所以人们寄希望于固体碱催化剂来解决这些问题。当前研究较多的固体碱催化剂包括碱金属、碱土金属的氧化物或碳酸盐。多相碱催化油脂酯交换反应对油脂质量规格的要求有所放松，例如，降低酸值和水分的要求，可以节约原料精制的一些成本，但该反应需要在高温、高压和高醇油比条件下才能高转化率进行，催化剂活性才能维持较长时间，这就对装置的设计和设备制造提出了更高的要求，进而增加投资，不利于商业化推广应用。

法国石油研究院（IFP）开发的固体碱催化油脂酯交换技术被命名为 Esterfip-H 技术，催化剂是具有尖晶石结构的锌铝复合氧化物。Esterfip-H 技术工艺流程如图 3.8 所示[20]。

油脂与过量的甲醇经过第一个固定床反应器后，部分闪蒸甲醇，随后进行沉降分离甘油，上层甲酯相与补充的甲醇一起进入第二个固定床反应器反应，然后再闪蒸分离甲醇，接着沉降分离甘油，得到粗生物柴油。最后，通过减压蒸馏分离残留的甲醇，用吸附剂吸附溶解在甲酯中的甘油，然后过滤，得到合格的生物柴油产品。

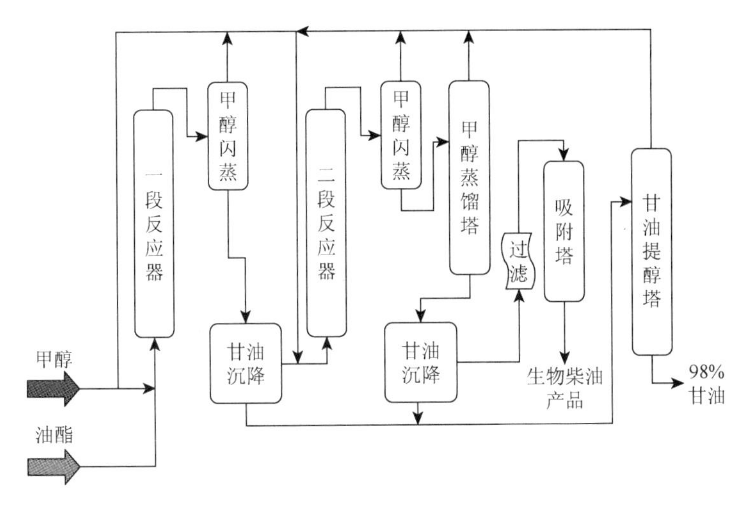

图 3.8　Esterfip-H 工艺流程简图

Esterfip-H 工艺特点是全自动化连续操作，在反应温度为 200～250℃、压力为 8～10MPa 的条件下进行两段酯交换反应，生物柴油产品采用吸附精制后脂肪酸甲酯含量超过 97%，副产的甘油浓度高达 98%，而且适当降低了原料的精制要求，酸值可放宽到 0.5mg KOH/g 油，全程没有废水产生。

2006 年第一套 Esterfip-H 工业装置在法国巴黎的 DiesterIndustrie 公司建成投产，规模为 16 万 t/a 生物柴油。到目前为止，利用该技术承建的生物柴油生产装置每年的总生产能力达到 80 万 t。

3.6　优质油脂原料生产生物柴油的未来发展

不论是现在还是未来，优质的原生油脂都将是生物柴油生产的主流原料。油脂的非油杂质的含量、脂肪酸组成和价格决定了生物柴油的品质、生产成本和效益。因此，优质油脂生物柴油技术未来发展应同时重视原料生产技术和加工工艺的升级研发和推广应用。

3.6.1　基因工程技术与油料作物的高产和优质[21-33]

基因工程技术，又称转基因技术，是指在基因水平上，以人工的方法取得目的基因，在体外重组于载体上，形成重组 DNA 分子，然后将重组 DNA 分子转入受体细胞进行复制、转录和翻译，从而产生人们所需要的目的基因的产物。基因工程技术打破了天然物种屏障，人们可以按照主观愿望，将来自不同生物体的 DNA 片段组合到一起，并获得新的表达产物。基因工程技术现已广泛应用于农业、医学、食品和环境保护等诸多领域。例如，培育抗虫、抗病、抗寒、抗旱农作物新品种，生产基因工程药物和可降解有毒物质的工程菌等。同样，在生物柴油的生产中，运用基因工程提高生物柴油原料油脂产量，改善油脂的脂肪酸组成方面已取得了显著的效果。

产量和含油量的提高是油料作物育种始终追求的目标，也是降低生物柴油生产成本、有效利用土地资源生产生物质能源原料的重要途径。据测算，如以油菜籽为原料生产生物柴油，油菜籽平均亩①产达到 200kg，含油量达到 50%左右或含油量>40%，小面积突破 300kg/亩、大面积突破 250kg/亩，其生物柴油价格可与普通柴油的现行价格基本持平。目前较为成功的范例是利用基因工程提高油菜种子含油量，其技术途径如下。①增加脂肪酸合成底物来提高油脂合成水平。例如，通过抑制蛋白质合成关键酶 PEP-Case 基因表达，以增加脂肪酸生物合成底物 PEP 的供应（含油量提高可达 25%）。②增强油脂合成途径关键酶基因表达，包括：超量表达脂肪酸合成关键酶基因 *ACC*，以提高脂肪酸合成能力和基因工程技术；提高溶血磷酯酸酰基转移酶（LPAAT）活性，以增强脂肪酸与甘油骨架结合成油脂的能力。

油料作物中脂肪酸生物合成途径的重要步骤是乙酰-CoA 羧化酶（acetyl-CoA carboxylase，ACCase）催化乙酰辅酶 A 生成丙酰-CoA，植物脂肪酸的含量与 ACCase 的活性呈正相关。因此，可以利用转基因技术超量表达 ACCase 来提高含油植物的脂肪酸含量。来源于不同植物的 ACCase 酶基因已在油菜、玉米和麻疯树等植物中获得表达，并且相应地提高了种子的含油量。Roesler 等将拟南芥的一个 ACCase 同源基因转入甘蓝型油菜中，在种子特异性启动子的作用下得到了表达，获得的转基因植株 T_1 代种子中 ACCase 的活性增加了 1.7～1.9 倍，质体中丙酰-CoA 的含量也得到提高，相应的种子产油量提高了 3%～5%。Dunahay 等将 ACCase 酶基因在硅藻中过量表达，硅藻的 ACCase 活性增加了 2～3 倍。Alisa 等克隆和表达了油棕生物素羧化酶基因（*ac-cC*）和 β-羧基转移酶基因（*accD*），结果表明 *accD* 的表达对于维持异质型 ACCase 的水平和植物种子的含油量起最主要的作用。虽然 ACCase 的含量对脂肪酸的合成起着重要的作用，但是有人推测 ACCase 的含量对油脂积累的影响因物种而异，ACCase 含量对油脂含量低的物种影响大于油脂含量高的物种。由于脂肪酸的合成涉及多个酶的作用，要想通过上调其中一种酶而使油料植物的含油量大幅度提高是不可能的，研究者们开始关注脂肪酸合成途径的转录因子、蛋白激酶和其他调控因子的作用。

改善油料植物中的脂肪酸组成是基因工程技术应用的另一个研究方向。油料植物在脂肪酸代谢上存在着多样性和可塑性，不同的植物在油脂脂肪酸的构成上

① 1 亩≈666.67m^2

有很大区别，从而降低了其工业应用价值。应用转基因技术对油料植物种子中的脂肪酸成分进行改良是一种有效的手段，主要包括通过 RNA 干扰调控脂肪酸脱氢酶基因活性，调整脂肪酸分子在三酰甘油脂上的分布，修饰脂肪酸链的长度和不饱和度，以及调整特定脂肪酸成分等。例如，将拟南芥的二酰甘油酰基转移酶（DGAT）基因在烟草中表达，转基因烟草的叶片中三酰甘油的积累增加了 20 倍，总脂肪酸和磷脂的含量都有所提高；在烟草中表达拟南芥中调控种子成熟和种子油存储的主调节因子也能提高总脂肪酸含量。Liu 等将脂酰-ACP-Δ9 去饱和酶基因 *ghSAD*-1 和 ω6 去饱和酶基因 *ghFAD*2-1 分别转进棉花，提高了棉花的硬脂酸和油酸的含量。Kinney 等抑制大豆中的脂酰去饱和酶，导致大豆油中脂肪酸的组成比例发生改变。Kaczmarzyk 等将微藻中编码脂酰辅酶 A 合成酶（long-chain acyl-CoA synthetase，LACS）基因敲除后，提高了微藻中脂肪酸浓度。同样，敲除拟南芥中编码 LACS 的两种同工酶基因，切断了种子中脂肪酸进入 β-氧化的途径，从而增加了种子的油脂含量。

德国在运用生物技术降低生物柴油的黏度、提高十六烷值、增加低碳脂肪酸含量以获得高品位燃油等方面进行了长期的探索和应用推广。Dehesh 等在油菜中转入萼距花（*Cuphea hookeriana*）的硫酯酶基因 *Ch FatB*2，使转基因油菜种子中短链脂肪酸（8: 0 和 10: 0）大幅度提高。此外，利用代谢工程技术实现芥酸等超长链脂肪酸在油菜中的超量积累，通过后续双键位置裂解工艺，产生 C13 和 C9 脂肪酸，也是培育高品位生物柴油生产专用品种的值得探索的重要途径。

国内外运用基因工程技术生产生物柴油还处于初级阶段，多采用单基因的特异表达提高脂类含量水平。但脂类的积累涉及脂类的生物合成及分解代谢，是一个复杂的系统，不可能通过特异地表达一种基因来大大提高脂类含量。为了解决这些问题，已有学者提出转录因子途径调控脂类的积累。该途径的主要优势在于，转录因子参与调控代谢途径中的一系列基因。因此，可以通过调控相关转录因子，进而带动代谢途径中的一系列基因超量表达，使脂类水平大大提高。

我国作为一个资源大国，植物资源非常丰富，这为能源植物资源的开发提供了优越的条件。然而要对这些能源植物资源进行有效的开发与利用，所面临的最主要问题是利用能源植物的生产成本过高。利用转基因技术改变油料植物的油脂成分等方面取得的研究成果对于降低能源植物向生物柴油的转化成本、提高能源转化效率有着非常重要的意义。随着生物化学与分子生物学的进一步发展，人们对植物的结构基因组和功能基因组的研究将更加深入，对能源植物的能量转化、富集和分配相关的基因功能及其调控机理也将不断明确，利用植物转基因技术在分子基础上设计和优化能源植物将成为今后改良能源植物、培育优良能源植物新品种的重要研究方向。

3.6.2 优质油脂加氢生产第二代生物柴油的技术

油脂加氢是生产生物柴油的另一条技术路线，其开发和应用比醇解法晚，因此所生产的产品通常称为第二代生物柴油。不言而喻，通过醇解生产的生物柴油称为第一代生物柴油。第一代生物柴油和第二代生物柴油存在较大差别，具体见表 3.3[34]。

表 3.3 第一代和第二代生物柴油的比较

比较项目	第一代生物柴油	第二代生物柴油
化学组成	酯类化合物，氧含量 10%左右	烃类化合物
油脂(精制)消耗	约 960kg 产品/t 油脂	约 750kg 产品/t 油脂
密度(20℃)/(kg/m^3)	885	775～785
运动黏度(40℃)/(mm^2/s)	3.2～4.5	2.9～3.5
冷滤点/℃	−5	−35～−5
硫含量/(mg/kg)	1～50	≤10
氧含量/(mg/kg)	11	0.1
馏程/℃	270～360	220～340
热值/(MJ/kg)	38	44.4
十六烷值	40～60	70～90

油脂加氢技术路线包括加氢脱氧、加氢脱氧异构和掺和到石油柴油中加氢炼制。表 3.4 对这三类技术的催化剂、反应条件和技术特点进行了比较。

表 3.4 油脂加氢三条技术路线的比较[35-37]

工艺方法	催化剂	反应条件			技术特点
		温度/℃	压力/MPa	空速/h^{-1}	
加氢脱氧	Co-Mo Ni-Mo	240～450	4～15	0.5～5.0	高温高压下油脂的深度加氢过程，羧基中的氧原子和氢结合成水分子，而自身还原成烃，此项工艺简单，同时产物具有高的十六烷值，但得到的柴油组分主要是长链的正构烷烃，这使得产品的冷滤点较高，低温流动性差，在高纬度地区受到抑制，一般只能作为高十六烷值柴油添加组分，也可以进一步加工生产高级食品蜡

续表

工艺方法	催化剂	反应条件			技术特点
		温度/℃	压力/MPa	空速/h^{-1}	
加氢脱氧异构	Co-Mo Ni-Pd Pt-分子筛	300～400	2～10	0.5～5.0	该工艺包括 2 个阶段，第 1 阶段加氢脱氧阶段与直接加氢脱氧的条件相近，第 2 阶段为临氢异构阶段即将第一阶段得到的正构烷烃进行异构化，异构化的产品具有较低的密度和黏度，发热值更高，不含多环芳烃和硫，具有高的十六烷值和良好的低温流动性，可以在低温环境中与石化柴油以任意比例进行调配。另外，该工艺通过调整优化还可以生产生物航煤，使用范围得到进一步拓宽
与石油柴油掺炼	Ni-Mo/Al_2O_3 Co-Mo/Al_2O_3	340～380	5～8	0.5～2.0	掺炼动植物油脂，改善了产品的十六烷值，节省油脂加氢装置的投资，简单而又经济。但由于油脂加氢是强放热反应，加氢脱氧反应与石化柴油的加氢脱硫反应存在竞争因素，这可能会影响加氢装置对石化柴油的脱硫精制效果，增加工艺装置操作难度和生产成本

加氢脱氧异构技术最早由芬兰 Neste Oil 公司于 2003 年提出并开发利用，被命名为 NExBTL（next generation biomass to liquid）工艺。2007 年夏，第一套 17 万 t/a 工业规模装置在芬兰 Provoo 炼厂投产。石油柴油掺炼技术的开发主要是一些石油公司提出的，如埃克森-美孚、UOP、BP 等，其优势在于可以利用现有的加氢装置，从而降低设备投资费用。但研究发现，油脂与石油馏分混合加氢会面临诸多问题。为消除油脂中的杂质对加氢催化剂的影响，需要增加预处理器对原料进行处理，同时由于油脂加氢反应是强放热反应，反应器中需增加冷却设备。油脂加氢脱氧过程中产生的 H_2O、CO_2、CO 需要从循环气中分离出来，而所产生的正构烷烃由于低温流动性较差，可能会影响最终柴油产品的质量。另外，由于油脂的加氢脱氧反应与石油馏分的加氢脱硫反应存在竞争效应，可能会影响加氢装置的脱硫精制效果。因此，油脂加氢技术路线的选择需要考虑多方面因素的影响。

油脂进行加氢处理时，油脂的种类对反应条件、产品收率都有一定的影响。表 3.5 列出了常见油脂的加工结果。

表 3.5　不同种类油脂的加氢结果比较[34]

原料	反应条件			结果	
	温度/℃	压力/MPa	空速/h^{-1}	总液收/%	柴油收率/%
双低菜籽油	370	4.8～13.8	0.5～5	84.5	78.3
向日葵油	360	4.8～13.8	0.5～5	83.8	77.6
转基因大豆油	360	4.8～13.8	0.5～5	84.0	77.7

续表

原料	反应条件			结果	
	温度/℃	压力/MPa	空速/h^{-1}	总液收/%	柴油收率/%
妥尔油	390	6.8～15.2	0.5～5	85.4	79.1
棕榈油	370	4.8～13.8	0.5～5	82.1	74.4
椰子油	370	4.0～11.2	0.5～5	79.6	73.1

油脂加氢技术已经获得工业化应用推广。Neste Oil 公司[38]开发的 NExBTL 工艺在芬兰已经建成并运转 2 套装置，合计产能为 38 万 t/a。此外，该公司还在新加坡投资 5.5 亿欧元建造了 1 套 80 万 t/a 的装置，在荷兰鹿特丹投资 6.7 亿欧元建造了 1 套 80 万 t/a 的装置。

参考文献

[1] Demirbas A. Biodiesel production from vegetable oils via catalytic and noncatalytic supercritical methanol transesterification methods. Progress in Energy and Combustion Science，2005，31：466-487.

[2] Demirbas A. Progress and recent trends in biodiesel fuels. Energy Conversation & Management，2009，50：14-34.

[3] Balat M. Potential alternatives to edible oils for biodiesel production—A review of current work. Energy Conversation & Management，2011，52：1479-1492.

[4] Abbaszaadeh A，Ghobadian B，Omidkhah M R，et al. Current biodiesel production technologies：a comparative review. Energy Conversation & Management，2012，63：138-148.

[5] Gerpen J V. Biodiesel processing and production. Fuel Process Technology，2005，86：1097-1107.

[6] Shahid E M，Jamal Y. Production of biodiesel：a technical review. Renewable & Sustainable Energy Reviews，2011，15：4732-4745.

[7] Mahmudul H M，Hagos F Y，Mamat R，et al. Alenezi. Production，characterization and performance of biodiesel as an alternative fuel in diesel engines—A review. Renewable and Sustainable Energy Reviews，2017，72：497-509.

[8] Naylora R L，Higgins M M. The political economy of biodiesel in an era of low oil prices. Renewable and Sustainable Energy Reviews，2017，(77)：695.

[9] 赵国志，刘喜亮，刘智锋. 油脂工业技术的进步——油脂精炼工艺技术. 粮油加工与食品机械，2004，(11)：37-41.

[10] 何东平，阎子鹏. 油脂精炼与加工工艺学（第二版）. 北京：化学工业出版社，2012.

[11] 闵恩泽，张利雄. 生物柴油产业链的开拓——生物柴油炼油化工厂. 北京：中国石化出版社，2006.

[12] 闵恩泽，姚志龙. 近年生物柴油产业的发展特色、困境和对策. 化学进展，2007，19（8）：1050-1059.

[13] 曾广溯. 我国基础油脂化学品的生产工艺水平. 日用化学工业，2001，12（6）：37-40.

[14] 忻耀年，Sondermann B. 现代生物柴油的生产工艺及产品质量. 中国油脂，2003，28（11）：59-61.

[15] Connemann J F. Biodiesel in Europe 1998—biodieselprocessing technologies. The International Liquid Biofuels，Brazil，1998.

[16] Turck R. Method for producing fatty acid esters of monovalent alkyl alcohols and use thereof. US Patent 6，538，146，2003.

[17] Connemann J，Krallmann A，Fischer E. Process for the continuous production of lower alkyl esters of higher fatty acids. USPatent 5，345，878，1994.

[18] Basu H N，Norris M E. Process for production of esters for use as a diesel fuel substitute using a non-alkaline catalyst. US Patent 5，525，126，1996.

[19] Meher L C，Sagar D V，Naik S N. Technical aspects of biodiesel production by transesterification—a review. Renewable and Sustainable Energy Reviews，2006，10（3）：248-268.

[20] Bournay L，Casanave D，Delfort B，et al. Alkaline and alkaline-earth metals compounds as catalysts for the produce biodiesel. Catalysis Today，2005，106：190-192.

[21] Dong Z，Zhao H，Huai J，et al. Overexpression of a foxtailmillet acetyl-CoA carboxylase geneinmaize increasessethoxydim resistance and oil content African Journal of Biotechnology，2011，10（20）：3986-3995.

[22] Gu K，Chiam H，Tian D，et al. Molecular cloning andexpression of heteromeric ACCase subunit genes from Jatrophacurcas. Plant Science An International Jounal of Experiment Plant Biology，2011，180（4）：642-649.

[23] Roesler K，Shintani D，Savage L，et al. Targeting of the Arabidopsis homomeric acetyl-coenzyme a carboxylase to plastidsof rapeseeds. Plant Physiology，1997，113：75-81.

[24] Dunahay T G，Jarvis E E，Dais S S，et al. Manipulation ofmicroalgal lipid production using genetic engineering. Applied Biochemistry & Biotechnology，1996，57-58（1）：223-231.

[25] Alisa N，Wilaiwan C，Theera E，et al. Cloning and expression of a plastid-encoded subunit，beta-carboxyltransferase gene（accD）and a nuclear-encodedsubunit，biotin carboxylase of acetyl-CoA carboxylase from oil palm（*Elaeis guineensis Jacq*）. Plant Science，2008，175（4）：497-504.

[26] Kode V，Mudd E A，Iamtham S，et al. The tobacco plastidaccD gene is essential and is required for leaf development. Plant Journal，2005，44（2）：237-244.

[27] 潘克厚，韩吉昌，朱葆华，等. 基因工程在提高微藻生产生物柴油能力中的应用前景. 海洋湖沼通报，2012，（2）：33-43.

[28] Girke T，Todd J，Ruuska S，et al. Microarray analysis of developing Arabidopsis seeds. Plant Physiology，2000，124：1570-1581.

[29] Erp H V，Kelly A A，Menard G，et al. MultigeneEngineering of triacylglycerol metabolism boots seed oil contentin Arabidopsis. Plant Physilogy，2014，165（1）：30-36.

[30] Liu Q，Singh S，Green A. Genetic modification of cotton seedoil using inverted-repeat gene-silencing techniques. Biochemical Society Transactions，2000，28：927-929.

[31] Kinney A J. Development of genetically engineered soybean oilsfor food applications. Journal of Food Lipids，1996，（3）：273-292.

[32] Kaczmarzyk D，Fulda M. Fatty acid activation in cyanobacteriamediated by acylacyl carrier protein synthetase enables fattyacid recycling. Plant Physilogy，2010，152：1598-1610.

[33] Fulda M，Schnurr J，Abbadi A，et al. Peroxisomal acyl-CoAsynthetase activity is essential for seedling development inArabidopsis thaliana. Plant Cell，2004，16：394-405.

[34] Naik S N，Vaibhav V G，Prasant K R，et al. Production of firstand second generation biofuels：A comprehensive review. Renewable and Sustainable Energy Reviews，2010，14（2）：578-597.

[35] Jakkula J，Niemi V，Nikkonen J. Process forproducing a hydrocarbon compone ntofbio-logical. US 7232935[P]，2007-06-19.

[36] Gomes，Jefferson R. Vegetable oil hydroconversion process. US 20060186020A1[P]，2006-08-24.

[37] Lee D H. Algalbiodiesel economy and competition among bio-fuels. Bioresource Technology，2011，102：43-49.

[38] 耐思特石油公司. 通过脂肪酸加氢和分解制得的含有基于生物原料的组分的柴油组合物. CN1688673，2005.

第4章　废弃油脂原料生产生物柴油

废弃油脂是回收油脂中最主要的品种。按国家卫生部、工商行政管理总局、国家环境保护部及住房和城乡建设部2002年联合发布的《食品生产经营单位废弃食用油脂管理的规定》中的定义，废弃食用油脂是指食品生产经营单位在经营过程中产生的不能再食用的动植物油脂，同时也包括油脂使用后产生的不可再食用的油脂，如餐饮业废弃油脂，以及含油脂废水经油水分离器或者隔油池分离后产生的不可再食用的油脂。此外还有储存运输环节发生变质的食用油、油脂精制下脚料酸化生产的酸化油和非食用的动物脂肪等。它们来源于动植物，属可再生性资源。废弃油脂每年的产出量很大，以植物油为例，2015年和2016年全球大豆油、菜籽油等9大类植物油的总产量约1.86亿t[1]，这些植物油经精制加工、食用消费使用后，将产生占其总量约20%的废弃油脂，即3500万t以上，如果再考虑废动物脂肪，则数量更大。

废弃油脂来源分散，一旦放任不管或处置不当，将成为严重的污染源，破坏土地，污染水体和大气，危害居民健康[2]。废弃油脂渗入土中，会在土壤颗粒表面形成油膜，使土壤呈现缺氧状态，阻碍微生物的活动，导致土壤结块；而黏附于植物根部的废油会影响其吸收养分，致使植株大片枯萎甚至死亡。废弃油脂进入水体危害更大，一方面油脂容易在城市排水管网壁上黏附，逐渐使管道变细，最后发生阻塞，致使排水管网瘫痪；另一方面，废弃油脂会恶化水质，使水质呈现高化学耗氧量（chemical oxygen demand，COD）、高生化耗氧量（biochemical oxygen demand，BOD）和高悬浮固体物（suspended solid，SS）值，在自然降解过程中消耗水中的溶解氧，同时水面上的油膜又阻止氧气溶入水中，致使大量鱼类和水生动植物因水体缺氧而死亡，腐化释放出的恶臭气体，污染空气[3]。

废弃油脂曾用作动物饲料添加剂或洗涤剂原料，但后来发现这将延伸其对人类健康的危害，只能按污染物对待，进行环保无害化处理，但处理难度大，费用高。近年来，废弃油脂的资源化利用受到各国的重视[2, 4]。日本采用废煎炸油生产生物柴油已经发展到40万t/d，既减少了废煎炸油对环境的污染，又生产出了市场需要的清洁柴油燃料。因此，以废弃油脂为原料生产生物柴油是废弃油脂的最好利用方向，具有全年不分季节供应的特点，价格往往不到优质油脂的70%，而且生产的生物柴油品质与优质油脂生产的几乎一样，能够合并销售。

4.1　废弃油脂的分类与品质特点

废弃油脂按来源可分为 4 种[3]。来源于植物油精制产生的油脚、皂脚等下脚料经酸化加工回收的油脂被称为酸化油；来源于食用油日常消费过程中产生的剩菜汤水、清洁厨餐具的洗涤水流入地沟前在隔油池里回收的油脂被称为餐饮废油；来源于食用油储存运输过程中清理运输槽车、储油罐、管线过程中回收的油脂和过了保质期的油脂等被称为变质食用油；来源于肉质生产、加工过程中回收的非食用性的动物脂肪被称为工业脂肪。

4.1.1　酸化油

动植物精制产生的下脚料包括水化油脚、皂脚、油脂脱色使用后的白土、脱臭馏出物（又称 DD 油）等，通过硫酸酸化后，沉降分离水杂①得到的油相物质被称为酸化油。下脚料的产出量跟油脂的品种、取油工艺、油料质量和精炼工艺等都有关系，带出的油脂占毛油的 3%～5%。2016 年全球植物油产量约 1.86 亿 t，精制产生的下脚料可加工出 550 万～900 万 t 的酸化油。单就我国来说，2016 年加工的各种植物毛油达 3000 万 t 左右，这些含油下脚料的产出率（相对于毛油）、产量、含油率及产出的酸化油如表 4.1 所示。可以看出，我国每年酸化油产出量在 110 万～200 万 t，主要分布在油脂生产加工集中的地区，如广东、江苏、湖南、湖北和山东等。

表 4.1　国内目前含油下脚料的种类产率和含油量

种类	油脚	皂脚	白土油	DD 油
下脚料产出率/%	5～10	2～3	0, 5	0.5～1%
下脚料产量/万 t	150～300	60～90	15	15～30
含油率/%	30～40	约 65	约 30	约 80
酸化油产量/万 t（估算）	50～120	40～60	5	12～24
酸化油总产量/万 t		110～200		

下脚料用硫酸进行酸化处理时，硫酸除起到破坏油水胶体促进油水分相的作用外，还可中和碱皂和催化水解三甘酯、磷脂等生成脂肪酸。因此，酸化油酸值一般超过 120mg KOH/g，有的甚至高达 160mg KOH/g，游离脂肪酸

① 水杂为废弃油脂中水分和非皂化物杂质的俗称。

含量远高于一般的油脂。因此，酸化油原料生产生物柴油时，酯化是主要反应，不断移出反应生成的水才能促进游离脂肪酸不断转化，得到的生物柴油酸值才能达标。

4.1.2 餐饮废油（地沟油）

餐饮废油主要从城市居民和餐饮行业消费油脂产生的废弃物中回收，包括煎炸余油、泔水油、地沟油等。一般来说，居民和餐馆饭店使用油脂加工饭菜，油脂随食物一起被食用的比例一般低于其使量的 80%左右，其中欧美发达国家和地区一般是 75%，有些国家低于 70%。我国居民饮食习惯中喜欢用比较多的油烹调食物，至少有 25%的食用油脂变成了餐饮废油。2016 年我国食用油消费量约 3000 万 t，假如其中一半，约 1500 万 t 是在城市中消费，生成的餐饮废油可以得到回收，则回收到的餐饮废油约 375 万 t。

餐饮废油回收途径包括：①从剩饭菜中回收的油脂常称为泔水油；②从宾馆和饭店设置的隔油池中回收的油脂常称为地沟油；③直接回收油炸食品的老化油脂，常称为煎炸余油；④从城市污水处理厂隔油池中回收的称为污水油。从品质上看，煎炸余油相对最好，泔水油稍次，地沟油再次一些，质量最差的是污水油。污水油异味大，酸值高，除含有游离脂肪酸外，还含有非油脂类的含氧有机物及烃类化合物，不适合加工生产生物柴油，应该直接焚烧，避免二次污染。

从产出量上看，我国油炸食品，如方便面的生产量大，每年消耗的油脂超过 300 万 t（以棕榈油为主），煎炸余油的产出量估计每年 80 万 t 左右。泔水油和地沟油比较分散，有专门的收集和加工处理渠道，产出量大。有的文献说我国地沟油每年产出 300 万 t，与实际情况比较相符。污水油相对集中，每年产出 50 万 t 左右。

4.1.3 变质食用油

变质食用油是食用油流通贸易过程中产生的，油脂储罐需要定期清除罐底胶杂、水分等杂质，以免污染储存的质量合格的油脂；油脂运输槽车每次卸完油必须清理，避免影响下一批运输的油脂质量；食用油销售中难免出现过了保质期而未售出的商品。此外，食用油是关乎国计民生的重要战略储备物质之一，管理上的疏忽或其他复杂的原因，可能导致储备油变质等。据保守估计，食用油储存、运输和储备过程中的变质损耗约为 3%，产生约 100 万 t 的变质食用油。

变质食用油是所有废弃油脂中品质最好的，多作为油脂化学工业的原料，也能用来生产生物柴油。

4.1.4 工业油脂

工业油脂虽然不属于废弃油脂，但肉类食品分割加工和皮革鞣制加工产生的废弃物含有大量脂肪，回收后可以作为油脂化工生产原料，但更适合作为生物柴油原料，因为工业脂肪多用来生产日用化学品，其中异味大、颜色深的工业脂肪会影响日化品的品质。我国人口众多，禽畜养殖发达，生产肉质食品的同时，伴产大量的动物脂肪。中国鸡、鸭、猪、牛和羊出栏量都居世界首位，2016 年各类肉总产量约 8540 万 t[5]，伴产脂肪约 800 万 t，主要是猪油和牛羊油。优质动物脂肪在我国很多地方还作为食用油。但近年来随着人们健康观念的改变，动物脂肪食用消费下降，估计食用后的剩余量至少 600 万 t。动物脂肪一直是油脂化学工业原料的重要来源，也可以用来生产生物柴油。

动物油脂含有较高比例的饱和脂肪酸，生产生物柴油低温性能较差。但是，动物脂肪生物柴油热值与十六烷值高于植物油生产的生物柴油。欧美等国家和地区有数十家生物柴油厂采用牛羊油、火鸡油为原料，掺和到葵花籽油等植物油中，来提高生物柴油产品的十六烷值。

4.2 我国废弃油脂质量现状及对生产生物柴油的影响

废弃油脂来源渠道多，加工粗放，缺乏统一的管理和质量要求，销售也亟待规范。为了客观评价废弃油脂的质量，为生物柴油企业管理原料质量提供评价依据，我们在分析研究食用油脂质量评价指标的基础上，结合生物柴油生产管理的实际要求，提出了可皂化物含量、酸值、水分、固体杂质和胶杂含量五项控制指标，建立了相应的分析方法[6]。这五项指标中，可皂化物是指废弃油脂中可转化为生物柴油的成分，可皂化物含量高低是衡量原料生物柴油收率的重要依据。酸值是为制订原料加工工艺方案提供依据的，酸值高一方面要重视水的管理，另一方面要加强产品酸值监控，防止产品酸值超标。水分、固体杂质和胶杂是衡量废弃油脂是否会影响生物柴油生产装置正常生产的关键指标，水分高将会使储存的废弃油脂品质不断变差，增加储罐腐蚀防护的难度，也增加了污水排放量，而且对反应不利，增加产品酸值的管理难度；固体杂质含量高将给原料运输、储存和输送带来麻烦，固体杂质易沉降，沉积在罐底，清理困难，增加腐蚀机会，沉积在管线中将造成管线输送效率下降，甚至堵塞管线，还有可能造成输送机泵出现故障，增加维修成本；胶杂是指废弃油脂中可皂化物之外的有机杂质，受热或遇到酸碱化学剂将发生反应，形成非油溶性的物质而发生沉积，阻碍设备正常使用。根据五项指标对国内外部分废弃油脂的质量进行了检测，结果见表 4.2[6]。

表 4.2　国内外部分废弃油脂的质量分析结果

品种	来源	酸值/(mg KOH/g)	质量分数/%			
			可皂化物含量	水分	固体杂质	胶杂含量
大豆酸化油	杭州	139.7	93.6	1.9	0.3	4.2
棉籽酸化油	邯郸	126.4	83.7	2.2	0.6	13.5
菜籽酸化油	岳阳	108.3	89.2	2.5	0.5	7.8
米糠酸化油	武汉	119.5	78.4	1.8	1.9	17.9
煎炸棕榈油	北京	6.5	97.8	0.2	0.5	1.5
煎炸棉籽油	石河子	7.6	95.5	0.3	0.5	3.7
煎炸氢化牛油	北京	4.5	98.5	0.2	0.7	0.6
餐饮废油-1	北京	28.4	93.9	2.3	1.0	2.8
餐饮废油-2	锦州	78.9	94.3	3.2	0.4	2.1
餐饮废油-3	广州	16.8	95.1	1.9	0.2	2.8
餐饮废油-4	上海	59	94.7	2.6	0.5	2.2
餐饮废油-5	香港	5.2	97.9	0.7	0.1	1.5
餐饮废油-6	澳门	6.4	96.6	0.9	0.3	2.2
餐饮废油-7	日本	3.7	98.9	0.3	0.2	0.6
棕榈酸化油蒸馏提取物（PFAD）	马来西亚	177.6	99.1	0.6	—	0.3

可以看出，不同种类废弃油脂品质差异很大，同一品种中酸化油和餐饮废油也存在很大差异。表 4.2 中还显示，中国港澳地区及日本的废弃油脂品质优于中国内地，原因主要是这些地区垃圾分类比较严格，废弃油脂未出家庭或餐馆就已经得到分类处理。中国内地的餐饮废油品质要差一些，固体杂质、胶杂、水分含量等参差不齐，酸值也变化很大，给废弃油脂生产生物柴油的操作和质量控制带来很多困难。

废弃油脂中有危害性的杂质首先是胶杂，表现在危害换热设备的正常工作[7]。废弃油脂生产生物柴油过程中需要多次通过换热设备，以达到设计要求的温度。当废弃油脂中固体胶杂含量比较高时，进料加热器运行一段时间就会失去加热功能。图 4.1 是失去加热功能的加热器在打开维修时显示的状况[7]。可以看出，加热器中沉积了大量固体杂质，这些固体杂质覆盖在管束上、封头顶端，占据了大量有效空间，使物料在加热器中的停留时间缩短，减少了加热时间；管束上的结垢增加了传热的阻力，延缓了加热速度，这些都会导致加热器失效。

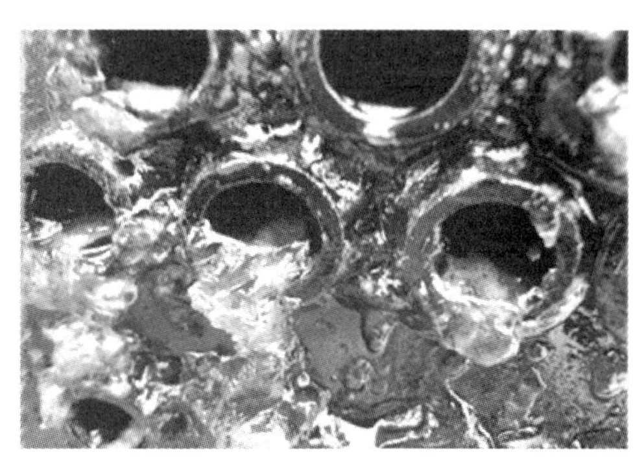

图 4.1　固体胶杂在失去加热功能的加热器中的分布

对加热器中沉积物质的水分、灰分含量和灰分组成进行了分析，结果见表 4.3[7]。根据表 4.3 中的数据，图 4.1 上部的加热器和下部的加热器上的沉积物晾干后外观、水分含量有较大差别，灰分含量虽然接近，但元素构成有一定的差别。这些灰分主要是脂肪酸皂类、灰尘和磷脂转化的磷酸盐焙烧后留下的。皂类物质（特别是 Ca 和 Mg 的皂类物质）溶解性差，易沉积；非皂化物本来是以胶体形式存在的，但油脂经加热后，受温度和物相组成变化的影响，胶体被破坏，转化为油不溶性物质沉积；而磷酸盐是油脂中的磷脂受热与甲醇反应，使磷酸根游离出来与金属离子作用生成的，其溶解性很差，倾向于在加热器壁上结垢。还有不溶性灰尘物质颗粒细小，分散在物料中，在加热器，特别是管束上的每个挡板后面都存在一定区域的静流区，易使这些不溶物沉降在管壁上。

表 4.3　加热器中沉积物物性和成分分析

分析项目	图 4.1 上部加热器	图 4.1 下部加热器
外观	灰黄色	灰白色
溶解性	不溶于水，部分溶解于生物柴油	不溶于水，部分溶解于生物柴油
水分(质量分数)/%	13.75	24.3
灰分(质量分数)/%	19.14	20.2

续表

分析项目		图 4.1 上部加热器	图 4.1 下部加热器
灰分组成(以氧化物计)(质量分数)/%	CaO	21.6	24.7
	MgO	10.3	10.1
	Fe_2O_3	9.27	7.17
	K_2O	20.5	15.8
	P_2O_5	34.1	35.9

水分也是废弃油脂中危害较大的杂质。虽然所测定的废弃油脂样品中水分一般低于 5%，但水在油脂中溶解度很低，常温下仅 0.1%左右，过量的水分在储存中会不断沉降，沉积于罐底，导致细菌滋生，罐底腐蚀。但危害性更大的是水分会影响生物柴油酸值，结果见表 4.4[7]。可以看出，水含量对生物柴油收率的影响不大，原因是脂肪酸会随脂肪酸甲酯一起被蒸出，因而影响了产品的酸值，水含量越高，产品酸值越大。这是由于水的存在引起水解反应生成了脂肪酸，使产品酸值增大。

表 4.4　水分对生物柴油收率和酸值的影响

原料	水分(质量分数)/%	收率(质量分数)/%	酸值/(mg KOH/g)
煎炸油和甲醇	2.23	93.6	4.97
	1.18	94.0	4.13
	1.57	93.7	3.73
	3.16	93.3	5.22
棉籽酸化油和甲醇	1.59	93.5	4.14
	2.25	93.2	4.72
	3.11	93.4	4.86
	2.13	93.4	3.77
餐饮废油和甲醇	2.26	93.6	4.55
	2.18	91.9	4.62
	2.17	92.9	4.41
	2.07	92.5	4.30
棕榈酸油和甲醇	1.32	93.9	3.27
	1.97	94.0	3.52
	2.55	94.1	3.83
	2.47	93.9	4.59

由于废弃油脂中极性杂质含量高，存在着油包水的胶粒，所以水含量明显高于食用油，必须加强脱水处理。但废弃油脂酸值也高，与甲醇反应时，水是副产物之一。原料中水含量高，将影响脂肪酸进一步转化，导致产品酸值高，远远超过国标（不大于 0.5mg KOH/g）的要求。因此，高酸值原料生产的生物柴油应采取措施进一步降酸值。同时在生产过程中，应特别注意循环甲醇的脱水问题，严格控制循环甲醇中的水含量，以免水分在反应系统累积，进一步增加产品酸值。

废弃油脂中杂质还会增加“三废”的排放。生物柴油装置所排放的废气包括罐区的驰放气、装置排放的不凝气以及废水处理池的驰放气等；所排放的废水包括储罐排出的原料沉降水、生产装置排放的工艺废水、生产环境冲洗水；所排放的废渣包括储罐、装置和污水处理产生的固体废物。相应的分析结果表明，废气主要成分是氮气及少量的甲醇、二甲醚及小分子羧酸、醛、有机胺等细菌代谢产物，这些细菌代谢产物使得废气表现出特殊的臭味，让人闻到不舒服，对身体也有危害，处理不彻底外排时，容易导致厂区及周围地区充满异味，易被投诉。因此，这种废气必须得到彻底有效的处理。废水和废渣产生量跟原料品质、生产工艺息息相关。以当前使用最多的酸碱催化法工艺为例，生产装置和罐区排出的废水臭味强烈，化学耗氧量、悬浮物、氨氮（NH_3-N）和总磷（total phosphorus，TP）等指标高，处理费用高，污水处理过程中产出的大量生化污泥处理时也需要比较高的费用，加重了生产的经济负担。酸碱催化法工艺废水和废渣产生的根源是酸碱催化剂。因此，废弃油脂生产生物柴油还需要技术上不断革新，减少甚至不排放“三废”，以节约环保处理的费用，改善生产经济性。

4.3　酸碱法废弃油脂生产生物柴油工艺

酸碱法废弃油脂生产生物柴油工艺的原则流程如图 4.2 所示。酸碱法废弃油脂生产生物柴油工艺包含三个单元，即废弃油脂精制单元、酯化和酯交换反应单元、粗甲酯精馏单元。

4.3.1　废弃油脂精制单元

前文已经分析过，废弃油脂质量波动大，如果没有精制单元，原料质量指标的波动将造成原料利用率低、产品酸值高，增加生产成本。如果仅依赖控制指标来保证装置进料的质量，则生物柴油原料的来源渠道和数量将受到限制，可能导致原料供应不足，影响装置正常生产。通过精制单元的建设，不仅能解决生产工艺对不同原料的适应性问题，也能解决原料变化造成的生物柴油质量变化的难题，为生产优质生物柴油奠定基础，有助于增强企业的竞争力。

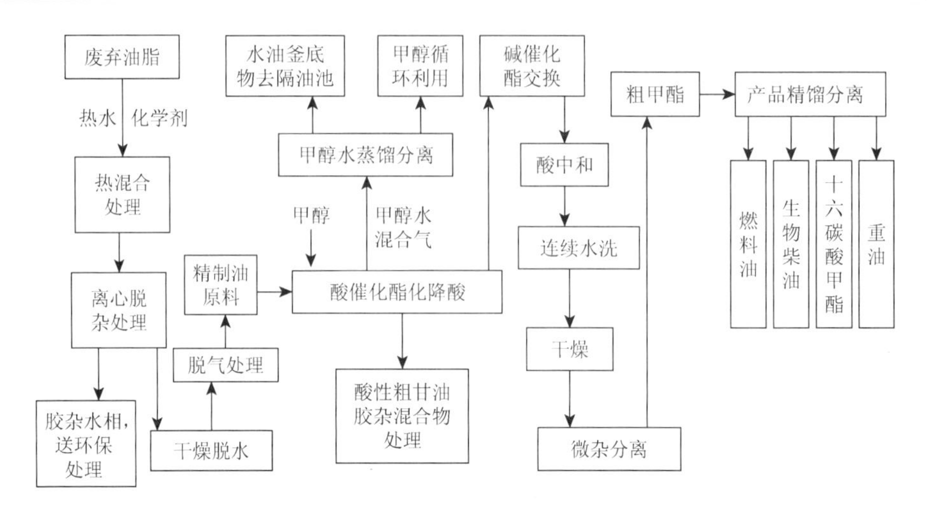

图 4.2　酸碱法废弃油脂生产生物柴油工艺原则流程图

从市场上采购的粗地沟油的组成是：水、机械杂质和有机胶杂等含量 10%～15%、动物脂肪含量 35%左右、植物油含量 50%～55%。采购的动物脂肪的组成是：水、机械杂质、有机胶杂等含量 10%～20%、动物油脂 80%～90%。采购的酸化油的组成是：水、机械杂质、有机胶杂等含量 15%～25%、植物油 75%～85%。这些原料需要精制处理后才能作为酯化和酯交换装置的生产进料。

废弃油脂精制单元的工艺流程如图 4.3 所示。

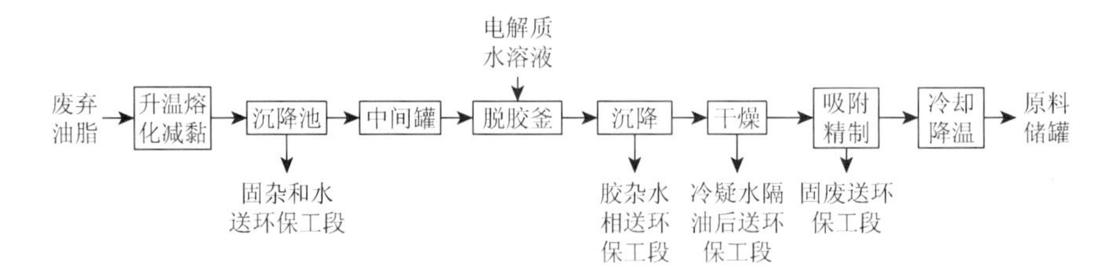

图 4.3　废弃油脂精制单元工艺流程图

大多数酸化油常温下（20℃）呈液态，具有较好的流动性。地沟油和动物油常温下以固态和半固态形式存在，流动性差，精制处理前先用蒸汽加热熔化，然后放入沉降池，沉降除去大颗粒机械杂质和水，沉降池上层油相用泵抽取，经过滤器过滤除去细颗粒机械杂质，进入中间罐 40℃保温暂存；下层水相定期清理，送环保工段处理。

中间罐的废弃油脂经泵输送到精制釜，加入电解质水溶液进行有机胶质的脱除。所用的电解质包括磷酸、磷酸钠、硫酸铝和柠檬酸等。在 70℃下充分地搅拌，使电解质和废弃油脂充分混合，破坏有机杂质的胶体体系，使水溶性和油溶性物质分别进入水相和油相而得以分离；保温沉降 3～5h，使水相和油相充分沉降分相，下层胶杂水相输送到环保工段处理，上层油相经泵输送到干燥塔真空干燥脱水。脱水合格后，进入吸附釜，加入活性白土进行吸附处理，再次脱除胶杂物及皂类、金属盐类等。经过吸附处理的油脂过滤、降温到 40℃，送罐区原料罐备用。

精制处理使用的主要设备及操作控制条件见表 4.5。

表 4.5　精制处理的主要设备及操作控制条件

序号	控制点	温度/℃	压力/MPa	备注
1	粗油沉降罐	80～90	常压	沉降 2～3h
2	脱胶釜	70～80	常压	沉降 3～5h
3	干燥塔	105～115	–0.07～–0.095	
4	水罐	70	常压	
5	吸附釜	70～80	常压	

各类废弃油脂精制前后质量指标的比较结果见表 4.6。

表 4.6　废弃油脂精制前后质量指标的对比

品种	精制前			精制后		
	胶杂/%	水分/%	酸值/(mg KOH/g)	胶杂/%	水分/%	酸值/(mg KOH/g)
地沟油 1	4.63	3.34	20.76	1.61	0.66	47.64
地沟油 2	5.71	2.11	60.33	1.71	0.53	79.32
地沟油 3	3.94	1.83	75.02	1.63	0.48	85.64
地沟油 4	13.21	4.22	110.42	2.72	0.39	125.12
煎炸油 1	2.75	1.17	7.44	1.42	0.37	11.31
煎炸油 2	1.54	0.67	6.20	0.45	0.22	7.43
酸化油 1	6.52	1.87	147.22	1.76	0.38	157.33
酸化油 2	10.32	3.87	129.27	2.69	0.78	141.23
酸化油 3	4.32	1.87	136.21	1.73	0.66	149.37

从表 4.6 中可以看出，经过预处理精制后，废弃油脂中胶杂和水分大幅度下降，有利于保障生物柴油产品的生产。

废弃油脂精制的消耗情况见表 4.7。废弃油脂的品质越差，处理时各种消耗越多，费用越高。因此，采购废弃油脂原料时，质量把关十分重要，能够直接分出的明水和机械杂质要加强扣除力度，促使废弃油脂收集单位加强质量管理，将废弃油脂中水和固体杂质尽量分出去，销售油相物质。

表 4.7　废弃油脂精制的消耗

项目	消耗量	单价	成本/元
化学剂	20～30kg/t 油	3.6 元/kg	72～108
电力	25～30kW/t 油	0.71 元/kW	17.75～21.3
蒸气	0.35～0.55t/t 油	220 元/t	77～110
新鲜水	0.3～0.5t/t 油	7 元/t	2.1～3.5
废水废渣处理	—	—	20～50
总计	188.85～292.8 元		

4.3.2　废弃油脂酯化和酯交换反应单元

废弃油脂酯化的目的是降低酸值，使之满足酯交换反应对进料酸值的要求。酯化反应需要使用酸催化剂。由于硫酸便宜、催化效果好，常用浓硫酸作催化剂催化废弃油脂中的游离脂肪酸与甲醇反应生成脂肪酸甲酯，同时达到了降低原料酸值的目的。但酯化反应生成的水积累到一定量时会阻碍游离脂肪酸继续反应，物料的酸值降不到酯交换反应的要求。为此，生产中常过量使用甲醇，一方面加快反应，另一方面使甲醇气化带走反应生成的水，促进游离脂肪酸不断转化，酸值不断下降，最后达到酯交换反应的要求。

实际上酸催化酯化反应的同时，也催化三甘酯与甲醇发生酯交换反应，由于酯化反应，产物脂肪酸甲酯浓度在不断增加，酯交换反应不完全，产物多为中间产物二甘酯和单甘酯，也会有少量甘油产生。酯化反应完成后，物料沉降分相。下层物料含大部分使用的酸催化剂、甘油、胶杂及少量的单甘酯，被称为酸渣相，流动性差，必须尽快处理。一旦温度下降，流动性会更差，腐蚀强度大，不耐储存。油相主要成分是脂肪酸甲酯，还含有少量三甘酯，相对含量较高的二甘酯和单甘酯及少量的酸催化剂。由于单甘酯存在，水洗容易发生乳化现象，增加操作难度，所以选择直接进入酯交换反应釜，虽然多消耗一些碱催化剂，但生产更稳定。

酯交换反应是对物料进行深度的转化，使三甘酯、二甘酯和单甘酯转化为脂肪酸甲酯，提高生物柴油产品的收率。酯交换反应使用碱催化剂，反应速率快。通常，酯化反应的时间为 3～5h，酯交换反应时间可控制在 1h 以内。

生产实践表明，酯化是酸碱法生物柴油技术的基础，也是生产的关键环节，决定着生产能否稳定进行及产品收率，也决定产品质量能否达标。影响酯化反应效果的因素很多。反应温度高有利于加快反应速率，但同时使副反应增多，产品收率下降；甲醇用量多利于反应，但过量甲醇回收会增加能耗；催化剂用量增加会加快反应，但诱发的副反应多，酸渣产生得多；还有一些废弃油脂，如棉籽油酸化油、废白土回收油很难把酸值降低到低于 2.0mg KOH/g 的水平。因此，国内有些生物柴油企业经长期的生产实践总结出了一些技术窍门，行之有效，提高了酸碱法生物柴油技术的水平。其中比较典型的是两步酯化中间分甘油酸渣，其流程如图 4.4 所示。

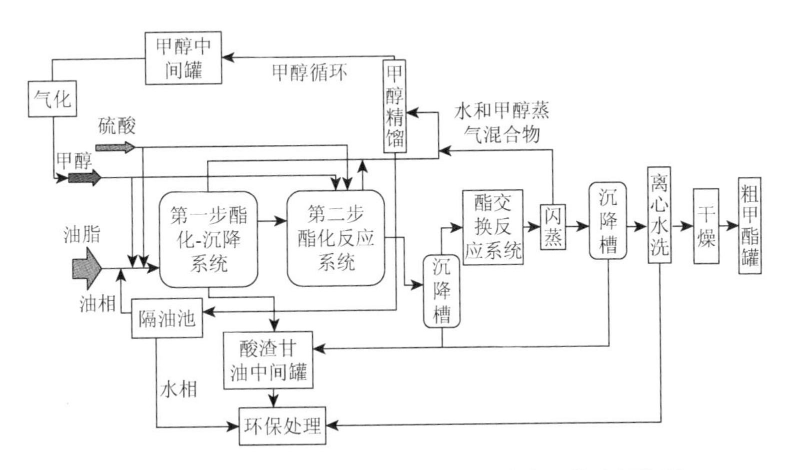

图 4.4　两步酯化中间分甘油酸渣的酸碱法工艺流程简图

该流程描述如下：将已精制处理的废弃油脂加入第一步酯化反应釜中，升温至 80～105℃，将一定量的浓硫酸加入反应釜中充分搅拌混合，同时连续通入温度 70～75℃的气相甲醇于油中，一部分甲醇与油脂发生反应，未反应的甲醇携带反应生成的水以气体形式不断地从反应系统中逸出，进入甲醇蒸馏塔进行水和甲醇分离，回收甲醇循环利用。酯化反应温度控制在 100～130℃，低于 100℃，水汽化不完全，不利于反应；高于 130℃，硫酸催化剂与油脂发生的磺化反应和焦化反应会更严重，催化活性会降低。当反应时间达到 2～3h，物料酸值降到 10～20mg KOH/g 时，停止搅拌静置 30min，甘油、硫酸催化剂与极性杂质混合在一起沉降于反应釜底，形成酸渣相。排净酸渣相后，升温，再加入少量的硫酸催化剂，升温并维持温度在 110～130℃下通甲醇蒸气继续反应 1～2h 后，取样测定酸值，当酸值降到不超过 2mg KOH/g 时，视为酯化反应达到目的。停止进甲醇，将物料放入沉降罐中再进行沉降。分相后，油相进入酯交换反应釜，反应温度控制在 60～70℃，加碱的甲醇溶液和甲醇搅拌进行酯交换反应，反应时间 30～40min，沉降分去甘油相。油相进入高速离心机进行水洗，洗水收集后集中回收处理，粗甲酯进入干燥器进行干燥，水分合格后进入中间罐暂存，作为粗甲酯精馏分离单元的进料。

两步酸催化酯化工艺对不同种类废弃油脂的适应性运行结果见表 4.8，表 4.8 同时列出了一步酯化法的反应结果以便比较。

表 4.8 部分种类精制废弃油脂两步酯化法的运行结果

种类	酸值/(mg KOH/g)	加酸量/%		酯化时间/h	反应温度/℃	酯化出料酸值/(mg KOH/g)	一步法[①]酯化出料酸值/(mg KOH/g)
		第一步	第二步				
地沟油 1	47.64	0.5	0.2	4.5	120	1.35	1.97
地沟油 2	79.32	0.8	0.2	5.5	120	1.42	1.67
地沟油 3	85.64	1.0	0.2	5.0	120	1.73	2.84
地沟油 4	125.12	1.0	0.2	4.5	120	1.80	1.96
煎炸油 1	11.31	0.8	—	4.0	120	1.23	1.82
煎炸油 2	7.43	0.3	—	3.5	120	1.64	1.93
酸化油 1	157.33	1.0	0.5	4.5	120	1.69	1.69
酸化油 2	141.23	1.0	0.7	5.5	120	1.42	2.72
酸化油 3	149.37	1.0	0.5	6.0	120	1.89	3.57
白土油	37.63	1.0	0.8	6.0	120	1.85	5.42
PFAD	168.63	1.0	—	3	120	1.23	1.14
工业猪油	44.8	1.0	0.5	5	120	1.68	1.73

① 一步法酯化温度 120℃，反应时间 4.5～7h，硫酸用量 1.5%～2%。

总体来说，两步酯化法降酸的效果优于一步法，而且反应器壁上结的碳垢较少，绝大部分废弃油脂酸值都能处理到 2mg KOH/g 以下。

两步酯化法后再进行碱催化酯交换反应，各类原料的运行结果如表 4.9 所示。

表 4.9 精制废弃油脂酸碱催化法加工的运行结果

种类	精制废弃油脂			粗甲酯	
	胶杂/%	水分/%	酸值/(mg KOH/g)	收率/%	酸值/(mg KOH/g)
地沟油 1	1.61	0.66	47.64	95.9	0.78
地沟油 2	1.71	0.53	79.32	95.4	0.89
地沟油 3	1.63	0.48	85.64	95.2	0.93
地沟油 4	2.72	0.39	125.12	95.2	1.04
煎炸油 1	1.42	0.37	11.31	96.4	0.76
煎炸油 2	0.45	0.22	7.43	96.3	0.69
酸化油 1	1.76	0.38	157.33	95.3	1.02

续表

种类	精制废弃油脂			粗甲酯	
	胶杂/%	水分/%	酸值/(mg KOH/g)	收率/%	酸值/(mg KOH/g)
酸化油 2	2.69	0.78	141.23	94.9	0.94
酸化油 3	1.73	0.66	149.37	95.1	0.97
白土油	3.27	0.55	37.63	93.6	1.13
PFAD	0.42	0.1	168.63	98.1	0.77
工业猪油	1.77	0.66	44.8	95.2	0.78

酯化和酯交换生产运行过程中的消耗情况见表 4.10。

表 4.10　酯化和酯交换单元运行生产的消耗

项目	消耗量	单价	成本/元
化学剂	60～100kg/t 油	3.2 元/kg	192～320
电力	50～60kW/t 油	0.71 元/kW	35.5～42.6
蒸气	0.45～0.55t/t 油	220 元/t	99.00～121.00
新鲜水	0.6～0.8t/t 油	7 元/t	4.2～5.6
废水废渣处理	—	—	40～60
总计	370.7～549.2 元		

4.3.3　粗甲酯精馏单元

废弃油脂经酯化和酯交换反应得到的粗甲酯因含有较多的胶杂、单甘酯、二甘酯等不能直接销售，必须进行精制。现行的精制方法是蒸馏法，分单塔闪蒸工艺、双塔闪蒸工艺和三塔精馏工艺。单塔闪蒸工艺设备少，投资省，产品生物柴油可以满足国标的规定，但产品颜色深、异味大，销售困难；双塔闪蒸工艺中第一个塔脱轻组分和脱臭，第二个塔蒸出生物柴油产品，改善生物柴油产品的颜色和气味，但生物柴油的冷滤点等指标受制于原料，特别是采用棕榈酸油或动物脂肪生产的生物柴油常温下流动性不好，给输送和运输增加了困难；三塔精馏工艺克服了单塔闪蒸和双塔闪蒸的缺陷，把生物柴油中凝固点高的棕榈酸甲酯分馏出来，单独销售，改善了生物柴油产品的低温流动性，但投资高，增加操作费用。目前单塔闪蒸工艺基本已淘汰，双塔闪蒸和三塔精馏使用较多。

1. 双塔闪蒸

双塔闪蒸工艺运行控制参数如表 4.11 所示。

表 4.11　双塔闪蒸运行的工艺操作参数

操作塔	控制项目	正常控制指标
脱轻塔	物料进塔温度/℃	110±5
	塔顶温度/℃	190±1
	塔釜温度/℃	210±1
	塔顶压力/kPa	9
	塔底压力/kPa	9.7
	理论塔板数	2
甲酯闪蒸塔	物料进塔温度/℃	260±5
	塔顶温度/℃	240±1
	塔釜温度/℃	270±1
	塔顶压力/kPa	0.6
	塔底压力/kPa	0.8
	理论塔板数	2

脱轻塔是个真空塔，操作压力 9kPa。脱轻塔的进料是酯化和酯交换单元的出料粗甲酯。从罐区输送过来的粗甲酯约 40℃，经加热到 110℃，进入到脱轻塔中。已经气化的组分被抽走送到冷凝器，未气化的物料与再沸器中的物料混合，在再沸器中被加热到 210℃，能气化的组分进一步气化，被抽走送到冷凝器，冷凝到 40℃，不凝的真空尾气引入废气总管统一进行无害化处理，冷凝出的液体组分主要含水、甲醇及腐败臭味物质，也含有少量的甲酯，异味强烈，需要进行专门的处理。粗甲酯脱轻处理的损失率为 2%～3%。

脱轻塔出来的粗甲酯经加热器加热到 260℃后，送入甲酯闪蒸塔中。该塔高真空操作，操作压力 0.65kPa 左右。甲酯组分大量气化，气化所需要的热量从再沸器中获得。气化的甲酯经两级冷却到 40℃，检测合格后送产品罐。在此过程中，为了保证生物柴油产品的质量、色泽，需要控制闪蒸的深度，导致粗甲酯中 5%～8%甲酯组分存在于重油中未被蒸出。

双塔闪蒸工艺要求进料粗甲酯的酸值要低于 0.5mg KOH/g，这样才能使蒸出的生物柴油产品酸值勉强满足国标的要求。

2. 三塔精馏

与双塔闪蒸操作相比，三塔精馏由于分馏效果提高，对装置的进料酸值可放宽到 1.0mg KOH/g。装置运行的工艺操作参数见表 4.12。

表 4.12　粗甲酯三塔精馏运行的工艺操作参数

操作塔	控制项目	正常控制指标
脱轻塔	物料进塔温度/℃	145±5
	塔顶温度/℃	190±1
	塔釜温度/℃	220±1
	塔顶压力/kPa	22
	塔底压力/kPa	23
	理论塔板数	10
中间馏分塔	物料进塔温度/℃	220±5
	塔顶温度/℃	151±1
	塔釜温度/℃	240±1
	塔顶压力/kPa	0.9
	塔底压力/kPa	3.0
	理论塔板数	48
生物柴油馏分塔	物料进塔温度/℃	240±5
	塔顶温度/℃	230±1
	塔釜温度/℃	260±5
	塔顶压力/kPa	0.65
	塔底压力/kPa	1.4
	理论塔板数	8

采用三塔精馏装置处理粗甲酯，脱轻塔得到的冷凝液中，脂肪酸甲酯含量有所降低，避免了一些甲酯的损失。中间馏分塔得到的馏分主要含棕榈酸甲酯，操控严格的话，棕榈酸甲酯的含量可达到 98%以上，是优质油脂化工生产原料。生物柴油馏分塔得到馏分主要是十八碳脂肪酸甲酯，质量指标完全能够达到国家标准，特别是克服了餐饮废油生产的生物柴油冷滤点较高的难题，摆脱了生物柴油质量指标受制于原料组分的影响。但三塔精馏操作费用明显高于双塔闪蒸，需要在生产中仔细考量，在努力实现产品好质量的同时，也能创造好效益。

部分废弃油脂的粗甲酯三塔精馏的分离效果见表 4.13。

表 4.13　精制废弃油脂酸碱催化法加工的运行结果

种类	进料		分离效果			
	酸值/(mg KOH/g)	甲酯含量/%	棕榈酸甲酯馏分		生物柴油馏分	
			收率/%	酸值/(mg KOH/g)	收率/%	酸值/(mg KOH/g)
地沟油 1	0.78	93.6	14.5	0.12	71.6	0.56
地沟油 2	0.89	92.9	13.4	0.13	71.8	0.67
地沟油 3	0.93	91.4	15.7	0.15	68.7	0.66
地沟油 4	1.04	93.1	14.2	0.13	70.5	0.81
煎炸油	0.76	94.7	27.6	0.11	62.3	0.49
酸化油 1	1.02	92.2	—	—	84.3	0.83
酸化油 2	0.94	88.4	—	—	80.2	0.76
酸化油 3	0.97	91.9	11.1	0.12	71.3	0.77
白土油	1.13	88.3	—	—	79.8	1.02
棕榈油酸（PFAD）	0.77	96.7	37.4	0.10	54.9	1.21
工业猪油	0.78	93.8	15.3	0.12	70.5	0.76

根据表 4.13 中的数据，十六碳甲酯的酸值比较低，这是因为游离脂肪酸的沸点比其甲酯的高 20～30℃，十六碳游离脂肪酸进入了生物柴油馏分中。生物柴油馏分的酸值较高，在进料酸值超过 0.5mg KOH/g 时，生物柴油的酸值难以满足国标的要求，还需要采取其他降酸措施。

4.3.4　“三废”的处理[8]

酸碱法生物柴油装置生产中大量使用酸、碱等化学剂，导致“三废”的排出量比较大。如果得不到妥当处理，势必造成二次污染，影响生物柴油企业的形象。

“三废”中产出最多的是废水，而且 COD 值高，通常超过 10000mg/L，高的甚至超过 20000mg/L。这类废水的处理流程如图 4.5 所示。

废水处理流程简单描述如下：生物柴油装置外排的废水经专用管线汇集到调节池，初步隔油后，加碱中和，调节水的 pH 到 7～8，然后用泵打入气浮装置，加絮凝剂并通空气，分出废水中残存的油脂和其他水不溶性有机物，初步降低 COD 值。气浮后的废水输送至厌氧池进行厌氧处理，消解水中溶解的有机物，进一步降低 COD。厌氧消解的废水进入水解酸化池，使大分子有机物酸化水解转化为小分子物质，将环状结构转化为链状结构，进一步提高了废水的 BOD/COD，提高了废水的可生化性，为后续的好氧处理创造了良好的环境。

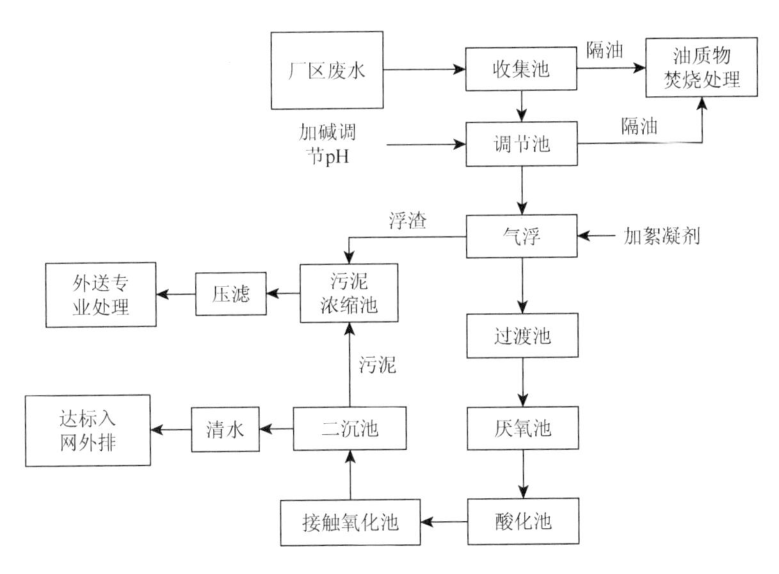

图 4.5　生产废水处理流程图

酸化处理后的废水进入曝气池进行曝气处理，使水中的微生物在有氧环境下，消解水中的有机物，转化为 CO_2，再进一步降低 COD 值。完成曝气后的废水在二沉池中沉降，上层清水经检验 COD 值满足外排要求后，经专用管道排出厂区，沉积的污泥经压滤后装袋交专业公司处理。

按上述流程处理酯化和酯交换反应单元产生的污水，处理效果如表 4.14 所示。

表 4.14　酯化和酯交换反应单元污水的处理结果

处理单元	进水 COD/(mg/L)	出水 COD/(mg/L)
调节池（中和、隔油）	32000	22000
气浮装置	22000	12000
厌氧池	12000	3000
1#沉淀池	3000	3000
曝气池	3000	400
沉淀池	400	400
清水池（接外管网）	400	400

处理后的污水 COD 一般在 360mg/L，满足了国内化工园区水处理中心要求的不大于 500mg/L 的要求。

4.3.5 酸碱法工艺问题分析

酸碱法工艺利用无机强酸强碱作催化剂，把废弃油脂资源转化为绿色清洁能源生物柴油，具有较大的推广应用价值。但强酸强碱催化剂的使用，也带来一些难以根本解决的问题，困扰着生物柴油企业。

1. *原料供应方面的问题*

从市场上收购的废弃油脂，酸值、水杂、胶杂等质量指标参差不齐，精制预处理时主要目标在于去除水杂和胶杂，一般是加酸水溶液加热促进磷脂、皂类物质转化为游离脂肪酸，同时促进胶杂兼并，加速油水沉降分层，这样处理得到的废油脂酸值差别很大，非皂化物组成也因物料来源而不同，给后续酯化和酯交换反应单元的优化操作带来很大的困难，主要表现在酸值不同导致反应时间不同，连续性设备操作常受此影响而难以连续，产品质量指标波动大。把废弃油脂处理精制到同一酸值的水平也不可行，因为酸值差别太大，低酸值油脂必须水解提高酸值，这将会进一步增加消耗。因此需要进一步开发原料适应性更强的生物柴油新技术。

2. *酯化反应存在的问题*

酯化和酯交换反应单元，问题多出在酯化反应上。一是由于使用浓硫酸催化剂，酯化反应釜经常出现油脂原料结焦现象，黏附在反应釜壁上就影响釜夹套的换热，黏附在管线上，导致堵塞，维修维护耗工耗时，操作环境恶劣，导致非计划停产事故频繁发生，损害企业的生产效益；二是甲醇回收塔腐蚀现象严重，特别是塔顶冷凝器材质提高到316L标准，不锈钢也经常发生腐蚀造成的渗漏问题，维修维护成本高。产生腐蚀的原因是使用浓硫酸催化剂，浓硫酸与多不饱和油脂发生很少量的氧化反应，油脂生焦成炭的同时，也生成SO_2，在甲醇塔遇冷与水蒸气凝结水结合生成稀亚硫酸，对金属材质的设备腐蚀性强。另外，废弃油脂中微量的氯化物遇到浓硫酸生成氯化氢，随甲醇水蒸气一起来到甲醇塔，生成的盐酸对不锈钢设备有严重的腐蚀作用。采用其他酸，如固体酸、有机磺酸或氟磺酸替代硫酸，或者催化效果与硫酸的相去甚远，或者价格昂贵，成本上难以接受。因此也需要开发新的生物柴油工艺，避免使用硫酸催化剂。

3. *生物柴油产品酸值问题*

这个问题实质上也是酯化反应单元的遗留问题。由于化学平衡的控制，当反应物料酸值降低到 2mg KOH/g 时，很难进一步降低。实际生产中常发现，酸值 100mg KOH/g 左右的废油脂原料进行酯化反应时，前 1h 酸值就能降低到 20mg KOH/g 以下，后 3h 往往很难实现把酸值降低到 2mg KOH/g 以下的控制目标，还需要延长反应时间。生产实践表明，酸值 1.5mg KOH/g 左右的酯化物料进行酯交换反应后，粗甲酯酸值往往只能降到 0.8mg KOH/g，蒸馏提取得到生物柴油产品酸值可以不超过 0.8mg KOH/g。但 2015 年修订发布的生物柴油国家标准中规定，生物柴油酸值不大于 0.5mg KOH/g。因此，现行酸碱法工艺蒸馏得到的生物柴油产品必须再碱洗脱酸才能达标，导致收率进一步降低，成本进一步增加。因此，很有必要开发新的生物柴油工艺弥补现有酸碱法工艺的不足。

4.4　近/超临界甲醇醇解法废弃油脂生产生物柴油工艺的开发与应用

酸碱法废弃油脂生物柴油工艺技术对设备要求较低，操作比较灵活，但实际生产中遇到的问题往往是工艺自身使用的酸碱催化剂造成的，无法从根本上解决。固体酸碱催化剂工艺开发遭遇的最大难题是原料来源和杂质组成的复杂性导致的催化剂使用寿命短，一直没有有效的技术方案来解决，阻碍了工业化应用开发。超临界甲醇中油脂与甲醇反应生产生物柴油的工艺不使用酸碱催化剂，反应时间短，原料的转化率高，但反应条件苛刻，如反应温度 350℃以上，反应压力 19MPa，甲醇与油脂的物质的量之比为 42∶1，这意味着设备投资和能耗高。因此，只有在降低反应条件的同时还能获得高产品收率，超临界甲醇反应技术的推广应用才有出路。中国石油化工股份有限公司石油化工科学研究院按照这个思路开发了近/超临界甲醇醇解法生产生物柴油工艺，解决了工艺开发过程中遇到的各种关键性技术问题，形成了近/超临界甲醇醇解法废弃油脂生产生物柴油的 SRCA 成套技术，成功地实现了工业化示范应用[3, 6]。

4.4.1　近/超临界甲醇中甲醇-油脂的相平衡及溶解平衡[3, 9, 10]

众所周知，常温常压下甲醇与油脂相溶性很差，很不利于它们之间发生反应。搅拌或加入共溶剂能促进甲醇与油脂的混合。然而，在超临界甲醇的条件下进行搅拌会对设备制造提出很高要求，增加造价，而且能耗增加。因此，研究甲醇从常温常压升温升压到临界状态过程中甲醇-油脂体系相平衡和溶解平衡的变化规律十分必要。为了排除废弃油脂中杂质的影响，采用双低菜籽油（以下简称 Canola 油）开展了相关试验。

高温高压下甲醇-油脂体系流体相平衡模型建立的关键是选择合适的状态方程对甲醇-油脂两相溶解规律进行预测。通过分析比较，选用 Peng-Robinson（PR）方程[11]（PR-EOS）和 Redilich-Kwong-Aspen（RKA）[12]方程（PKA-EOS）分别对甲醇-油脂体系高压流体的相平衡进行预测，因为这类方程能够帮助分析试验数据，并且在工程设计中也获得广泛应用。PR 方程和 RKA 方程都是 van der Waals 方程的改进型，其一般式可以写成

$$p=\frac{RT}{v-b}-\frac{a}{v^2+ubv+wb^2} \tag{4-1}$$

对于不同的改进型，它们的 u、w 值和系数 a、b 值如表 4.15 所示。

表 4.15　方程中各指标值

方程	u	w	b	a
PR-EOS	2	−1	$0.07780\frac{RT_c}{p_c}$	$0.45724\frac{(RT_c)^2}{p_c}[1+m(1-\sqrt{T/T_c})]^2$
				$m=0.37464+1.54226\omega-0.26992\omega^2$
RKA-EOS	1	0	$0.08664\frac{RT_c}{p_c}$	$0.42748\frac{(RT_c)^2}{p_c}\alpha$
				$\alpha=[1+m(1-\sqrt{T/T_c})-\eta(1-\sqrt{T/T_c})(0.7-T/T_c)]^2$
				$m=0.48+1.574\omega-0.176\omega^2$
				η 为纯组分的极性因子

PR 方程是常用的预测高压相平衡的状态方程，RKA 是 Soave-Redilich-Kwong 方程的扩展，在 Aspen Plus®10.1 中，为改善蒸气压对温度的高度非线性关系所引起的外推困难，又引入了极性因子 η_i 用来关联纯物质的极性。

由于油脂中的三甘酯的蒸气压极低，利用有限的蒸气压实验数据（通常是在 473K 以上的数据）来预测较低温度范围的蒸气压准确度较差，因此甘油三酸酯的极性因子是通过对甲醇-Canola 油二元体系相平衡数据的关联与二元相互作用参数一起计算的。

拟合二元相互作用参数时，采用下列目标函数（式 4-2）：

$$Q=\sum_{\mathrm{k}}\left(\frac{T^m-T^c}{\sigma_T}\right)^2+\sum_{\mathrm{k}}\left(\frac{P^m-P^c}{\sigma_P}\right)^2+\sum_{\mathrm{k}}\left(\frac{x_1^m-x_1^c}{\sigma_{x_1}}\right)^2+\sum_{\mathrm{k}}\left(\frac{y_1^m-y_1^c}{\sigma_{y_1}}\right)^2 \tag{4-2}$$

式中，T、P 分别为相平衡试验中的温度和压力；x、y 分别为流体和液体相中某组分的组成；σ 为标准偏差；c 和 m 分别为计算值与实验值；k 为组分 k。用实测值

与计算值之间的平均绝对偏差（average absolute deviation，AAD）来衡量所回归数据的精度。

$$\text{AAD}(\%) = \frac{1}{N}\sum_{i=1}^{N}|d_i| \times 100\% \tag{4-3}$$

式中，d_i 为实测值与计算值之差；N 为实验点数。

表 4.16 和表 4.17 为甲醇-Canola 油体系不同热力学模型的拟合参数。

表 4.16　甲醇-Canola 油体系 PR-EOS 模型的拟合参数

组分	$k_{a,12}$	$k_{b,12}$	AAD_x/%	AAD_y/%
Canola 油	0.0452	−0.0208	3.1785	0.3812

表 4.17　甲醇-Canola 油体系 RKA-EOS 模型的拟合参数

组分	T/K	η_2	$k_{a,12}$	$k_{b,12}$	AAD_x/%	AAD_y/%
Canola 油	393.2	−3.2353	0.0392	−0.0063	2.9560	0.1931
	433.2	−3.6063	0.0289	−0.0153	1.5666	0.3559
	463.2	−3.9875	0.0167	−0.0109	3.2120	0.4033

对表 4.17 中的数据进行线性回归，可以得到 RKA-EOS 模型中极性因子及二元相互作用参数与温度的函数关系式，见表 4.18。

表 4.18　RKA-EOS 模型极性因子和二元相互作用参数与温度的函数关系

组分	η_2	k_a, k_b
Canola 油	$0.0567T-13.0985$	$k_a = 0.0007T-0.1404$
		$k_b = 0.0006T + 0.2409$

根据以上所得的模型参数，应用相应的状态方程和混合规则开展相平衡计算，并用试验数据进行修正。得到的压力对甲醇-油脂相平衡的影响结果见图 4.6～图 4.12。从图 4.6 可以看出，在试验测定的范围内，当压力上升时，甲醇相与油脂相中的压力-组成关系曲线有渐离的趋势，说明在试验条件下，甲醇在油脂相中的溶解度随压力的增加而下降。从图 4.7～图 4.12 可以看出，在温度较高的情况下，甲醇在油脂相中的溶解度随压力增加而下降的趋势变弱。

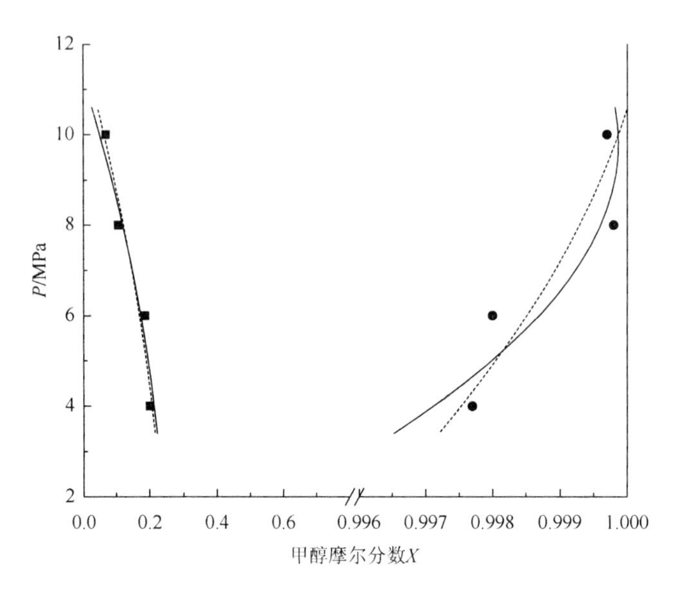

图 4.6　353.2K 时甲醇-油脂体系 P-X 图

实线为 PR 方程；虚线为 RKA 方程，图 4.7～图 4.16 同

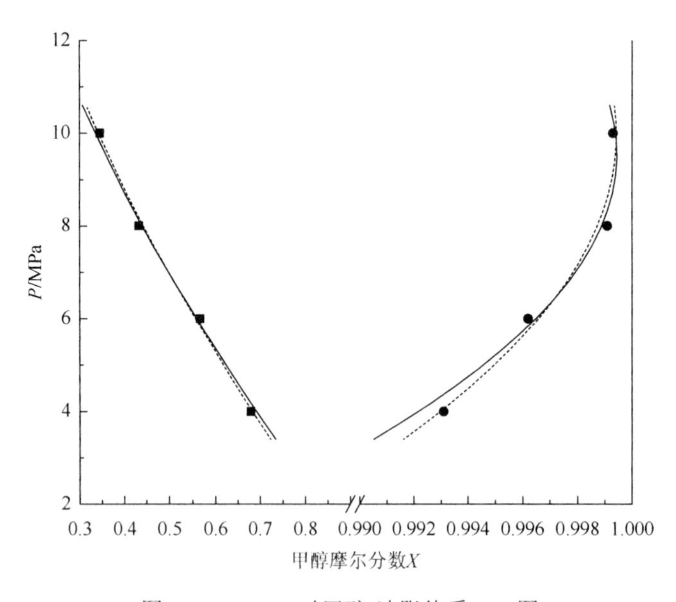

图 4.7　393.2K 时甲醇-油脂体系 P-X 图

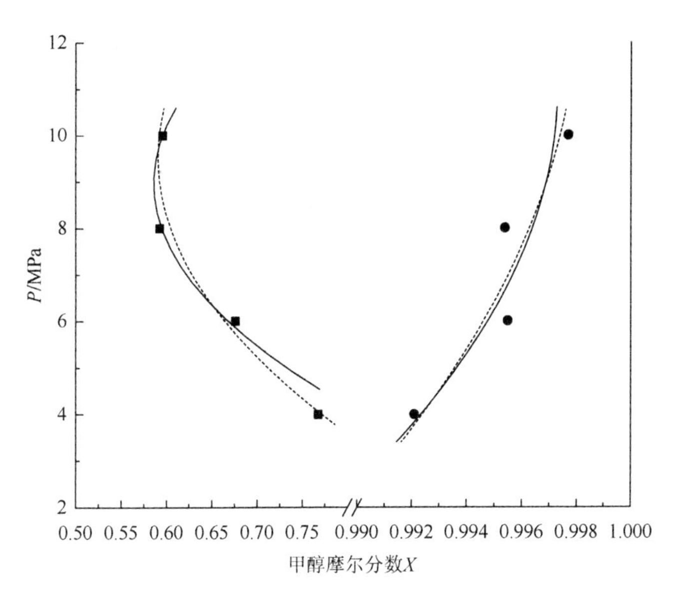

图 4.8　413.2K 时甲醇-油脂体系 P-X 图

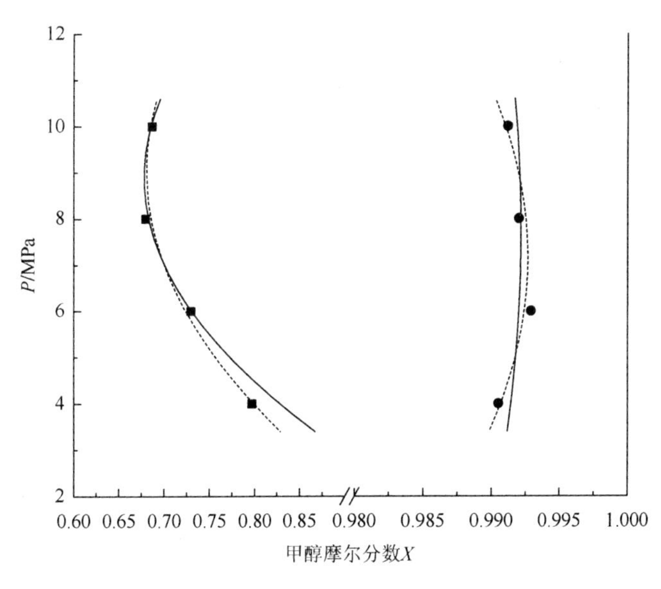

图 4.9　433.2K 时甲醇-油脂体系 P-X 图

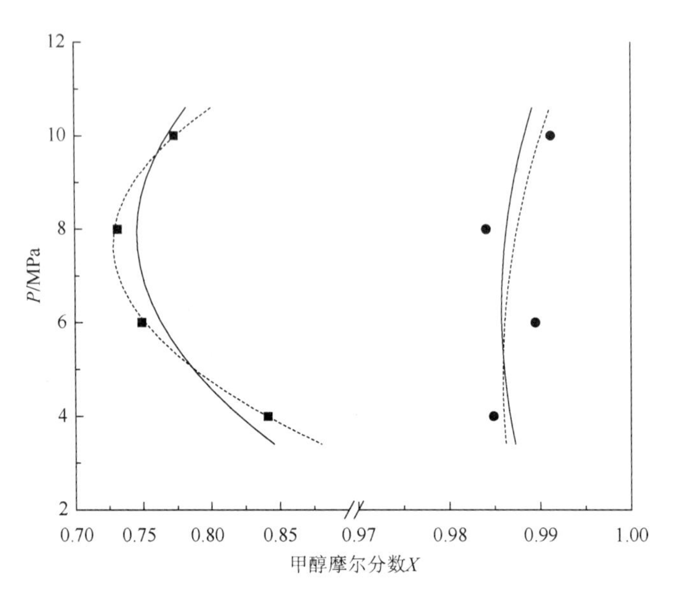

图 4.10　443.2K 时甲醇-油脂体系 *P-X* 图

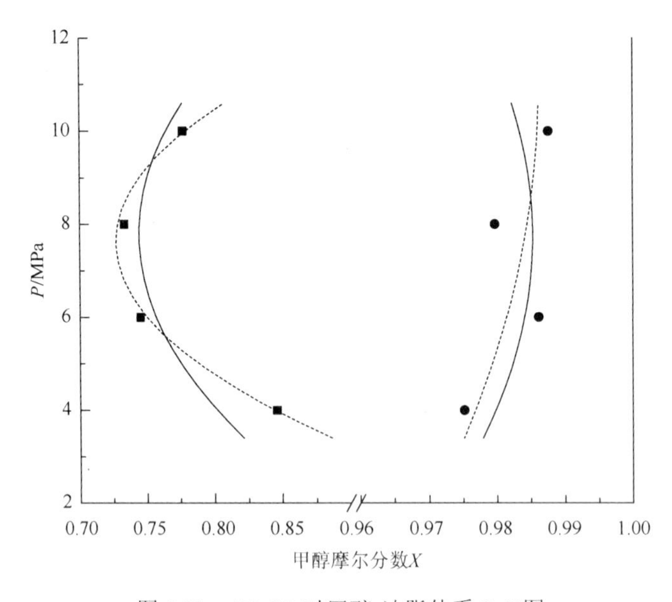

图 4.11　453.2K 时甲醇-油脂体系 *P-X* 图

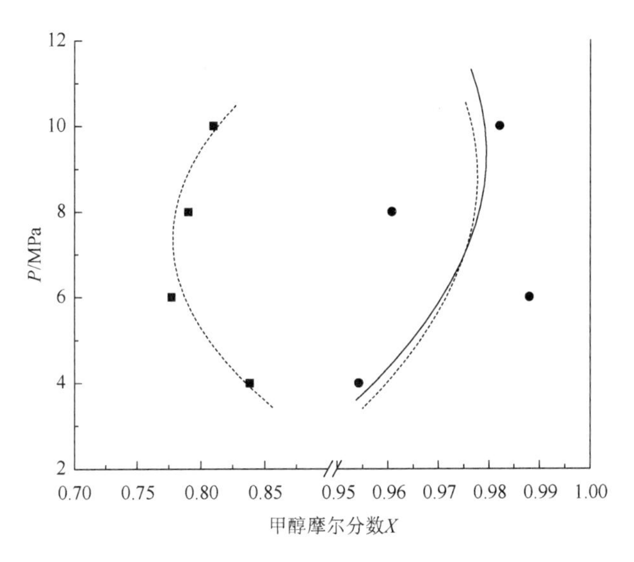

图 4.12　463.2K 时甲醇-油脂体系 P-X 图

温度对甲醇-油脂相平衡的影响结果见图 4.13～图 4.16。可以看出，在试验测定的范围内，当温度升高时，甲醇相与油脂相中的温度对组成的曲线有逐渐靠近的趋势。说明在试验条件下，甲醇在油脂相中的溶解度随温度的增加而增加。根据 PR 方程的预测，在压力大约处于 8MPa 以上、温度大于 513.2K 时（即处于甲醇的临界点以上的区域），可能出现两相组成曲线的交汇（即甲醇与油脂互溶而形成单一的流体相）。而 RKA 方程的预测结果表明，两相组成曲线的交汇点温度和压力要高一些。

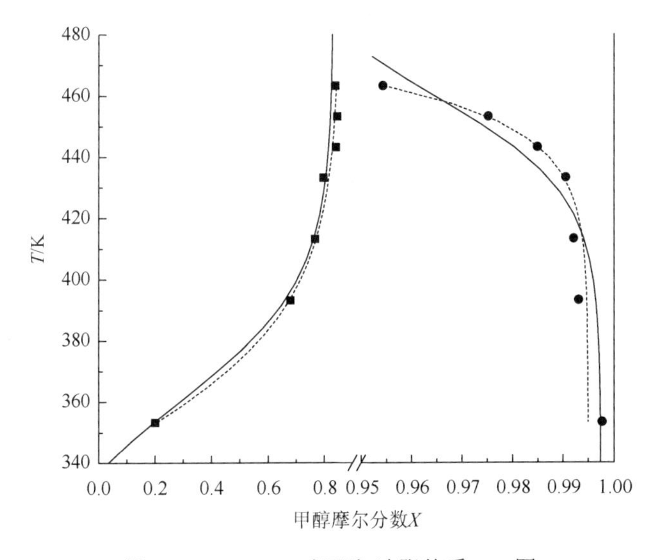

图 4.13　4.0MPa 时甲醇-油脂体系 T-X 图

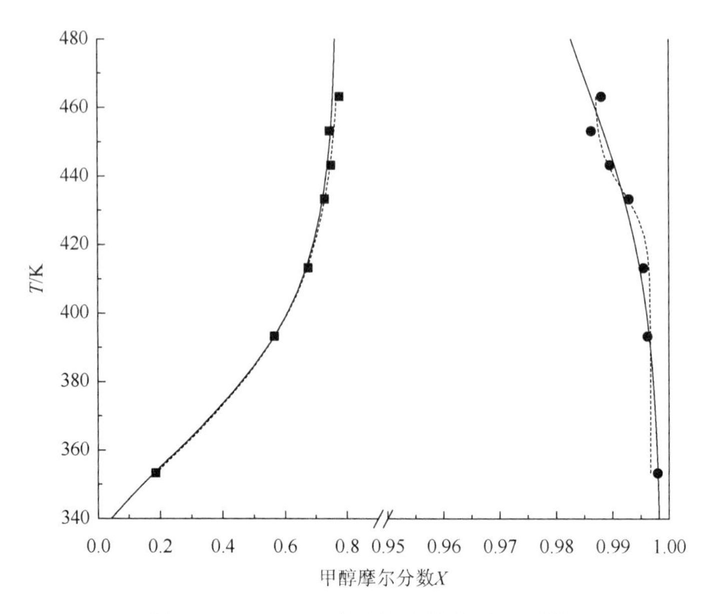

图 4.14　6.0MPa 时甲醇-油脂体系 *T-X* 图

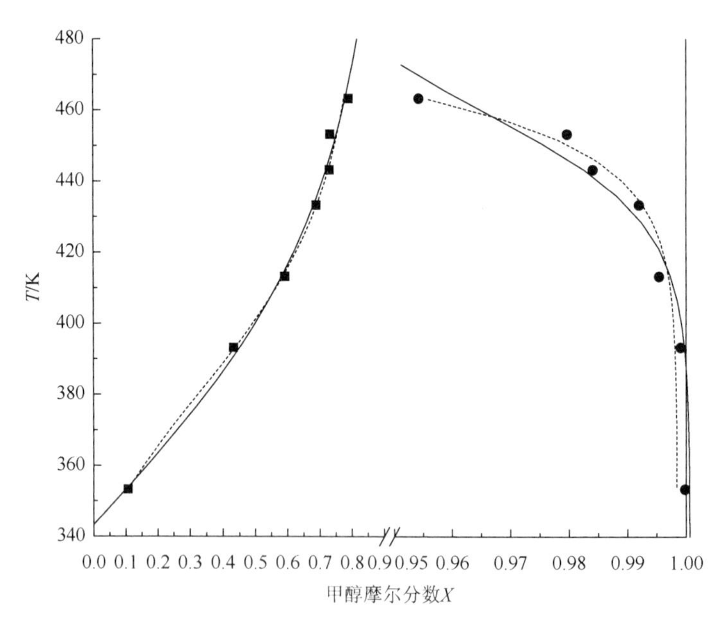

图 4.15　8.0MPa 时甲醇-油脂体系 *T-X* 图

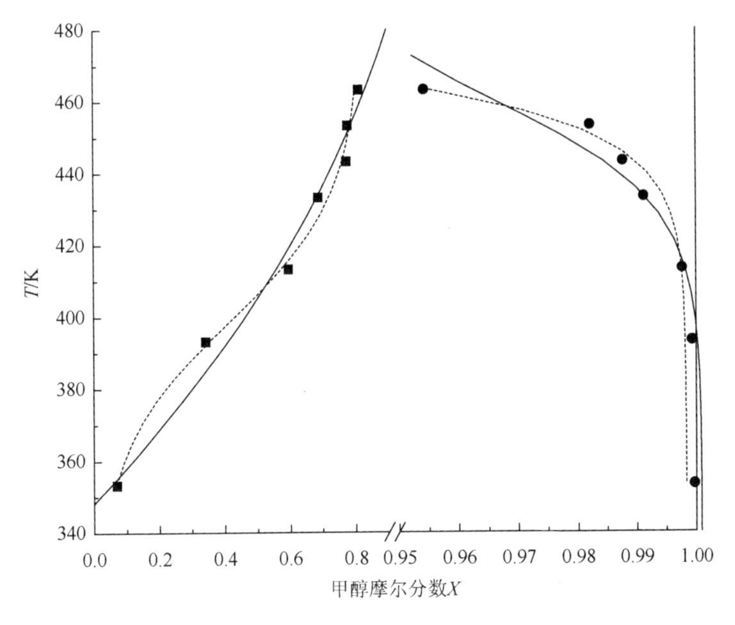

图 4.16　10.0MPa 时甲醇-油脂体系 *T-X* 图

不同温度下，试验测得的甲醇在 Canola 油中溶解度的结果见图 4.17。从图 4.17 中可以看出，在试验测定的范围内，甲醇在油脂中的溶解度大致随压力的增加而下降。这个结果与前面模型的模拟结果一致。但从图 4.17 还可以看出，相同温度

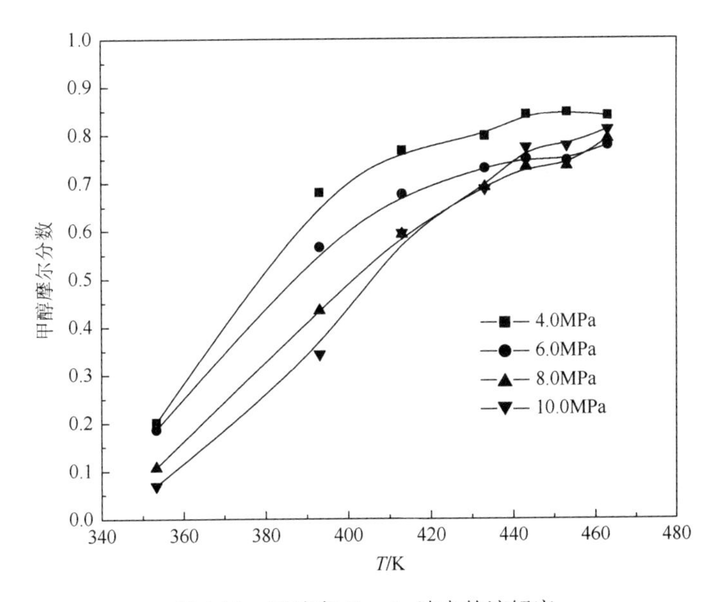

图 4.17　甲醇在 Canola 油中的溶解度

下甲醇在油脂中的溶解度先随压力的升高而下降，但当高温下，压力达到 10.0MPa 时，溶解度又开始增加。这可能是因为当甲醇-油脂体系处于甲醇临界点以上区域时，油脂与甲醇的醇解反应速率明显加快，生成了二甘酯、单甘酯、脂肪酸甲酯，体系中影响甲醇-油脂相互溶解的因素增多，已经不再是甲醇-油脂两相体系的相平衡。结合图 4.16 还可以发现，以醇油物质的量比（6～12）∶1 配比组成的混合体系，在甲醇处于临界点的区域附近可以形成单相体系。这个结论对工艺参数醇油比的选择优化提供了理论依据。

4.4.2　近/超临界甲醇中甲醇-油脂的醇解反应热力学[3, 9]

超临界甲醇-油脂体系在较高温度与压力下所发生的醇解反应主要是在油脂相中。以其中的酯交换反应为例（酯化反应相对简单），式（4-4）中各参加反应物质的物质的量的变化是严格地按各计量系数的比例关系进行的。

$$|v_1|A_1 + |v_2|A_2 + \cdots = |v_3|A_3 + |v_4|A_4 + \cdots \tag{4-4}$$

式中，v_i 为化学计量系数；A_i 为化学式。

在参加反应的各物质中，令反应了的物质的量与其计量系数的比值为 $d\varepsilon$，则

$$dn_i = v_i d\varepsilon (i = 1, 2, \cdots, N) \tag{4-5}$$

式中，ε 为反应进度，表示反应已经发生的程度。

已知单相多组分体系 Gibbs 自由能的表达式为

$$dG_t = -S_t dT + V_t dp + \Sigma \mu_i dn_i \tag{4-6}$$

式中，热力学函数 G、S 和 V 的下标 t 表示容量性质的总值，与 1mol 或者单位质量的值加以区别。如果在封闭体系中由于单一的化学反应而发生摩尔数 n_i 的变化，则将式（4-5）代入式（4-6）得

$$dG_t = -S_t dT + V_t dp + \Sigma(v_i \mu_i) d\varepsilon \tag{4-7}$$

在等温等压下，上式变为

$$\Sigma(v_i \mu_i) = \left(\frac{\partial G_t}{\partial \varepsilon}\right)_{T,p} \tag{4-8}$$

式中，$\Sigma(v_i \mu_i)$ 为系统的自由能随反应进度的变化率。当反应体系达到平衡时，

$$\Sigma(v_i \mu_i) = 0 \tag{4-9}$$

因为混合物中组分的化学位 $\mu_i = G_i$，

$$\mu_i = G_i^0 + RT \ln \hat{a}_i \tag{4-10}$$

式中，$\hat{a}_i$ 为活度；上角标“0”为标准态的值（取纯组分 i 在甲醇的临界温度和临界压力下的状态作为标准态）。联立式（4-9）和式（4-10），并消去 μ_i，得

$$\Sigma v_i (G_i^0 + RT \ln \hat{a}_i) = 0$$

或
$$\sum v_i G_i^0 + RT\Sigma \ln(\hat{a}_i)^{vi} = 0$$

或
$$\ln\Pi(\hat{a}_i)^{vi} = -\frac{\sum v_i G_i^0}{RT} \tag{4-11}$$

式中，Π 为所有物质 i 的乘积。式（4-11）的指数形式为

或
$$\Pi(\hat{a}_i)^{vi} = \exp\frac{-\sum v_i G_i^0}{RT} \equiv K \tag{4-12}$$

式中，K 为平衡常数。由于 G_i^0 为纯物质 i 在固定压力下其标准状态的性质，仅和温度有关，因此，平衡常数 K 亦仅是温度的函数。通常将式（4-11）写成

$$-RT\ln K = \sum v_i G_i^0 \equiv \Delta G^0 \tag{4-13}$$

式中，ΔG^0 为反应的标准 Gibbs 自由能变。

根据式（4-13），可由文献中的标准反应热和标准反应熵间接计算出化学反应平衡常数。由式（4-13）得

$$RT\ln K = -\Delta G^0 = -\Delta H^0 + T\Delta S^0 \tag{4-14}$$

式中，ΔH^0 为温度 T 时化学反应的标准焓变（即反应热），可由体系中各组分的生成热或燃烧热进行计算；ΔS^0 为温度 T 时化学反应的标准熵变。

由于相关热力学数据缺乏，假定油脂由三硬脂酸甘油酯组成，这样可以查到较为齐全的数据，计算结果为

$$\ln K_t = -\Delta G_i^0 / (RT) = 22.224$$

平衡常数与平衡转化率的关系式可通过以下过程推导。

油脂醇解的总反应式为

$$\underset{n_1}{\mathrm{TG(s)}} + \underset{n_2}{\mathrm{3MeOH(l)}} \underset{\mathrm{1atm}}{\overset{\mathrm{298K}}{\rightleftharpoons}} \underset{n_3}{\mathrm{GL(s)}} + \underset{n_4}{\mathrm{3FAME(s)}}$$

根据式（4-12）：

$$K = \Pi x_i^{vi} = \frac{x_1 \cdot x_2}{x_3 \cdot x_4} \tag{4-15}$$

反应的化学计量如下：

$$v_1 = -1 \quad v_2 = -3$$
$$v_3 = 1 \quad v_4 = 3$$

反应过程各物质的物质量变化如下：

$$\frac{\mathrm{d}n_1}{-1} = \frac{\mathrm{d}n_2}{-3} = \frac{\mathrm{d}n_3}{1} = \frac{\mathrm{d}n_4}{3} = \mathrm{d}\varepsilon$$

当反应刚刚开始时，

$$n_1 = 1, n_2 = 3, n_3 = n_4 = 0$$

当反应达到平衡时：

$$n_1 = 1-\varepsilon, \qquad x_1 = \frac{1-\varepsilon}{4}$$

$$n_2 = 3(1-\varepsilon), \quad x_2 = \frac{3(1-\varepsilon)}{4}$$

$$n_3 = \varepsilon, \qquad x_3 = \frac{\varepsilon}{4}$$

$$n_4 = 3\varepsilon, \qquad x_4 = \frac{3\varepsilon}{4}$$

$$\overline{\qquad\qquad}$$

$$\Sigma n_i = 4$$

平衡常数与平衡转化率的关系式为

$$K = \frac{\frac{3}{16}\varepsilon^2}{\frac{3}{16}(1-\varepsilon)^2} \tag{4-16}$$

众所周知，温度对平衡常数具有较大的影响。从计算可知油脂的醇解反应是放热反应，其化学反应平衡常数将随温度的上升而减小，也就是说温度升高，其平衡转化率将降低。因此，在选择反应速率与平衡转化率时必须有一个权衡。

根据标准状态下的平衡常数结合各反应物的恒压热容（$C_{pi} = \alpha_i + \beta_i T$），得到的温度与反应平衡常数的关系式为

$$\ln K = -\frac{\Delta H^0}{RT} + \frac{\Delta\alpha}{R}\ln T + \frac{\Delta\beta}{2R}T + I \tag{4-17}$$

式中，$\Delta\alpha$、$\Delta\beta$ 为各组分热容系数按反应式的计量和；积分常数 I 由已知某温度下的平衡常数求得。

通过计算可知，$T = 573\text{K}$（300℃）时，醇解反应的平衡常数 $K_{573} = 24.292$，带入式（4-16）得到该温度下的平衡转化率为

$$\varepsilon = 0.8310$$

而当甲醇的化学计量增加一倍（即 $n_2 = 6$）时，平衡转化率为

$$\varepsilon = 0.9632$$

可见增加醇油物质的量比有利于提高理论平衡转化率。

过量使用甲醇已经是生物柴油生产中广泛采用的有效措施，有利于促进油脂深度转化，这当然也是因为过量甲醇在反应中还起到以下作用：①萃取甘油，使甘油尽快从酯相中分离出来，从而使醇解反应平衡进一步向右移动；②甲醇浓度高，解离提供的甲氧基离子浓度也高，有利于加快反应速率。当然，甲醇在超临界状态下解离作用加强可能是不需要催化剂就能使油脂发生醇解反应的原因。

4.4.3 近/超临界甲醇中甲醇-油脂的醇解反应动力学[3, 9]

甘油三酸酯与甲醇的醇解反应总反应式为

$$TG + 3MeOH \rightleftharpoons GL + 3FAME$$

反应过程物料组成研究表明，中间产物二甘酯和单甘酯始终存在，浓度在不断变化。因此可以推断，超临界甲醇中油脂的醇解反应应该是分步进行的，表示如下：

$$TG + MeOH \underset{k_2}{\overset{k_1}{\rightleftharpoons}} DG + FAME$$

$$DG + MeOH \underset{k_4}{\overset{k_3}{\rightleftharpoons}} MG + FAME$$

$$MG + MeOH \underset{k_6}{\overset{k_5}{\rightleftharpoons}} GL + FAME$$

各步的微分形式的速率方程如下：

$$-\frac{d[TG]}{dt} = k_1[TG][MeOH] - k_2[DG][Ester] \tag{4-18}$$

$$-\frac{d[DG]}{dt} = -k_1[TG][MeOH] + k_2[DG][Ester] + k_3[DG][MeOH] - k_4[MG][Ester] \tag{4-19}$$

$$-\frac{d[MG]}{dt} = -k_3[DG][MeOH] + k_4[MG][Ester] + k_5[MG][MeOH] - k_6[GL][Ester] \tag{4-20}$$

$$-\frac{d[GL]}{dt} = -k_5[MG][MeOH] + k_6[GL][Ester] \tag{4-21}$$

$$\begin{aligned}-\frac{d[Ester]}{dt} = &-k_1[TG][MeOH] + k_2[DG][Ester] - k_3[DG][MeOH] \\ &+ k_4[MG][Ester] - k_5[MG][MeOH] + k_6[GL][Ester]\end{aligned} \tag{4-22}$$

$$-\frac{d[MeOH]}{dt} = \frac{d[Ester]}{dt} \tag{4-23}$$

式中，[TG]、[DG]、[MG]、[MeOH]、[Ester]、[GL]分别为三甘酯、二甘酯、单甘酯、甲醇、甲酯和甘油的浓度；k 为速率常数；t 为反应时间。

反应速率常数为温度的函数，可采用 Arrhenius 方程表示。根据速率常数与温度的函数关系，可以拟合出每个反应的活化能。

$$k = k_0 e^{-\frac{E_a}{RT}} \tag{4-24}$$

式中，E_a 为活化能；k_0 为指前因子；T 为温度。

在反应压力 10.0MPa、醇油物质的量比 24∶1 的条件下，考察了不同温度下反应产物中甲酯含量随物料停留时间的变化，结果如图 4.18 所示。可以看出，甲酯含量随反应时间呈上升趋势，相同反应时间，产物中甲酯含量随温度的升高而增加，说明增加温度提高了反应速率。

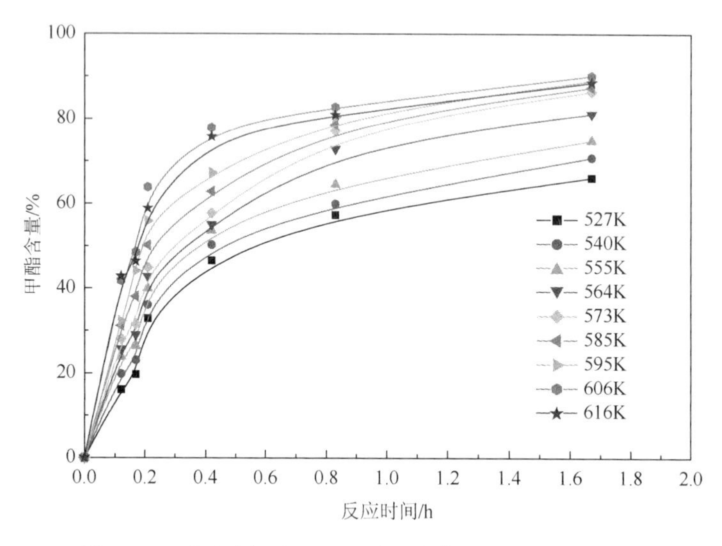

图 4.18　不同温度下 Canola 油酯交换反应产物分析结果

由于醇油物质的量比为 24∶1，甲醇过量很多，可认定反应过程中甲醇浓度不变，再结合其他边界条件的设定，进行微分方程组的求解，得出了不同反应温度下各反应的速率常数，见表 4.19。

表 4.19　醇解反应不同温度时的速率常数

温度/K	各反应的速率常数 k/[(mol/L)/h]					
	k_1	k_2	k_3	k_4	k_5	k_6
540	3.175	2.932	7.681	7.256	6.581	2.115
555	4.207	3.502	11.22	10.08	7.896	3.261
564	4.631	3.938	12.89	11.82	9.056	4.698
573	6.088	4.653	16.14	13.55	9.536	5.358
585	7.150	5.236	20.77	16.49	14.90	8.985
595	9.553	6.519	30.67	23.14	11.41	8.225
606	14.58	9.096	39.60	27.16	10.87	7.862

将反应速率常数取对数，按 ln$k$ 对 1/T 作图，结果如图 4.19 所示。从图 4.19 中可以看出，两者的线性关系不明显。这可能是因为三甘酯与甲醇分子在分子大小与构型上存在较大的差异，再考虑到 Arrhenius 方程中的指前因子 k_0 是与碰撞频率有

关的物理量，它包含了那些使有效碰撞减少的各种因素，如碰撞时分子在空间取向的限制，反应部位附近较大官能团的屏蔽作用，以及碰撞时能量传递所需的时间等，但这些还是不能涵盖甲醇分子与三甘酯分子的有效碰撞情况。但据此拟合出的相关动力学方程参数（表 4.20）还是比较客观地反映了超临界甲醇中醇解反应历程的实际情况。从表 4.20 可以看出，超临界甲醇中所得的醇解反应活化能与文献报道的常压碱催化条件的测定结果有所不同[13-17]。ln$k$-(1/T)不严格呈线性关系，因此对于每组数据分别选择了两个斜率表示相应反应活化能的范围。对于第一步反应，超临界态甲醇条件下所得活化能数据较碱催化条件的醇解反应活化能略大，且正向反应活化能与逆向反应活化能的差别也较大；第二步和第三步反应与文献报道的范围相似。说明甲醇处于超临界状态下，反应物可以克服较高的能垒而发生反应。

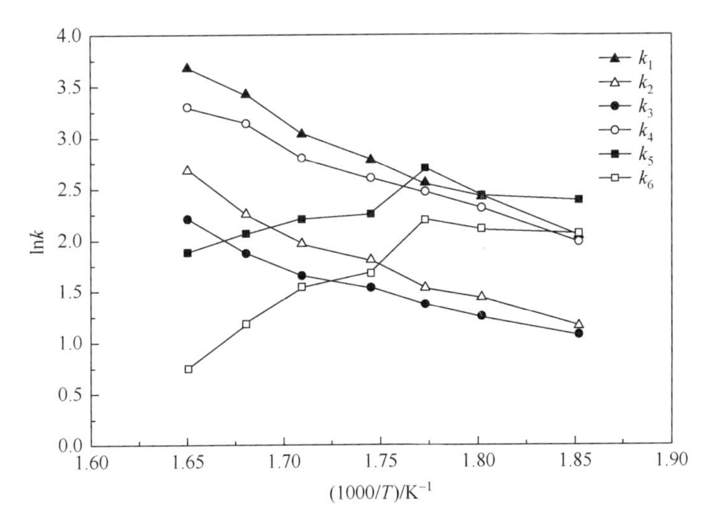

图 4.19　ln$k$ 对 1/T 的关系图

表 4.20　超临界醇解与碱催化醇解反应的活化能

反应	活化能 E_a/(kJ/mol)	
	超临界醇解	碱催化醇解[17]
TG→DG	65.45～81.66	55.02
DG→TG	28.88～49.81	41.55
DG→MG	67.13～81.86	83.09
MG→DG	40.78～53.44	61.25
MG→GL	15.41～29.61	26.11
GL→MG	39.24～70.38	41.12

试验表明，反应条件对醇解反应结果影响很大，这可能是在甲醇处于超临界状态时，概率因子将不再是与温度和压力等无关的常数，这对图 4.19 中 ln$k$-(1/T)不严格呈线性关系的原因也是一种解释。

此外，甲醇自身的因素对反应速率的影响可能也不能忽略。超临界状态下的甲醇，分子间氢键作用可能不像常态下那么强，在反应体系中不仅解离作用增强，形成较多的甲氧基离子，还会与体系中的质子（来源于游离脂肪酸、水和甲醇自身动力产生）形成相应的质子化物，这都对油脂醇解反应有促进作用。这可能也是处于超临界状态的甲醇能够快速与油脂发生醇解反应的原因（图 4.20）。

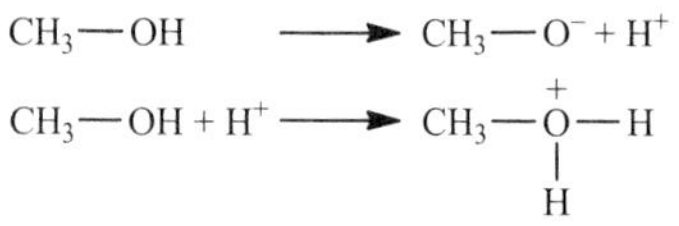

$$CH_3—OH \longrightarrow CH_3—O^- + H^+$$

$$CH_3—OH + H^+ \longrightarrow CH_3—\overset{+}{\underset{\displaystyle H}{\underset{|}{O}}}—H$$

图 4.20　甲醇解离与活化

但高压下甲醇的局部密度增强效应及缔合效应将加剧，表 4.21 列出的是文献报道的甲醇缔合参数。可以看出，当甲醇发生缔合时，其缔合物的物理性质将发生较大变化，随着缔合度的增加，相对分子质量增加，临界温度明显升高而临界压力显著下降。

表 4.21　纯甲醇的模型参数[18]

参数	单体	4 聚体	12 聚体
T_c/K	497.0	634.7	979.4
P_c/MPa	8.129	3.355	1.112
Ω	0.4371	0.4253	0.8701
$-\Delta H^{\ominus}$ /(kJ/mol)	—	94.51	312.8
$-\Delta S^{\ominus}$ /(J/kmol)	—	318.4	1125.0

注：$\Delta H^{\ominus}$ 为标准缔合焓，$\Delta S^{\ominus}$ 为标准缔合熵。

甲醇缔合度的增加将使其解离程度下降，所以超临界醇解反应压力并非越高越好。在管式连续反应器中，高压状态下的甲醇缔合现象将加剧，导致活化的甲氧基离子浓度减少，与油脂（中的酰基）发生有效碰撞的概率将减小，反应效果变差，必须使用更加过量的甲醇来改善，这一点也得到了试验验证。因此，超临界甲醇中进行醇解反应，甲醇过量程度高于常规的碱催化酯交换操作。

4.4.4　近/超临界甲醇醇解废弃油脂技术的开发和工业应用[3, 6]

中国石油化工股份有限公司石油化工科学研究院经过十多年努力，成功开发了近/超临界甲醇醇解油脂生产生物柴油新工艺（以下简称 SRCA 工艺），并形成了一批专利[19-24]。SRCA 工艺于 2003 年开展基础性探索研究，2004 年在试验室开展工艺小试的研发，研究人员对数十种的油脂开展试验，以考察其对原料的适应性（图 4.21）。在试验室完成相关研究任务后，2006 年 6 月在中国石油化工股份有限公司石家庄炼化分公司建成了规模 2000t/a 的生物柴油中试试验装置，采用酸化油、地沟油、棕榈油和棉籽油为原料完成了中试试验研究和 SRCA 生物柴油成套技术的工程化研究开发（图 4.22）。2007 年年底，中国石油化工股份有限公司对 SRCA 生物柴油技术的开发成果组织了专家评议，专家认为：SRCA-I 工艺对原料适用性强，高酸值油脂能够直接加工，不需要脱酸预处理，不使用催化剂，产物后处理工艺简单，“三废”排放少、易处理，生产过程清洁，生物柴油收率高，产品质量好，建议尽快开展工业化应用示范开发。2009 年 10 月采用 SRCA 工艺建成的第一套规模为 6 万 t/a 的生物柴油工业应用装置投料并试生产，一次性打通全流程，生产出合格的生物柴油产品，完成了 SRCA 生物柴油成套技术的开发（图 4.23）。

图 4.21　SRCA 生物柴油工艺试验室小试研究反应装置

图 4.22　2000t/a 生物柴油 SRCA 工艺中试研究试验装置

图 4.23　6 万 t/a 生物柴油 SRCA 成套技术工业化应用示范装置

1. 反应条件的优化[3]

采用 SRCA 生产生物柴油工艺的关键条件是反应温度、反应压力、醇油比和反应时间。根据近/超甲醇中油脂反应热力学和动力学的研究结果，高温、高压、高醇油比和短反应时间并不是近/超临界甲醇与油脂醇解反应的技术特征，温度越高越不利于提高油脂醇解反应的平衡转化率；压力越高，甲醇缔合倾向性越强，越不利于甲醇的解离，反应活性下降。高醇油比虽然对反应有利，但未反应甲醇的回收将增加能耗。从技术实用性的角度分析，高温、高压将增加装置建造投资，不利于技术实施，必须设法降低反应条件。实质上降低反应条件就是尽量降低反应温度、压力和醇油比，但降低反应条件不能以降低反应转化率、牺牲产品的收率为代价。因此，降低反应条件的同时实现产品高收率是SRCA技术开发必须突破的技术关键。废油脂中能转化为生物柴油的成分是三甘酯（TG）和游离脂肪酸（FFA），所以要保证产品的高收率，就必须同时实现原料油中TG和FFA高转化率。

选择大豆酸化油、棕榈酸化油、棕榈煎炸余油、氢化油煎炸余油、餐厨油1、餐厨油2、棕榈油酸（以下简称PFAD）为原料，这些原料质量状况如表4.22所示。以300℃、12MPa、醇油比0.66、反应时间30min为条件基点，对反应条件进行优化。结果见图4.24～图4.27。

表4.22　废弃油脂质量状况

样品名称	酸值/(mg KOH/g)	含量/%			
		可皂化物	水分	固杂	胶杂
大豆酸化油	139.7	93.6	1.9	0.3	4.2
棕榈酸化油	129.6	95.3	1.8	0.2	2.7
棕榈煎炸余油	6.5	97.8	0.2	0.5	1.5
氢化油煎炸余油	4.5	98.5	0.2	0.7	0.6
餐厨油1	28.4	93.9	2.3	1.0	2.8
餐厨油2	78.9	94.3	3.2	0.4	2.1
PFAD	177.6	99.1	0.6	—	0.3

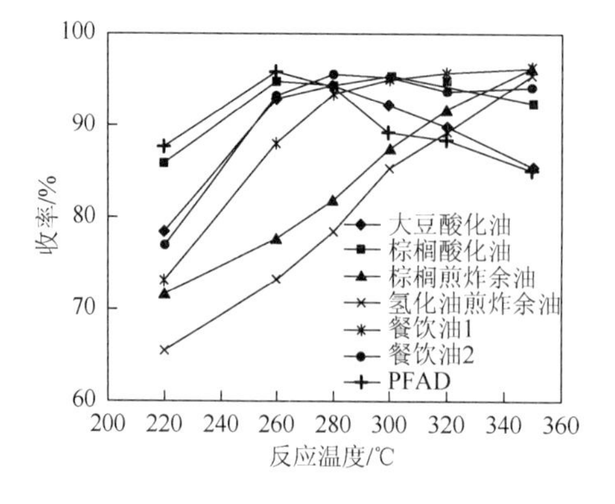

图4.24　反应温度对油脂转化的影响

反应条件：反应压力12MPa，醇油比0.66，反应时间30min

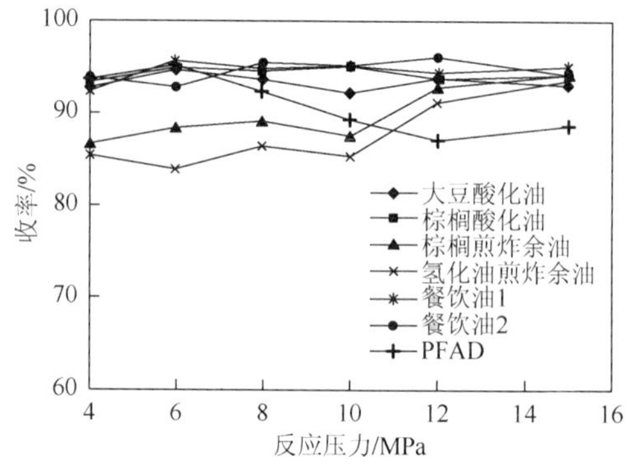

图4.25　反应压力对油脂转化的影响

反应条件：反应温度300℃，醇油比0.66，反应时间30min

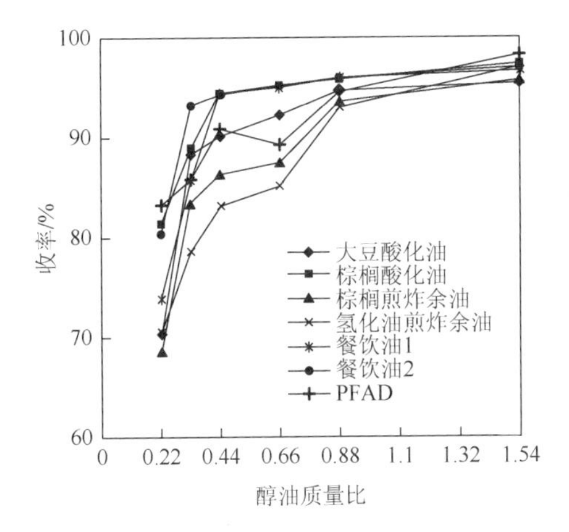

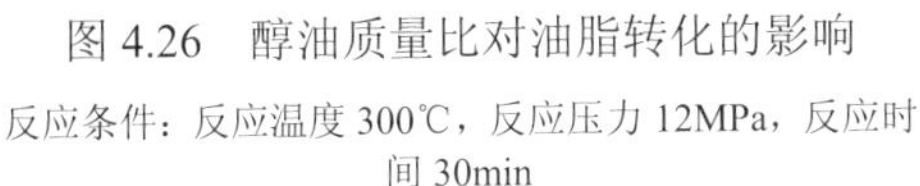
图 4.26　醇油质量比对油脂转化的影响

反应条件：反应温度 300℃，反应压力 12MPa，反应时间 30min

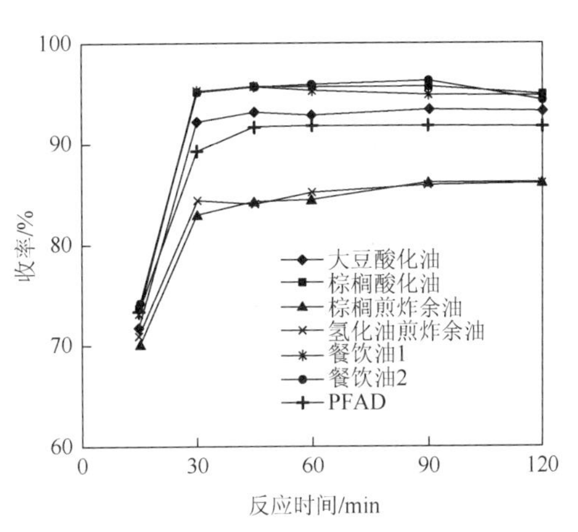

图 4.27　反应时间对油脂转化的影响

反应条件：反应温度 300℃，反应压力 12MPa，醇油比 0.66

通过图 4.24 可以看出，温度对不同废弃油脂的转化影响表现不同的结果。酸值较低的棕榈煎炸余油和氢化油煎炸余油，收率随温度升高而增加，从 220℃的 70%左右增加到 350℃的 90%以上；其他酸值较高的原料油，收率随温度先升高，到达一个峰值后下降，而且峰值的分布区域在 260～300℃，超过 300℃开始下降；酸值相对更高的大豆酸化油和 PFAD，超过 300℃要下降得更多，从峰值的 95%左右下降到 90%以下。

通过图 4.25 可以看出，反应压力的影响总体上比较缓和，但不同原料还是有不同的表现。酸值较低的棕榈煎炸余油和氢化油煎炸余油，在 10MPa 之前压力增加对收率基本没有产生影响，超过 10MPa 后，收率随压力升高而有所增加；其他酸值较高的原料油，压力变化对收率产生的影响较弱；只有酸值最高的 PFAD，在压力超过 6MPa 后，收率随压力升高而下降。

通过图 4.26 可以看出，醇油比的影响表现出比较一致的规律，即随着醇油比的增加，收率增加，但当醇油比达到 0.88 时，再增加甲醇用量，收率增加的幅度变小。

通过图 4.27 可以看出，超临界甲醇中油脂的酯化和酯交换反应在 30min 内基本达到平衡，30～60min，收率略有增加，但 60min 后基本不再增加。

将温度、压力和醇油比对油脂转化影响的考察结果与表 4.22 原料油质量指标数据对照起来发现，在所考察的条件范围内，升高温度和压力只对酸值低的棕榈煎炸杂余油、氢化油煎炸余油有利；对于其他酸值较高的油，升高温度和压力，收率会呈现一个峰值，过了峰值，再升高温度和压力对反应反而不利，尤其是酸值更高的 PFAD 表现得更为突出。这说明相同的反应条件下，物料的酸值对其转化结果产生决定性的影响，控制好原料的酸值就有可能在相对缓和的反应条件下达到油脂深度转化的目的，提高原料的利用率。

按相对缓和条件下还能获得高转化要求的酸值范围，把不同酸值的原料按一定比例进行混合进行酸值调整，然后在260～280℃、6～8MPa、醇油比0.44～0.88、反应时间30～60min下进行反应评价，结果见表4.23。可见，酸值低的原料油经与高酸值的油按比例混合提高酸值后再进行反应，反应效果得到了很大的改善。不过这种改善仍然与混合后的酸值有关，从表4.23中可以看出，酸值超过50mg KOH/g一般能取得好的转化效果。

表4.23　各种原料的反应评价结果

原料油	酸值/(mgKOH/g)	蒸发收率/%
大豆酸化油	139.7	95.7
棕榈酸油	129.6	96.8
棕榈煎炸余油	6.5	83.4
氢化牛油煎炸余油	4.5	73.2
餐饮废油1	28.4	85.9
餐饮废油2	78.9	94.6
PFAD	177.6	97.4
菜籽油酸化油	108.3	90.6
50%大豆酸化油+50%氢化牛油煎炸余油	72.1	96.0
30% PFAD+70%氢化牛油煎炸余油	56.4	94.9
10% PFAD+90%氢化牛油煎炸余油	18.2	83.1
50% PFAD+50%氢化牛油煎炸余油	92.1	95.7
60%餐饮废油1+40%餐饮废油2	52.6	93.7
60%大豆酸化油+40%餐饮废油1	95.2	95.1

在260℃、6MPa、醇油比0.66的条件下，以50%棕榈油酸+50%棕榈煎炸余油的混合油与甲醇进行反应，分别考察不同反应时间内TG和FFA的转化情况，结果见图4.28，同时也列入了棕榈煎炸余油的考察结果。可见，对于单一的棕榈煎炸余油，反应30min已经接近平衡，再延长反应时间，TG基本不再进一步转化；而它与棕榈油酸混合后反应时，反应30min FFA的转化也接近平衡，TG的转化也接近单一棕榈煎炸余油的水平；值得注意的是，30min后

的混合油 TG 能进一步转化，达到 95%左右的较理想结果，而 FFA 的转化也适当得到改善。分析比较单一的棕榈煎炸余油和它与 PFDA 混合物发生的反应，区别就在于混合物中 TG 发生酯交换反应的同时还发生了 FFA 的酯化反应，生成了水。可以初步判断是混合油中 FFA 反应生成的水对 TG 的进一步转化起到了促进作用。

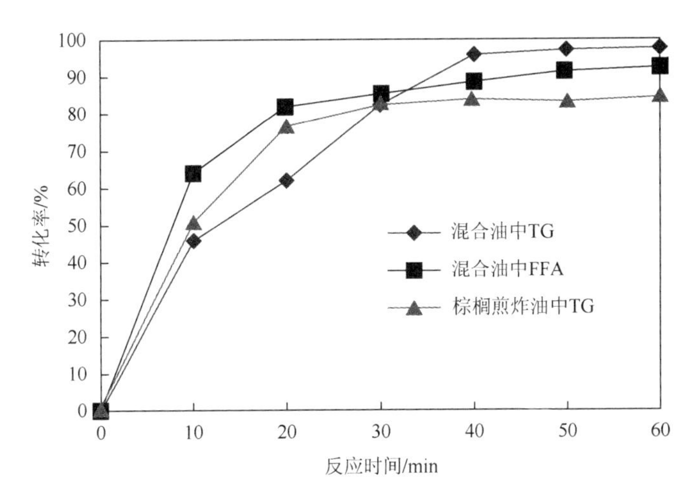

图 4.28　反应时间对油脂中 TG 和 FFA 转化的影响

反应条件：反应温度 260℃，反应压力 6MPa，醇油比 0.66

以上研究结果说明，把反应条件从 350℃、19MPa、醇油比 1.54 降低到 260℃、6MPa、醇油比 0.66，可以使原料反应得到高的转化率，获得 95%左右的产品收率，但必须对反应进料的酸值进行控制，一般要大于 50mg KOH/g。

上述结果说明原料油脂肪酸的存在不仅能够缓和反应条件，而且促进了 TG 的进一步转化。看上去脂肪酸似乎起到了催化剂的作用，实际上，脂肪酸很难起到催化剂的作用。众所周知，TG 的酯交换反应是酸催化剂和碱催化剂都可以催化的平衡反应。但酸催化的机理和碱催化的机理完全不同。碱催化机理是碱直接与甲醇作用形成甲氧基离子，然后进攻 TG 分子发生反应，大大缩短了反应达到平衡的时间，效率高。而酸催化剂是其电离出来的 H^+与 TG 分子中酰基上的氧结合，形成活性中间体，再与醇分子起反应，但这个催化过程一方面受到酸催化剂在甲醇中的电离程度的影响，另一方面 H^+与 TG 形成的活性中间体，空间位阻大，甲醇分子接近难度大，因此，酸催化的酯交换反应达到平衡转化率的时间长。脂肪酸分子相对较大，在甲醇中电离程度很低，生成的 H^+浓度也很低，难以起到催化作用。

实际上，是 FFA 发生酯化反应生成的水真正在起催化作用。在超临界甲醇介质中，甲醇自身解离作用增强，形成较多的甲氧基离子，同时还会与体系中的质子形成相应的质子化物，这些都是促进反应的活性中间体，使 TG 和 FFA 发生了转化反应，而且大大缩短了反应达到平衡的时间。可见，超临界甲醇介质中的反应机理与酸碱催化剂作用下的反应机理完全不同。

但超临界甲醇的解离与缔合是相互矛盾的，缔合态的甲醇必须解除缔合成为单分子才可能发生解离。在高压下，甲醇的局部密度增强效应会促进甲醇缔合，体系中甲醇浓度高也会促进甲醇的缔合，但升高温度有利于甲醇解除缔合，促进甲醇解离。但是，水的存在会影响甲醇的缔合平衡，水极性大，与甲醇更容易结合在一起，从而破坏了甲醇缔合体，客观上起到了增强甲醇解离的作用，提供了更多的活性态基团。当原料油中 TG 和 FFA 共存时，甲醇解离生成活性态基团，由于 FFA 分子相对小，空间位阻小，更易发生反应，生成脂肪酸甲酯的同时，还生成了水。生成的水一方面与甲醇结合，破坏了甲醇的缔合平衡，另一方面与甲醇解离出来的 H^+ 结合，进攻 TG，使 TG 发生水解反应生成脂肪酸，这样间接降低了 TG 反应生成脂肪酸甲酯的条件要求。这一点 Kusdianar 等[25]也报道过，他们认为，超临界甲醇中的水起到了类似酸催化剂的作用，比甲醇酸性强，能够促进 TG 的醇解反应，但不会增加甲酯的收率。

2. SRCA 生物柴油工艺工程化的开发和应用示范

SRCA 工艺工程化开发就是对生物柴油涉及的废弃油脂储运、醇解反应、产品提质和产品等进行全流程设计，对涉及的动设备、静设备开展选型设计，对装置自控提出方案设计。工程化研究开发的成果是工艺包，是设计单位开展生产装置工程设计的主要依据。因此，SRCA 工艺工程化开发在考虑反应主流程时，还要考虑服务主流程的罐区设施和公用工程设施。主流程是核心，所设计的原则流程如图 4.29 所示[7]。

生产原料油脂和甲醇自罐区由泵打入反应装置区设置的中间罐中，自中间罐流出经各自泵升压后在管线中相遇，沿管线进入换热器升温；从换热器出来的混合物料自下而上进入反应器反应，达到设计的停留时间后流出反应器，到换热器与冷物料换热；出换热器经控制阀卸压进入闪蒸罐气化甲醇，气液混合物料进入脱甲醇塔分离出反应剩余的甲醇；脱甲醇的物料引入油相与甘油相分离器，分离出的粗甘油送提浓单元提浓后送入粗甘油产品罐；分离出的油相进入蒸馏塔，蒸出脂肪酸甲酯，塔釜重组分输向罐区重油罐，蒸出的脂肪酸甲酯通过水洗和干燥后，即为生物柴油产品。

SRCA 生物柴油工艺成套技术装置设计主要设备如表 4.24 所示。

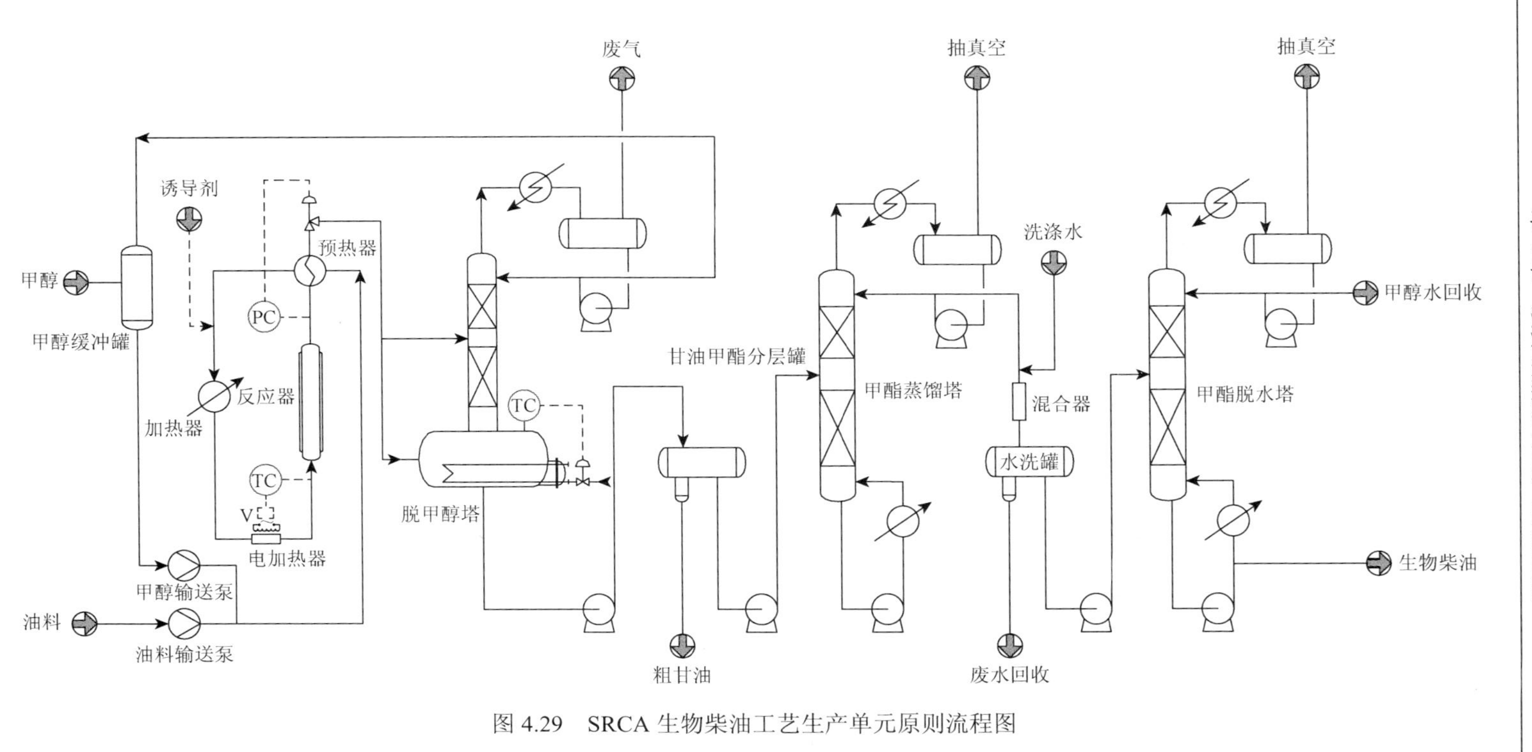

图 4.29　SRCA 生物柴油工艺生产单元原则流程图

表 4.24　SRCA 工艺生物柴油装置主流程涉及的设备一览表

类别	设备
容器类	油脂中间罐、甲醇中间罐、反应器、诱导剂计量罐、甲醇回收塔回流罐、甘油甲酯分层罐、分层甲酯缓冲罐、甲酯脱轻缓冲罐、甲酯脱轻冷凝液罐、甲酯脱轻罐、甲酯蒸发罐、甲酯蒸气冷凝液罐、甲酯蒸发真空罐、分层甘油缓冲罐、甘油提浓冷凝液罐、脱甲醇甘油水缓冲罐、工艺水缓冲罐、甲酯稳定罐
换热器类	反应预热器、反应加热器、甲醇回收塔空冷器、甲醇回收塔后冷器、甲醇回收塔再沸器、分层甲酯换热器、分层进料冷却器、洗涤水预热器、甲酯脱轻加热器、甲酯脱轻冷凝器、甲酯蒸发罐再沸器、甲酯蒸发罐冷凝器、甲酯蒸发罐真空冷凝器、蒸发甲酯冷却器、重质油冷却器、甘油提纯塔预热器、甘油提纯塔冷凝器、甘油提纯塔再沸器、甲酯稳定系统换热器、三效蒸发换热器
塔器类	甲醇回收精馏塔、甲酯水洗塔、甲酯脱轻塔、甲酯闪蒸塔、甘油提浓塔
机泵类	油脂进料泵、甲醇进料泵、诱导剂进料泵、甲醇回收塔回流泵、甲醇回收塔釜液泵、甲醇回收塔釜液出料泵、甲酯水洗进料泵、甲酯脱轻循环泵、甲酯脱轻冷凝液输送泵、甲酯蒸馏塔釜液循环泵、甲酯凝液输送泵、甲酯塔真空冷凝液输送泵、甲酯脱轻真空泵、甲酯蒸发真空泵、甘油提纯塔进料泵、甘油提纯塔回流泵、甘油提纯塔釜液泵、三效蒸发进料泵、洗涤水输送泵、甲酯稳定系统机泵、三效蒸发机泵

1）换热器的运行

装置建成后，以酸化油为原料组织试生产。由于油脂换热器是工艺流程中第一个关键设备，只有稳定地发挥加热功能，使反应原料被加热到反应要求的温度，才能保障物料在反应器中获得好的反应效果。油脂换热器的工作效果以油脂离开换热器进入反应器时温度计显示的温度来表示，如果物料在离开换热器的出口位置温度能够稳定在设计的 260～280℃，说明换热器工作状态良好，否则，就是发生了故障，需要检修。油脂换热器的工作效果如图 4.30 所示。

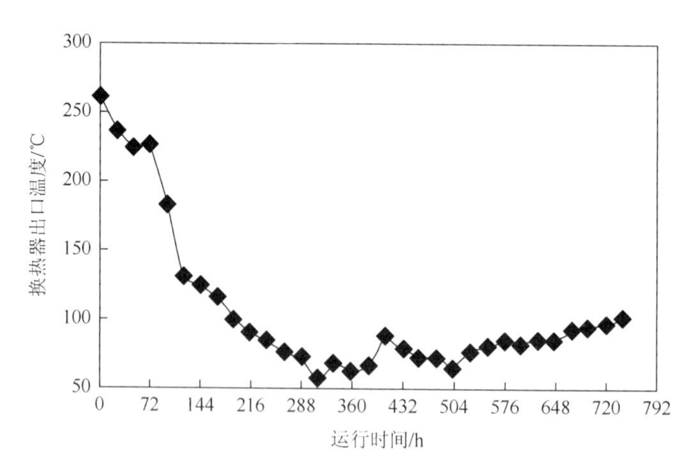

图 4.30　试生产初期油脂换热器的工作效果

从图 4.30 可以看出，开始阶段酸化油在换热器中可以加热到设定的 260℃，但稳定工作仅 3 天后，加热器出口测定的温度（以下简称出口温度）开始下降，下降速度为每天 10～30℃，5 天后降到 100℃以下。出现了这个问题后，先降低装置的负荷，发现出口温度继续下降，可见通常的降低负荷来改善加热效果的措施无效，说明不是换热器的设计负荷达不到要求。将装置负荷再提到满负荷，发现出口温度能够上升，10 天才上升到 100℃，显然也不能解决问题。由于物料温度已经达不到反应的要求，生产试验无法持续进行，因此只能停产维修。打开换热器发现，其管束上覆盖了大量的胶杂类物质，初步判断，管壁附着的胶杂物质，增加了传热阻力，使得换热器工作效果变差。

反应物料加热器系统的工作机理如图 4.31 所示。它由三组加热设备组合而成，分别标号为 E101、E102 和 E103。E101 和 E102 是管壳式加热器，E103 是电加热器。其工作机理是：反应原料（油脂和甲醇）升压后经管线进入 E101 的管程，与壳程的热物料（来自反应器）首先进行换热；从 E101 管程流出的物料进入 E102 的管程，被壳程的热媒体加热升温；出 E102 后直接进入 E103，经电加热器加热，以保证达到设定的反应温度后，进入反应器反应。

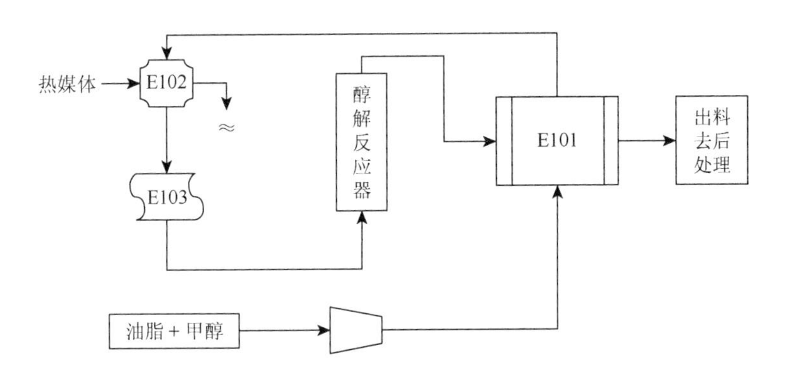

图 4.31　SRCA 工艺反应物料的换热流程

换热器中黏附的杂质经分析确认主要来源于油脂。前文已经分析过，废弃油脂所含的杂质受热会发生变化，胶体被破坏，转化为油不溶性物质发生沉积，倾向于在加热器壁上结垢。特别是在换热器的壳程中，物料流速降低，管束上的每个挡板后面都存在一定区域的静流区，易使这些不溶物沉降在管壁上。

根据以上的分析提出了整改加热器的方案，即提高反应出口物料在换热器的流速、避免不溶物沉积，具体方案见图 4.32。与之前流程相比，变更的地方包括：①E101 的管壳程通过的物料对调，冷物料原走管程现改走壳程，高温物料原走壳程现改走管程；②取消 E103，因为电加热器局部温度过高，易使物料发生热化学反应。

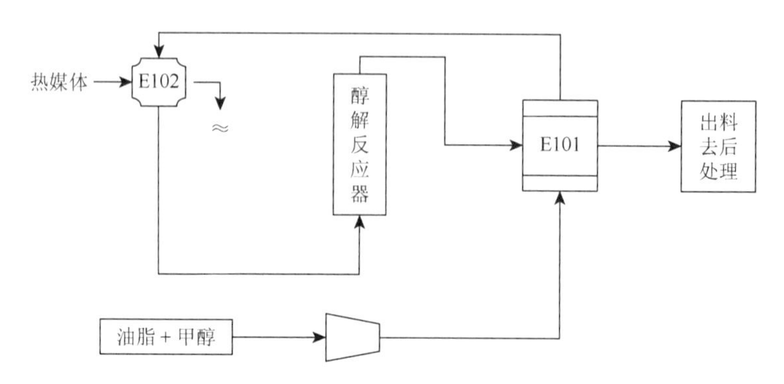

图 4.32　整改后的 SRCA 工艺反应物料换热流程

装置整改后继续进行试验，统计加热器出口温度的变化，结果如图 4.33 所示。历时约 40 天，采用地沟油等多种原料生产，换热器的运行一直正常，说明改造措施是有效的，可保证装置长期运转，避免阶段性反复拆装的麻烦。

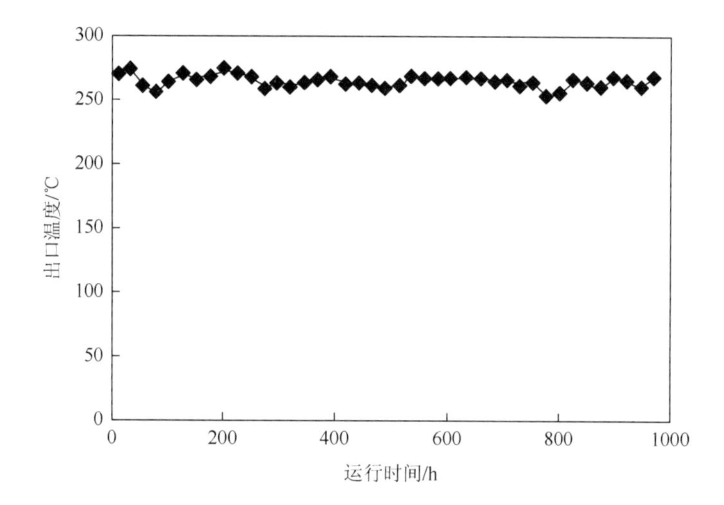

图 4.33　整改后装置运转换热器的出口温度统计结果

当反应系统温度和压力达到设定值并运行平稳后，物料在反应器中反应效果见表 4.25。可见，从反应器出口取样进行生物柴油收率测定，按原料的可皂化物含量计，均在 95%以上，达到了工艺设计的要求。

表 4.25　反应器中物料的反应效果

评价指标	样品 1	样品 2	样品 3
收率/%	95.8	96.5	96.4
酸值/(mg KOH/g)	6.4	5.8	5.6

2）甲醇塔、沉降器和水洗塔的运行

甲醇回收塔用来回收提纯反应系统加入的过量甲醇。甲醇塔操作时要控制塔顶甲醇馏分的水含量不大于500μg/g，否则水分将对产品的酸值有影响。甲醇回收塔初期运行的分离效果见表4.26。从表4.26可以看出，甲醇塔运行初期处于运行参数优化调整阶段，塔顶甲醇馏分水含量波动大。在确定操作参数稳定运行后，塔顶分出的甲醇水含量可以达到工艺设计要求的不大于0.05%的目标。

表4.26　甲醇回收塔的分离效果

样品	塔顶馏分水含量/%	样品	塔顶馏分水含量/%
1	0.43	9	0.049
2	0.41	10	1.32
3	0.24	11	1.68
4	0.082	12	0.143
5	0.053	13	0.13
6	0.03	14	0.039
7	0.068	15	0.024
8	0.082	16	0.037

甲醇塔底物料主要是甘油和粗甲酯，经降温至50℃后进入卧式沉降罐沉降分相。沉降罐沉降结果表明，沉降罐中甘油和甲酯的分相效果满足生产要求。

水洗塔是一个萃取塔，水为连续相，粗甲酯为分散相，主要目的是洗脱粗甲酯中溶解的甘油，以免产品中游离甘油指标不合格。水洗塔在运行中实现了连续洗涤和油水分离的操作，而且洗涤效果也达到了工艺设计要求，即生物柴油产品中游离甘油的含量低于 0.02%。但在装置运行最初阶段，水洗塔油水分相后，水相中油含量和油相中水含量都没有达到设计的0.5%的要求。后来检修时发现塔中的填料装填存在瑕疵，影响了油水的分散和兼并，后来按设计要求重新装填填料，同时对油水进塔的分布器也进行了调整，使得油水洗涤和分离效果得到明显改善，达到了设计要求。

3）甲酯闪蒸塔的运行

甲酯闪蒸的目的是将重组分如二甘酯、三甘酯及其他杂质从粗甲酯中分离出来。甲酯闪蒸系统操作成功的标志一方面是能够达到设定的高真空条件，另一方面是获得高的甲酯收率。为了给甲酯闪蒸创造高真空的条件，水洗后粗甲酯经历了真空脱轻操作，脱除粗甲酯中在0.65kPa高真空条件下不能冷凝的物质，如水、甲醇、低碳有机酯、酮、醛等物质。装置运行过程中，闪蒸塔内真空变化如图4.34所示。从图4.34可以看出，闪蒸塔内压降正常，真空度达到了工艺设计的要求。

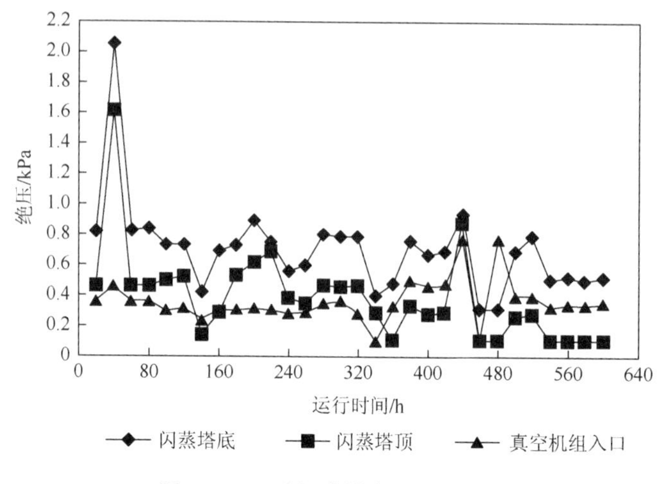

图 4.34　甲酯闪蒸塔中的真空状况

粗甲酯进入闪蒸塔的蒸馏效果如图 4.35 所示。

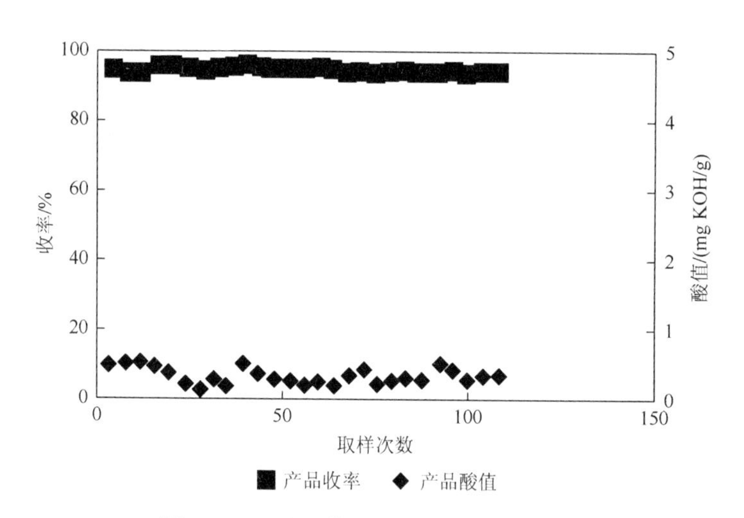

图 4.35　甲酯闪蒸塔中粗甲酯的闪蒸效果

从图 4.35 中可以看出，甲酯闪蒸塔平稳运行的条件下，甲酯的收率以粗甲酯中可皂化物计，为 95%左右，产品酸值经进一步处理后稳定在 0.5mg KOH/g 以下，达到了工艺设计的要求。

4）工业示范装置的标定

SRCA 生物柴油工艺完成工艺和工程开发后于 2009 年在海南东方建成了规模 6 万 t/a 生物柴油的应用示范装置，这是世界上首次采用近/超临界甲醇醇解油脂技术建设的生物柴油工业化应用装置。为了定量描述该装置性能水平、产品质量性能及生产物耗和能耗，客观评价 SRCA 生物柴油成套技术的先进性水平，装置建设方和技术开发方共同对装置完成了 72h 周期的技术标定[26]。标定期间所用的油脂为大豆酸化油，辅助原料为甲醇。酸化油的质量指标见表 4.27 所示，甲醇使用工业优级品甲醇，出厂质量满足国标 GB/T 338—2011 的要求（表 4.28）。

表 4.27　标定用酸化油原料条件

指标及单位		要求		实测
相对密度 d_4^{20}		0.90～0.92		0.908
酸值	mg KOH/g	≤	180	65.17
总脂肪酸（质量分数）	%	≥	92	91.80
可皂化物含量（质量分数）	%	≥	95	93.25
水分及挥发物（质量分数）	%	≤	0.5	0.621
不溶杂质（质量分数）	%	≤	0.5	0.76
无机酸浓度	pH	≥	3	4
氯离子	mg/kg	≤	20	4
硫	mg/kg	≤	10	3.0
胶杂（质量分数）	%	≤	4	5.37

表 4.28　甲醇的原料条件（GB/T 338—2011）

质量指标	单位	要求
色度（Pt-Co）	号	≤5
密度（20℃/4℃）	g/cm^3	0.791～0.792
温度范围（0℃，1bar）	℃	64.0～64.5
沸程［包括（64.6±0.1）℃］	℃	≤0.8
高锰酸钾试验	min	≥50
水溶性试验		澄清
水分含量	%	≤0.05
酸度（以 HCOOH 计）	%	≤0.0015
碱度（以 NH_3 计）	%	≤0.0002
羰基化合物含量（以 HCHO 计）	%	≤0.002
蒸发残渣含量	%	≤0.001

标定期间全厂工艺物料平衡统计结果见表 4.29。

表 4.29　全厂工艺物料平衡标定数据（72h）

项目	结果/t
进项	
酸化油	615.31
甲醇	67.06
生产用水	91.64
合计	774.01
出项	
生物柴油	537.61
粗甘油	42.12
重质渣油	72.56
轻质油	6.94
尾气	1.12
排放水	115.68
合计	776.03

从表 4.29 可以看出，标定期间物料进项减去出项为–2.02t，相对误差–0.26%，满足化工行业关于物料平衡标定误差的规定。

表 4.30 是根据物料平衡数据得到的装置生物柴油产量年化规模数据，为 59734t/a，是设计规模 60000t/a 的 99.56%，达到了设计规模。

表 4.30　年化装置规模

装置标定规模	数据
对生物柴油/(t/a)	59734
粗甘油(按 100%甘油算)/(t/a)	3774
装置原料油脂进料/(m^3/h)	9.412
装置甲醇进料/(m^3/h)	1.1790
年操作时数/h	8000

按原料酸化油中可皂化物含量计算，装置生物柴油产品收率为 93.70%。根据标定期间的分析数据测算，闪蒸塔外排的重质油中含有脂肪酸甲酯、单甘酯和二甘酯，脱轻塔外排的脱轻组分中含有少量脂肪酸甲酯，洗涤水外排也夹带少量的脂肪酸甲酯，这些因素导致脂肪酸甲酯的收率损失约 6.0%。

标定期间生产的生物柴油产品的质量检测结果见表 4.31，其中国家标准的规定值也作为装置的设计值。可以看出，产品生物柴油质量满足国家标准《柴油机燃料调合用生物柴油（BD100）》国家标准（GB/T 28028—2007）的规定。

表 4.31　装置标定期间生物柴油产品质量检测结果

项目	BD100 指标[a]		标定值	试验方法
	S500	S50		
密度(20℃)/(kg/m³)	820～900		876	GB/T 2540—1988
运动黏度(40℃)/(mm²/s)	1.9～6.0		4.449	GB/T 265—1988
闪点(闭口)/℃	≥130		168	GB/T 261—2008
冷滤点/℃	报告		8	SH/T 0248—2006
硫质量分数/%	0.05		0.0002	GB/T 0689
10%蒸余物残炭/%	≯0.3		0.10	GB/T 17144—1997
硫酸盐灰分质量分数/%	≯0.020		0.005	GB/T 2433—2001
水质量分数/%	≯0.05		0.009	SH/T 0246—1992（2004）
机械杂质	无		无	GB/T 511—2010
铜片腐蚀(50℃，3h)/级	≯1		1a	GB/T 5096—2017
十六烷值	≥49		54.7	GB/T 386—2010
氧化安定性(110℃)/h	≮6.0e		17.1[b]	EN 14112
酸值/(mg KOH/g)	≯0.80		0.68	GB/T 264—1983
游离甘油质量分数/%	≯0.020		0.014	SH/T 0796
总甘油质量分数/%	≯0.240		0.13	SH/T 0796
90%回收温度/℃	≯360		343	GB/T 6536—2010

a. GB/T 20828—2007；b. 加 300μg/g 抗氧剂的测定结果。

装置生产标定期间的消耗指标见表 4.32。

表 4.32　标定期间装置消耗统计结果（每吨生物柴油）

项目	指标	项目	指标
植物油消耗/kg	1067.27	蒸气消耗/kg	849.78
甲醇消耗/kg	124.74	氮气消耗(标准状态)/m³	0.1370
诱导剂消耗/kg	0	仪表风消耗(标准状态)/m³	5.1655
生产水消耗/kg	170.46	电量消耗/kWh	109.76
循环水消耗/t	53.3162	轻质燃料油消耗/kg	15.85
新鲜水消耗/kg	42.78	重质燃料油消耗/kg	17.24

注：按可皂化物计。

标定期间装置的能耗按国标（GB/T 2589—2008）的规定进行折算，结果见表 4.33。综合能耗满足 2014 年国家能源局发布的《生物柴油产业发展政策》中规定的不大于 150kg 标煤/t 的要求。

表 4.33　装置能耗折算表

项目	单耗量		折合能耗	
	单位	数量	MJ/t 产品	比例/%
新鲜水	t/t	0.0428	0.268 7	0.01
电	kWh/t	109.7636	1 195.325 4	9.26
2.0MPa（表）蒸汽	t/t	0.8498	3 024.365 5	70.99
氮气	Nm^3/t	0.1370	0.8603	0.02
轻质燃料油	t/t	0.0158	153.122 6	3.59
重质燃料油	t/t	0.0172	677.179 2	15.90
污水	t/t	0.2152	9.908 8	0.23
合计			4 260.085 7	100.00
	折合 kg 标煤/t		145.357 7	

装置标定期间有废水及废气排放。整个装置反应生成水、洗涤水等都汇集到粗甘油中，在三效蒸发系统以蒸汽冷凝水的形式外排到废水池进行清洁处理。废水指标检测结果见表 4.34。

表 4.34　装置废水的排放量及指标

项目		指标检测结果
颜色		无色
嗅觉		异味
排放量/(t/t 生物柴油)		0.101
密度/(kg/m^3)		970
甘油质量分数/%		0.02
甲醇质量分数/%		0.051
甲醚质量分数/%		0
水质量分数/%		99.93
游离脂肪酸质量分数/%		0
甲酯质量分数/%		0
水质指标	COD/(mg/L)	980
	处理方法	送污水处理单元

废气主要来自于真空系统及储罐、中间罐氮封弛放气，收集到尾气总管排往焚烧炉处理。尾气指标检测结果见表 4.35。

表 4.35　装置尾气排放量及指标

项目	尾气
气味	难闻异味
颜色	无色
排放量/(kg/t 生物柴油)	1.8
N_2 质量分数/%	80.0
甲醇质量分数/%	0.02
甲醚质量分数/%	1.94
水气质量分数/%	17.0
其他烃类气体质量分数/%	1.04
处理方法	焚烧无害排放

SRCA 生物柴油成套技术工业化示范应用结果表明，该工艺对油脂原料适应性强，收率高，消耗较低，不采用酸碱催化剂，实现了清洁化生产，达到了国际先进水平，而且创新性突出，已申请国内外专利 47 件，市场竞争力强，推广应用前景良好。

4.5　废弃油脂生物柴油产品关键质量技术指标的控制

我国生物柴油标准 GB/T 20828—2015 中对生物柴油产品规定了 22 项质量控制指标。由于我国大多数生物柴油企业采用废弃油脂原料，生物柴油产品是通过减压闪蒸或蒸馏获得的，大多数指标能够满足标准的规定。但甲醇含量、游离甘油含量、水含量、酸值、硫含量和氧化安定性等指标与生产技术和操作水平关系密切，稍有疏忽这些指标就可能超标，导致生物柴油产品不合格，不能出厂销售，造成效益损失。

4.5.1　游离甘油含量

国家标准 GB/T 20828—2015 限定生物柴油中游离甘油的最高含量为 0.02%（质量分数）。

甘油是生物柴油的副产物。虽然甘油与脂肪酸甲酯相互溶解性差，但甲醇和微量中间产物单甘酯、二甘酯等极性化合物的存在，促进了甘油在粗甲酯中的溶解，粗甲酯中甘油浓度往往超过 0.2%。去除甘油的最简便的方法就是水洗，但水洗效果与设备性能、操作的精细程度关系密切。如果水洗设备中洗水与粗甲酯分散达不到要求，混合不充分，或者混合充分，但油水分相出现问题，粗甲酯中带水过多，都会使粗甲酯中甘油残余多，产品中甘油含量就可能超标。因此，保证水洗效果和良好分相效果才能保证甘油含量指标合格。装置建设时，水洗设备选型、制造和安装要精心，要能满足使用要求；操作时，一方面关注反应单元醇解反应是否达到控制要求，使粗甲酯中单甘酯和二甘酯含量更低一些，避免它们影响分相速度和油水相界面的形成；另一方面严格控制洗水温度、密切注意油水相互分散效果和分相效果。快速地分层并形成清晰的相界面是洗涤效果良好的标志。

4.5.2　酸值

生物柴油标准 GB/T 20828—2015 中酸值的限定指标为 0.5mg KOH/g。采用废弃油脂生产生物柴油，酸值受多种因素影响而难以达标。酸碱法工艺为了减少酯化降酸的消耗成本，通常规定物料酸值降到不大于 2mg KOH/g 时就可以进入后续的碱催化酯交换单元，但在加碱催化剂时又必须小心控制碱浓度，满足催化效果要求即可，不能把其中的游离脂肪酸都转化为皂。否则，后续水洗环节极容易产生乳化而不得不中断生产。过去酯交换之后得到的粗甲酯酸植控制不超过 1mg KOH/g，通过高真空蒸馏分离，可以使生物柴油产品酸值控制在 0.8mg KOH/g 以下，满足生物柴油国标的规定。国标 GB/T 20828—2015 对酸值提出更低的控制指标，要求不超过 0.5mg KOH/g，以往的生产控制手段已经很难适应国标 GB/T 20828—2015 对酸值的限制。可以通过加强酯化进一步降低酸值，进而在酯交换环节使用过多的碱催化剂中和大部分游离脂肪酸，但这将增加生产成本，降低收率，降低生物柴油生产的经济性水平。因此，酸值限定指标要求的提高对生物柴油技术提出了更高要求，技术上的突破必将赢得发展的先机。

4.5.3　水分

生物柴油标准 GB/T 20828—2015 中水分的限定指标为 0.05%（质量分数）。纯净的脂肪酸甲酯中水的饱和溶解度约为 0.03%，远低于标准的限定要求。但生物柴油产品中通常都含有微量的强极性的物质，如甘油、单甘酯等，使得水的饱和溶解度大大提高，有时甚至超过 0.1%（质量分数），所以脱水干燥是生物柴油生产中必备的环节。水分超标可能是脱水干燥操作控制失当造成的，但水分合格的生物柴油产品进罐储存销售期间，水分可能超标，这是因为脂肪酸甲酯中微量极性杂质促进其吸湿能力的提高，使其吸收空气中水分。因此，控制水分必须在生产和储存两个环节都要重视。干燥环节的设备选型、安装和操作措施要得当；储运环节必须有氮气保护，避免与空气长时间接触。

4.5.4 硫含量

生物柴油标准 GB/T 20828—2015 中限定硫的最高含量为 10μg/g，这也是国Ⅴ及以上规格石化柴油硫含量的限定值。硫含量低是生物柴油的优势，这是针对菜籽油等优质油脂而言的；对于废弃油脂生产的生物柴油，硫含量超标已经成为大多数酸碱法生物柴油企业的生产难题。采用废弃油脂生产生物柴油，在废弃油脂收集处理和精制处理过程及酯化降酸过程中都使用了硫酸。硫酸由于具有强化学反应活性，必然与原料反应生成磺化产物，使硫以有机物的形式溶解在生物柴油中，常规的洗涤、吸附处理很难奏效。因此，解决废弃油脂生物柴油硫含量超标问题必须多个环节一起努力，废弃油脂收集加工环节尽量避免使用硫酸来促进油水分离；生物柴油生产环节应开发新技术，避免采用硫酸作为催化剂。这样才能使生产的生物柴油产品硫含量达到 10μg/g 以下的要求。

4.5.5 氧化安定性

生物柴油标准 GB/T 20828—2015 中对氧化安定性的限定指标为 Rancimat 诱导期不低于 6h。这个限定值是指在 110℃和一定的空气流中，脂肪酸甲酯老化分解至能够检测到挥发性有机酸所用的时间。实际上，废弃油脂生产的生物柴油几乎都不能达到这个限定值。废弃油脂原料在收集储存中难以避免地要受到微生物的侵染，产生的一些代谢产物留在生物柴油中会影响氧化安定性指标。因此废弃油脂生产的生物柴油必须重视抗氧剂的使用，品种选择要合适，必须在产品进罐前加入，而且混合要均匀。

4.6 废弃油脂生产生物柴油的困境与挑战

废弃油脂能源化利用意义很重大，但以废弃油脂为原料的中国生物柴油企业经营和发展十分困难，面临不少挑战。

挑战首先来自环保方面。由于废弃油脂品质的原因，用来生产生物柴油时不能做到 100%的原子经济反应，将产生一些废气和废水。废气来源包括罐区的驰放气、装置排放的不凝气及废水处理池的驰放气等；废水的来源包括反应生成水、生产性废水、生产环境用水等。此外，生产和生产维修维护中还会产生一些废油。从检定分析结果看，废气主要成分是氮气，还有少量的甲醇、二甲醚及小分子羧酸、醛、有机胺等细菌代谢产物，这些细菌代谢产物使得废气表现出特殊的臭味，让人闻到后不舒服，对身体也有危害，不处理或处理不完全外排时导致周边环境充满异味，易遭人投诉。因此，这种废气必须得到彻底处理。尽管有多种工艺可以处理这种废气，但最有效的处理方法还是高温焚烧，只是成本较高。废水的产生量跟原料品质和生产工艺相关。以酸碱催化法工艺为例，生产装置和罐区排出的废水臭味强烈，COD、SS、NH_3-N 和 TP 等指标高，处理达标排放费用高，污水处理过程中产出的大量污泥无害化处理也需要比较高的费用，这些都加重了生产的经济负担。因此，无废水或废水生成量少的生物柴油技术将越来越有优势，能节约环保处理的费用，改善生产的经济性。

其次是柴油消费需求下降挤压了废弃油脂生物柴油产业的发展空间。2012 年我国柴油生产量为 1.7064 亿 t，市场消费量为 1.7024 亿 t，产销基本平衡；2013 年柴油产量约为 1.7 亿 t，但市场消费量下降到 1.54 亿 t，标志着柴油市场供过于求。生物柴油市场消费量受到挤压的同时，销售价格受石油价格下降的影响持续下降，甚至低于成本价。

最后，国内生物柴油应用市场没有实质性的突破，生物柴油还没有进入油品主销售渠道。国外生物柴油都是政府主导下的配额销售制，政府制定调配比例，强制推行实施。中国尽管也出台了一些鼓励生物柴油产业发展的政策和优惠措施，但强制应用方面一直没有推出政策，使得生物柴油销售困难重重。

参 考 文 献

[1] Avinash K A，Jai G G，Atul D. Potential and challenges for large-scale application of biodiesel in automotive sector. Progress in Energy and Combustion Science，2017，(61)：113-149.

[2] 姚志龙，闵恩泽. 废弃食用油脂的危害与资源化利用. 新能源，2010，30（5）：123-130.

[3] 杜泽学，唐忠，王海京，等. 废弃油脂原料 SRCA 生物柴油技术的研发与工业应用示范. 催化学报，2013，34（1）：101-115.

[4] Zhang H，Ozturk U A，Wang Q，et al. Biodiesel produced by waste cooking oil：Review of recycling modes in China，the US and Japan. Renewable and Sustainable Energy Reviews，2014，38：677-685.

[5] 中国产研智库. http: //wencechanye.blog.163.com/. 2017-03-09.

[6] 杜泽学，王海京，江雨生，等. 采用废弃油脂生产生物柴油的 SRCA 技术工业应用及其生命周期分析. 石油学报（石油加工），2012，28（3）：353-361.

[7] 杜泽学，刘晓欣，江雨生，等. 近/超临界甲醇醇解生产生物柴油工艺的中试. 石油化工，2014，43（11）：1296-1209.

[8] 田秀英，高欣欠，祁海龙. 生物柴油废水的处理技术研究. 绿色科技，2013，(3)：174-177.

[9] 唐忠. 超临界醇解法生产生物柴油的热力学、动力学和工艺过程研究. 北京：石油化工科学研究院，2005.

[10] Tang Z，Du Z X，Min E Z，et al. Phase equilibria of methanol-triolein system at elevated temperature and pressure. Fluid Phase Equilibria，2006，239：8-11.

[11] Peng D Y，Robinson D B. A new two-constant equation of state. Department of Chemical Engineering，1976，15：59-64.

[12] Aspen Technology Inc. Aspen Plus® Version 10. 1. Reference Manual Vol. 2，Cambridge，USA，1999.

[13] Jachson M A，King J W. Methanolysis of seed oil in flowing supercritical carbon dioxide. Journal of the American Oil Chemists' Society，1996，73：353-356.

[14] Diasakov M，Louloudi A，Papayannakos N. Kinetics of the non-catalytic transesterification of soybean oil. Fuel，1998，77：1297-1302.

[15] 杨军峰，王忠，孙平，等. 双低菜籽油制备生物柴油的工艺探索. 柴油机，2003，3：43-45.

[16] Dorado M P，Ballesteros E，López F J，et al. Optimization of alkali-catalyzed trans-esterification of Brassica Carinata oil for biodiesel production. Energy & Fuel，2004，18：77-83.

[17] Noureddini H，Zhu D. Kinetics of transesterification of soybean oil. Journal of the American Oil Chemists' Society，1997，74：1457-1463.

[18] Brandani V. A continuous linear association model for determining the enthalpy of hydrogen-bond formation and the equilibrium association constant for pure hydrogen-bonded liquids. Fluid Phase Equilibria，1983，12（1/2）：87-104.

[19] 中国石油化工股份有限公司. 脂肪酸酯的制备方法. ZL200410102821. 2. 2009.

[20] 中国石油化工股份有限公司. 一种制备脂肪酸酯的工艺方法. ZL200610080703. 5. 2010.

[21] 中国石油化工股份有限公司. 一种油脂的化学加工方法. ZL200710177009. X. 2012.

[22] 中国石油化工股份有限公司. 一种生物柴油的制备方法. ZL200610165102. 4. 2012.

[23] 中国石油化工股份有限公司. 一种降低生物柴油酸值的方法. ZL200810102834. 8. 2012.

[24] 中国石油化工股份有限公司. Process for preparing a biodiesel. US8500828B2. 2013.

[25] Kusdianar D，Saka S. Kinetics of transesterification in rapeseed oil to biodiesel fuel as treated in supercritical methanol. Fuel，2001，80：693-698.

[26] 张庆英，杜泽学，杏长鑫. SRCA 生物柴油技术的工业应用. 石油炼制与化工，2017，48（1）：22-25.

第5章　生物柴油装置主副产品的深加工技术

生物柴油装置的主产品是生物柴油（即脂肪酸单烷基酯类物质，主要是脂肪酸甲酯），副产物则有反应生成的甘油、脱轻产生的轻质油和蒸馏产生的重油。其中，轻油和重油成分复杂，主要用作燃料油，深加工利用较少；生物柴油除用作燃料外，还可以生产多种高价值化学品，甘油亦可以生产多种精细化学品。在生物柴油行业自身盈利能力差的背景下，对生物柴油装置的主副产品进行深加工，延长产品价值链、提高产品附加值是提高生物柴油企业经济效益的重要途径。

5.1　生物柴油中不同组分（脂肪酸甲酯）的分离技术

组成生物柴油（脂肪酸甲酯）的脂肪酸链与油脂（甘油三酸酯）、脂肪酸中的脂肪酸链并无差别，所以从结构上来讲，生物柴油可以代替油脂或脂肪酸生产各种油脂化学品。而且，脂肪酸甲酯比油脂和脂肪酸更易于精制和分离，因而更容易生产出附加值更高的油脂化学品。

对生物柴油进行分离的目的是为深加工提供原料，所以在选择生物柴油分离技术时必须弄清楚下一步深加工的产品对原料组成的要求。深加工产品对原料脂肪酸组成的要求可以分成四大类：第一类对脂肪酸组成没有特殊要求，精制后不含杂质的生物柴油无须分离即可作为原料使用，这类产品种类相对较少，产品的附加值也较低；第二类要求原料碘值较低，即以饱和脂肪酸甲酯为主，以该类原料生产的下游产品附加值稍高，如各种硬脂酸盐（如硬脂酸钠、硬脂酸钾、硬脂酸钙、硬脂酸锌等）、分子蒸馏单甘酯、脂肪酸甲酯磺酸盐等；第三类要求原料碘值高，即以不饱和脂肪酸为主，多数生物柴油分离出饱和脂肪酸甲酯后即可作为该类原料使用，某些不饱和脂肪酸含量比较高的油脂原料生产的生物柴油无须分离也可满足要求，以该类原料生产的下游产品价值更高一些，如环氧脂肪酸甲酯、油酸酰胺、柴油抗磨剂等；第四类是对碳原子数和/或不饱和双键数有特定需求的产品，如生产肉豆蔻酸/棕榈酸异丙酯、亚油酸/亚麻酸乙酯的肉豆蔻酸/棕榈酸甲酯和亚油酸/亚麻酸甲酯原料，生产壬二酸和十三酸的油酸甲酯和芥酸甲酯等，这些产品往往需要经过多步分离才能获得，分离难度大，但下游产品的附加值很高。

5.1.1　精馏分离技术

生物柴油是以 C_{16} 和 C_{18} 长链脂肪酸的甲酯为主的混合物，在常压条件下，C_{12} 脂肪酸甲酯的沸点已经高到 262℃，C_{16} 和 C_{18} 长链脂肪酸的甲酯的沸点就更高了。由于脂肪酸甲酯在高温下不稳定，塔釜会发生分解和聚合等副反应，影响馏出脂肪酸甲酯的纯度和收率，所以，精馏分离生物柴油中不同碳数的脂肪酸甲酯必须要在减压条件下进行，表 5.1 列举了生物柴油中几种主要脂肪酸甲酯组分在不同真空度下的沸点温度。从表 5.1 中可以看出，脂肪酸甲酯的沸点受脂肪酸链中碳原子数影响较大，每增加一个碳原子沸点约上升 10℃；脂肪酸甲酯的沸点受饱和度的影响较小，相同碳数不同饱和度的脂肪酸甲酯之间沸点相差很小。所以，精馏分离技术主要用于不同碳数脂肪酸甲酯的分离，对含有相同碳数、不同双键数的脂肪酸甲酯，如硬脂酸甲酯与油酸甲酯、亚油酸甲酯、亚麻酸甲酯等，无法通过减压精馏实现分离。

表 5.1　主要脂肪酸甲酯在不同真空度下的沸点温度[1]

脂肪酸甲酯	摩尔质量/(g/mol)	沸点/℃				
		133.3Pa	266.6Pa	533.2Pa	799.8Pa	1066.4Pa
十二酸甲酯	214.351	—	100	113	121	128
十四酸甲酯	242.425	114	125	141	150	157
十六酸甲酯	270.459	136	149	162	172	177
十八酸甲酯	298.513	155.5	166	181	191	199
油酸甲酯	296.497	152.5	166.5	182	192	199.5
亚油酸甲酯	294.481	149.5	166.5	182.4	193.5	199.9
亚麻酸甲酯	292.456	—	—	—	184	198
二十酸甲酯	326.567	160～165	—	—	—	—
芥酸甲酯	352.605	169～170	—	—	—	—

刘巧云等[1]通过多塔连续精馏分离工艺，实现了生物柴油中不同碳数脂肪酸甲酯之间的分离：生物柴油经过脱轻塔（进料温度 180～190℃，再沸器温度 190～200℃，塔顶绝压 0.5～0.8kPa、温度 130～150℃）脱除 C_{14} 以下脂肪酸甲酯后，依次经过 C_{16} 精馏塔（再沸器温 200～210℃，塔顶绝压 0.4～0.6kPa、温度 150～160℃）、C_{18} 精馏塔（再沸器温 210～220℃，塔顶绝压 0.4～0.6kPa、温度 160～170℃）和 C_{20} 精馏塔（再沸器温 220～230℃，塔顶绝压 0.4～0.6kPa、温度 180～190℃）分别得到三种精馏甲酯产品，即 C_{16} 甲酯、C_{18} 甲酯和 C_{20} 及以上甲酯，其

中 C_{16} 甲酯和 C_{18} 甲酯纯度达到 96.5%以上，C_{20} 及以上甲酯产品中 C_{20} 甲酯的纯度为 86.5%。

生物柴油下游产品中对原料碳数有严格要求的很少，所以在实际的工业生产中很少进行上述高分离度的精馏分离。实际生产中，生物柴油精馏分离主要有如下两种：一种是从菜籽油生物柴油中分离长碳链的芥酸甲酯以生产芥酸酰胺和十三烷二酸等产品[2]，另一种是将脱轻后的生物柴油简单切割成以饱和脂肪酸为主的 C_{16} 组分和以不饱和脂肪酸为主的 C_{18} 组分，分别生产氯化甲酯和环氧脂肪酸甲酯等产品[3]。

5.1.2 低温结晶分离技术

低温结晶分离技术是利用部分脂肪酸甲酯在低温条件下结晶而与其他液态脂肪酸甲酯分离的技术，该技术在油脂化工中常用于饱和脂肪酸组分的分离。根据是否使用溶剂及其他助剂，可以将低温结晶分离技术分成不使用溶剂的干法结晶、使用有机溶剂的溶剂结晶和使用表面活性剂的乳液结晶等[4]。

干法结晶是通过缓慢降温，使部分高熔点脂肪酸甲酯结晶，然后通过压滤等分离操作，实现固态脂肪酸甲酯和液态脂肪酸甲酯的分离；干法结晶不向脂肪酸体系引入新的物质，无溶剂分离、回收等问题，但结晶过程耗时较长、体系黏度高、分离困难，而且饱和脂肪酸和不饱和脂肪酸的分离效果不佳。溶剂结晶则是使脂肪酸甲酯的结晶在甲醇、乙醇、丙酮等溶剂中进行，以降低体系黏度，便于后续产品分离。溶剂结晶可以得到低碘值的饱和脂肪酸甲酯产品和高碘值的不饱和脂肪酸甲酯产品，但使用溶剂也会带来溶剂挥发、能耗增大等问题。乳液结晶则是向脂肪酸甲酯的水溶液体系中引入少量的乳化剂和电解质，使低熔点的脂肪酸甲酯以液态形式存在于水溶液中，而高熔点的脂肪酸甲酯在水溶液中结晶析出，然后通过离心分离等实现分离。乳液结晶处理量大，而且不使用有机溶剂，能避免有机溶剂挥发和溶剂回收问题，但引入的表面活性剂和电解质会影响分离产品的品质。

目前生物柴油结晶分离应用较多的主要是干法结晶和溶剂结晶。干法结晶多用于低凝点生物柴油的生产，主要目的是降低生物柴油中的饱和脂肪酸甲酯含量，以提高生物柴油低温流动性能，一般而言，采用这种方法降低饱和脂肪酸甲酯的含量有限。例如，棉籽油甲酯从室温开始，以 1℃/min 的速率降至–4℃，保持 24h 后进行液固分离，可将饱和脂肪酸甲酯含量从 32.12%降至 23.90%，生物柴油产品的冷滤点从 6℃降低到–1℃[5]。溶剂结晶则主要用于生产高碘值的脂肪酸甲酯，饱和脂肪酸甲酯的含量可以大幅度降低。例如，Strohmeier 等[6]以甲醇为溶剂分离牛油甲酯中的饱和脂肪酸甲酯，在甲醇∶甲酯 = 10∶1(v/m)、–22℃下结晶 4h 后分离，可将饱和脂肪酸甲酯的含量从 50%降至 9%，分离出的饱和脂肪酸甲酯中不饱和组分含量也只有 5%，分离效率很高。

5.1.3　尿素包合分离技术

包合是指两种或两种以上的化合物相互以次价键和氢键结合在一起，其中之一被包合在另一种或多种组分构成的结晶框架之内。在一定条件下，被包合的组分可以以一定方式分离出来，从而达到纯化分离的目的。尿素与长链脂肪酸甲酯在某些有机物中结晶时就可以形成结晶型的包合物，从而实现脂肪酸甲酯的分离。

尿素在甲醇、乙醇等有机溶剂中生成包合物时，尿素分子之间通过氢键力以右螺旋方式在有机物分子周围沿六棱柱边螺旋上升，形成宽大的六方晶体。饱和脂肪酸及其衍生物易与尿素形成稳定的尿素包合物，低不饱和脂肪酸的衍生物可与尿素形成短而粗的晶体，而且不稳定，三烯和三烯以上的多不饱和脂肪酸较难形成尿素包合物。例如，在 25℃时，硬脂酸、油酸、亚油酸与尿素形成包合物的稳定常数分别为 5000、480 与 53[7]。所以，当尿素不足时，将会优先与含双键少的脂肪酸生成包合物沉淀，由此可以实现不饱和程度不同的脂肪酸甲酯的分离。

蔡双飞和王利生[8]以混合脂肪酸甲酯为原料，采用尿素包合法分离不饱和脂肪酸甲酯，在混合脂肪酸甲酯（w）∶尿素（w）∶甲醇（v）为 1∶2.09∶8.36 和 −10℃条件下包合，不饱和脂肪酸甲酯的含量由原来的 47.69%提高到 86.74%，收率为 54.19%。王车礼等对废弃油脂生物柴油在 95%乙醇[9]和甲醇[10]中的尿素包合分离过程进行研究，在适宜条件下分离出的包合甲酯中饱和脂肪酸甲酯的含量分别为 93.5%和 90.23%；在梯度冷却条件下，废弃油脂经过尿素包合分离可以得到不饱和脂肪酸含量为 94.8%的非包合脂肪酸甲酯产品[11]。辛红玲采用尿素包合法分离乌桕、桐油和茶油中的饱和脂肪酸甲酯，可使不饱和脂肪酸甲酯的含量分别提高 21%、48%和 104%[12]。樊莉等[13]通过控制包合条件，将饱和脂肪酸与单不饱和脂肪酸甲酯从棉籽油甲酯中分离出来，可以得到亚油酸含量达到 96.5%的甲酯产品。

顺、反式油酸甲酯虽然都是只含有一个不饱和双键的脂肪酸甲酯，但是在结构上反式油酸甲酯更接近于直链饱和脂肪酸甲酯，更易于被包合，而顺式油酸甲酯的碳链弯曲，增加了分子的截面积，包合难度大，所以通过尿素包合，还可以实现顺、反式油酸甲酯的分离。在油酸甲酯、尿素和甲醇质量比为 1∶2∶10、包合温度 30℃、降温速率 30℃/h、包合时间 5h 的条件下，包合分离出的顺式油酸甲酯纯度可达到 96.52%，回收率为 47.99%，同时顺式油酸甲酯产品中不含反式油酸甲酯[14]。

5.1.4 银离子络合分离技术

银离子能够与不饱和脂肪酸及其衍生物中的碳碳双键形成 π 键，而且脂肪酸链上双键数越多，其与银离子的络合能力越强，所以银离子络合分离可以实现不同饱和度的脂肪酸甲酯的分离。

银离子络合法分离脂肪酸及其衍生物既可以直接用硝酸银溶液，也可以将银离子负载到固体载体上再使用。马养民和杜小晖[15]用 45%的硝酸银溶液从 α-亚麻酸甲酯含量为 25.83%的花椒油甲酯中络合分离 α-亚麻酸甲酯，在 0℃下络合 1.5h 后得到的分离产品中，α-亚麻酸甲酯的含量达到 82.63%。王嵩[16]先用尿素饱和分离海藻油中的饱和脂肪酸和低不饱和脂肪酸，富集多烯脂肪酸，得到 DPA 和 DHA 含量分别为 26.94%和 69.75%的混合脂肪酸，然后将混合脂肪酸甲酯化，再用硝酸银硅胶作为固定相，用制备型液相色谱法进行分离，分离得到纯度超过 99%的 DPA 和 DHA 甲酯产品。

5.2 脂肪酸甲酯深加工新技术

脂肪酸甲酯代替油脂或脂肪酸可以生产几乎所有的油脂化学品，图 5.1 列举了生物柴油可以生产的主要产品，本节以脂肪醇、脂肪酸甲酯磺酸盐、脂肪酸甲酯乙氧基化物、蔗糖脂肪酸酯和氯代甲氧基脂肪酸甲酯为例，介绍脂肪酸甲酯加工的新技术。

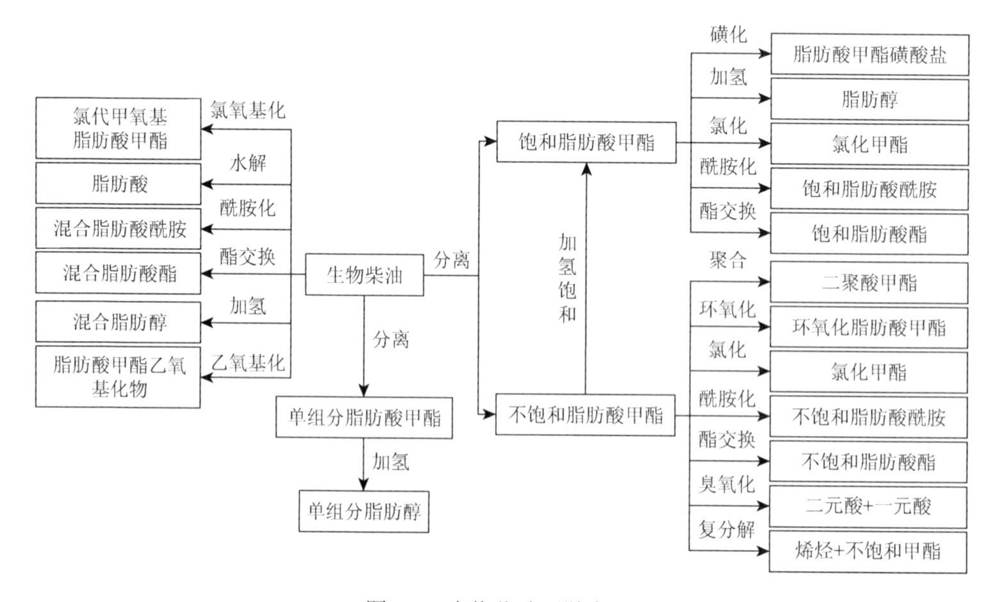

图 5.1　生物柴油下游产品

5.2.1　脂肪醇

脂肪醇是生产脂肪醇硫酸盐（AS）、脂肪醇醚（AES）、脂肪醇醚硫酸盐（AES）、脂肪醇醚羧酸盐（AEO）、烷基多糖苷（APG）等多种表面活性剂的原料[17]，据统计，2015 年我国脂肪醇产能发展到 80 万 t，市场需求量约为 70 多万 t，进口量近 30 万 t，多为高端产品。随着我国经济的发展、人民生活水平的提高和精细化工等相关产业的技术进步，对脂肪醇的需求将会进一步增加。

油脂、脂肪酸和脂肪酸甲酯都可以加氢生产脂肪醇，但多数油脂加氢只能生产低价值的混合脂肪醇，反应过程中还会出现聚合、过滤困难等问题。脂肪酸和脂肪酸甲酯都能在精馏分离后生产价值更高的特定碳数脂肪醇，其中，脂肪酸甲酯的沸点比相应的脂肪酸沸点低，分离甲酯所消耗的能量远比分离脂肪酸少，脂肪酸甲酯的稳定性也比脂肪酸好，腐蚀性比脂肪酸小，所以脂肪酸甲酯是生产天然脂肪醇的最佳原料。

目前脂肪酸、脂肪酸甲酯催化加氢制高碳醇工艺普遍采用铜铬催化剂，反应压力在 16～30MPa，反应温度为 150～300℃，反应为气-液-固多相体系。在上述工艺条件下，脂肪酸、脂肪酸甲酯的转化率为 80%～90%，脂肪醇的选择性在 80%～90%，同时产物中含有 2%～3%的烷烃。传统甲酯加氢中，由于氢气在油脂中的溶解度低，反应的传质阻力较大，成为影响反应速率的关键因素。在超临界条件下进行甲酯加氢反应，可以显著提高反应效率，同时减少副反应。Brands 等[18]以丁烷为超临界溶剂，反应压力降至 9MPa，甲酯转化率可以达到 99%，产物中也未检出烷烃。二氧化碳[19]、丙烷[20]、二甲醚[21]、C_5～C_7 的烷烃或重整抽余油[22]也都可以作为超临界溶剂，改善传质，加快反应速率。

5.2.2　脂肪酸甲酯磺酸盐

脂肪酸甲酯磺酸盐（MES）是由饱和脂肪酸甲酯经磺化、中和、漂白等生产的表面活性剂，主要用于肥皂粉、钙皂分散剂、洗涤剂和乳化剂。MES 分子水溶性好，水解稳定性强，与烷基苯磺酸盐相比，有更好的耐硬水性、增溶性、乳化性和配伍性，对人体刺激小，是性质温和、无毒、可生物降解的环保型绿色日用化学品。

从 20 世纪 30 年代开始，就有人开始研究 MES 的反应机理和制备方法，但一直没有很好地解决色泽和二钠盐杂质等关键问题，所以没有能像烷基苯磺酸钠和烷基硫酸盐那样作为主要表面活性剂使用。20 世纪 80 年代之后，随着研究的深入，人们逐渐认识到控制磺化速度、使用高饱和度脂肪酸甲酯原料及漂白是生产浅色 MES 的关键，再酯化和将产品干燥成固体使用则是减少二钠盐副产物的关键。

目前已经形成了 3 种不同 MES 的生产路线：①依次进行磺化、老化、再酯化、漂白、中和、干燥等操作的酸性漂白技术[23-26]；②依次进行磺化、老化、再酯化、中和、漂白、干燥等操作的中性漂白技术[27]；③依次进行磺化、老化、再酯化、漂白、中和、再漂白、干燥等操作的二次漂白技术[28]。世界上主要的 MES 生产商有日本 Lion 公司、美国 Stepan 公司、美国 Huish 公司和意大利 Ballestra 公司，国内广州市浪奇实业股份有限公司、浙江赞宇科技股份有限公司、山东金轮工贸集团、成都蓝风集团股份有限公司和邹平福海集团有限公司等公司在 21 世纪也纷纷开展 MES 的研发和生产，但脂肪酸甲酯磺化依然是非常复杂的过程，MES 的生产控制难度依旧很大。

5.2.3　脂肪酸甲酯乙氧基化物

脂肪酸甲酯乙氧基化物（FMEE）是 20 世纪 90 年代兴起的新型双封端酯-醚型非离子表面活性剂，由脂肪酸甲酯与环氧乙烷（EO）在碱土金属等复合催化剂的存在下直接反应生产。FMEE 比脂肪醇乙氧基化物更易生物降解、泡沫少、水溶快、易漂洗，对油脂增溶能力强，对皮肤的刺激性更小[29]，可用作乳化剂、油相调节剂、润湿剂等。

传统合成脂肪酸甲酯乙氧基化物的方法有两种[30]：①用甲醇与环氧乙烷反应生成聚乙二醇单甲醚，再在高温下与脂肪酸或甲酯反应；②先用脂肪酸与环氧乙烷加成，得到脂肪酸聚氧乙烯酯中间体，然后在高温、高压下使之与甲醇或其他甲基化试剂反应。由于上述两种制备方法反应需在高温、高压下进行，能耗大、副产物（如二酯和聚乙二醇等）多，所以两种方法都没有实现工业化。

近二三十年来，随着催化技术的发展，开发出了能向无活泼氢的脂肪酸甲酯上直接插入 EO 的新催化剂，可以一步生产 FMEE，产物几乎都是均一的单酯。这些新催化剂与传统的乙氧基化催化剂不同，都是含有双活性位的金属复合物催化剂，如 Al/Mg 复合物催化剂[31]、Ca/Mg 复合物催化剂[32, 33]及水云母[34, 35]等。这类催化剂合成出来的 FMEE 产品呈现出优秀的窄 EO 分布性，使得产品在某些方面较传统的宽分布产品具有更优良的性能，如更有利于表面活性剂配方的增稠，具有较强的发泡力和泡沫稳定性，具有强于宽分布产品的水溶性从而利于制作液体配方等。

脂肪酸甲酯乙氧基化物因其优良的性价比，近年来引起了 Henkel、Lion、Coneda 等国外一些生产表面活性剂的大公司的重视。国内江南大学、中国日用化学工业研究院都曾研究该过程所需的特殊催化剂，并在 2000 年前后相继完成中试，并分别在抚顺市合成洗涤剂厂和上海发凯化工有限公司进行了工业化生产；南风化工集团股份有限公司与中国日用化学工业研究院还合作进行了 FMEE 在洗衣粉中的应用研究[36]。

5.2.4　蔗糖脂肪酸酯

蔗糖脂肪酸酯（sucrose esters of fatty acides，SE）是蔗糖分子上的羟基被脂肪酸基取代而生成的一大类有机化合物的总称，蔗糖脂肪酸酯中含有亲水的蔗糖基团和疏水的长链脂肪酸基团，而且脂肪酸链的数目可调，所以改变脂肪酸基团的种类、原料配比和工艺，就可以生产出 HLB 值为 1～15 的系列具不同亲油性能的乳化剂。蔗糖脂肪酸酯是一种新型的多元醇非离子表面活性剂，它具有良好的乳化、分散、增溶、渗透、起泡、黏度调节、防止老化、抗菌等性能，还具有无毒、无臭、无刺激性、易生物降解等优良特性，所以被广泛应用于食品、医药、化工、化妆品、洗涤剂、纺织及农牧业等行业。尤其值得注意的是，蔗糖脂肪酸酯因具有高度的安全性和非凡的功用，已相继被日本（1959 年）、联合国粮食及农业组织（Food and Agriculture Organization of the United Nations，FAO，1969 年）、世界卫生组织（World Health Organization，WHO，1980 年）、欧洲联盟（European Communities，EC，1974 年）、美国（1983 年）和中国（1985 年）等国家和组织批准作为食品添加剂和药用辅料。FAO 和 WHO 食品添加剂标准委员会于 1969 年承认蔗糖脂肪酸酯是高效而安全、可无限量加入的食品添加剂[37]。

蔗糖脂肪酸酯的合成方法有酰氯酯化法、直接脱水法和酯交换法，其中酯交换法可在碱催化条件下较为快速地进行，是合成蔗糖脂肪酸酯的工业方法。蔗糖与脂肪酸甲酯相互溶解度低，所以反应过程中的传质障碍极大，是影响反应效率的主要因素，为此开发了多种加强传质的工艺。例如，使用二甲基甲酰胺[38]、丙二醇[39]、乳化分散剂[40, 41]、相转移剂[42, 43]等物质，或使用超声[44]、微波[45]，甚至超声波和微波耦合[46]来强化传质，促进酯交换反应。

目前世界上具有较大生产规模的厂家仅限日本的三菱化成工业公司和第一制药公司，总生产能力达 6kt/a 以上，但实际产量为 3kt/a，均采用水溶剂法生产，共有 16 个品种，主要用于食品行业，占 70%～80%。日本除能满足国内需求外，还有 10%～15%的蔗糖脂肪酸酯出口欧洲、东南亚和美国。我国 1979 年由无锡轻工大学开始蔗糖脂肪酸酯的合成和应用开发，后西南化工研究设计院首先改进了溶剂法生产出食品级蔗糖脂肪酸酯，目前共有 30 多个生产企业，总生产能力达到 10kt/a，产量约 3.5kt/a。总地来说，我国蔗糖脂肪酸酯生产厂家生产工艺不够先进、生产规模小、生产成本较高、产品质量有待提高、应用领域尚须全面开发。

5.2.5　氯代甲氧基脂肪酸甲酯

氯代甲氧基脂肪酸甲酯是不饱和脂肪酸甲酯与氯气、甲醇反应生成的新型环保增塑剂，脂肪酸甲酯生成氯代甲氧基脂肪酸甲酯的反应方程式如下：

$$CH_3(CH_2)_7CH{=}CH(CH_2)_7COOCH_3 + CH_3OH + Cl_2 \xrightarrow{\text{催化剂}}$$

$$CH_3(CH_2)_7\underset{\underset{Cl}{|}}{CH}\ \underset{\underset{OMe}{|}}{CH}(CH_2)_7COOCH_3 + HCl$$

脂肪酸甲酯除发生上述甲氧基化反应外，还会发生氯代反应，所以氯代甲氧基脂肪酸甲酯产品实际上是由氯代甲氧基脂肪酸甲酯与氯化甲酯组成的混合物。

氯代甲氧基脂肪酸甲酯中含有氯取代基，所以与含氯的其他脂肪酸衍生物（氯化甲酯、氯化油脂）一样，与 PVC 有良好的相容性，同时还可赋予 PVC 制品一定的阻燃性能[47]；氯代甲氧基脂肪酸甲酯上的甲氧基是一种脂溶性基团，有利于减少其迁移；氯代甲氧基脂肪酸甲酯不含有害金属和邻苯类物质、无毒、挥发性低，可以替代邻苯二甲酸酯（DOP）、氯化石蜡等增塑剂，广泛应用在有机树脂材料、光固化、电缆等材料中。

刘莹等以甲醇为甲氧基化试剂，过氧化苯甲酰为催化剂在 70～85℃下反应 8h，可以制得氯含量不超过 26.5%、甲氧基含量不超过 8.5%的甲氧基脂肪酸甲酯，性能测试表明氯代甲氧基脂肪酸甲酯可以较大部分地替代 DOP[48, 49]。王芳等[50]在紫外光催化条件下，以甲醇作为甲氧基化试剂、氯气为氯化试剂生产氯代甲氧基脂肪酸甲酯，产物碘值从 75.4g I_2/100g 降至 0.5g I_2/100g，产品性能测试表明其与环氧脂肪酸甲酯相比，除增塑效率略有降低外，其他性能如与聚氯乙烯（PVC）树脂的相容性、耐迁移性、耐热性能、阻燃性能均有较大提升。杨春良等[51]也采用光催化制备了氯代甲氧基脂肪酸甲酯，当氯代甲氧基脂肪酸甲酯的氯含量为 25%～32%时增塑效果最佳，替代 DOP 比例达到 20%～40%时，材料的抗拉伸性能与断裂伸长率均与 DOP 效果相近，材料表面硬度也比单纯使用 DOP 优异；氯代甲氧基脂肪酸甲酯的绝缘性能要优于 DOP，替代部分 DOP 后，增塑 PVC 材料的热稳定性也明显得到了改善。

5.3　甘油的精制

油脂酯交换反应后生成粗生物柴油与粗甘油，粗甘油中溶解有甲醇、碱皂、脂肪酸甲酯、碱催化剂及其他杂质，需进一步精制才能作为工业或医药原料使用。甘油精制基本工艺流程如图 5.2 所示。

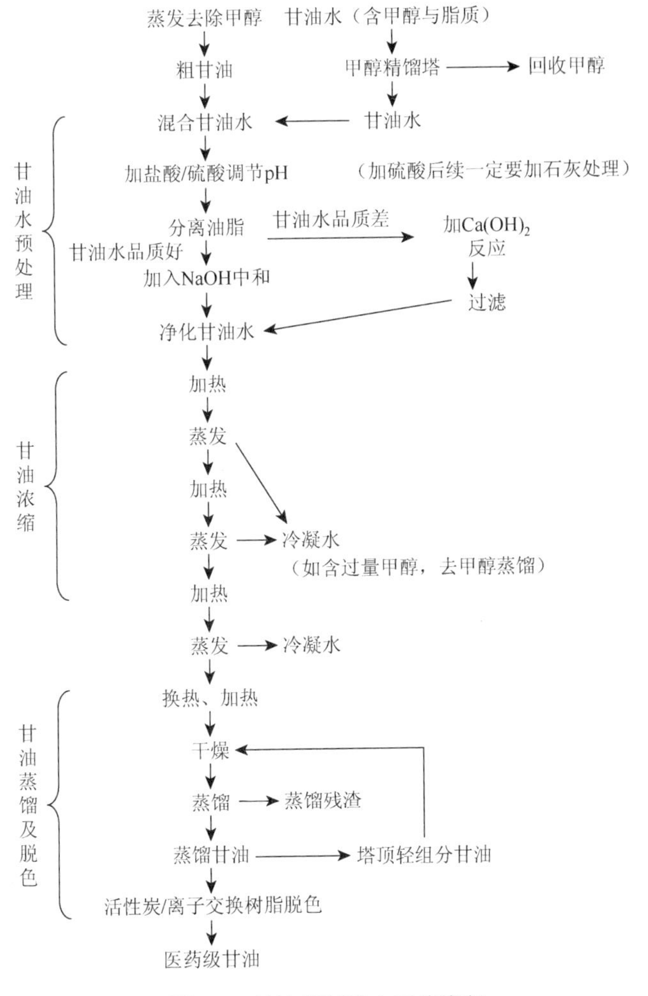

图 5.2 甘油精制基本工艺流程

5.3.1 甘油水预处理

粗甘油预处理单元的主要目的是回收甲醇，分离脂质、胶质、碱催化剂等杂质。粗甘油中的甲醇经过加热蒸发后进入甲醇回收塔，回收后即可用于生产生物柴油。

甲醇蒸发后的粗甘油中溶解有少量皂、脂肪酸甲酯、催化剂、胶质等其他杂质。若生物柴油使用精炼油脂为生产原料，甘油水中杂质相对较少，与之配套的甘油预处理就比较简单，基本工艺是通过油水分离设备沉降分离去除脂肪酸甲酯后加碱中和。若使用废弃动植物油、回收油等原料生产生物柴油，则副产粗甘油所含杂质就比以精炼油脂为原料时多很多，颜色也较深，需要在甘油水预处理工艺中进行特别处理。其中的胶质对预处理工艺影响最大，需要在除油后增加石灰处理、絮凝处理、碳酸盐处理、过滤等工艺。

图 5.3 为德国 Lurgi 公司的甘油水净化标准工艺简单流程图（带石灰浆、絮凝剂后处理的工艺）。该工艺先将浓度为 30%的盐酸通过计量泵输送到甘油水中，由静态混合器混合均匀，并控制溶液 pH 为 2.5～3。然后，将此甘油水经过加热器加热至 90～95℃后打入油水分离罐中，盐酸与胶质、磷脂及皂在此反应，皂反应后会生成脂肪酸。游离脂肪酸与甲酯（轻相）密度低，将浮于甘油水之上，从油水分离器中分离出来。

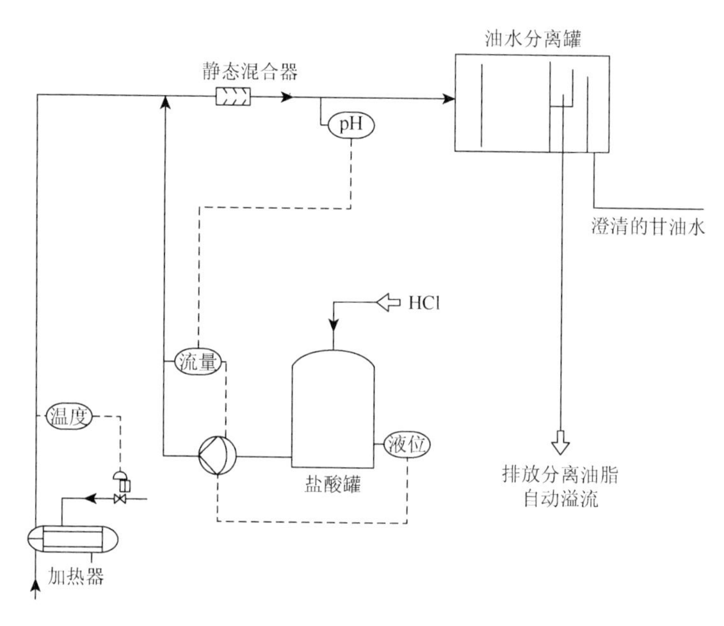

图 5.3　德国 Lurgi 公司的甘油水净化标准工艺简单流程图

对于使用精炼油为原料的工艺，通过上述处理后再进行简单中和处理，即在油水分离罐出来的甘油水中加入烧碱，在带搅拌器的反应罐中中和，然后就可进入下一步甘油水蒸发工段。对于使用碱炼脱皂油（经过化学精炼脱胶、脱酸，但未经过脱色、脱臭的原料油）为原料的工艺，除油后还需要进行简单的 $Ca(OH)_2$ 中和过滤处理，即通过石灰使甘油水中残余的皂、脂肪酸等脂质变成脂肪酸钙盐沉淀，同时使重金属离子、胶质沉淀。这些沉淀物还可以吸附一些色素等杂质。对于含杂质特别是胶质较多的原料，单独加石灰反应、过滤处理还不能满足杂质去除的需要。需要在加入石灰 $Ca(OH)_2$ 过滤处理后再次加入絮凝剂处理。絮凝剂可以在水中分散为氢氧化物的溶胶，可以通过吸附其他胶质或中和其他带电荷的杂质后一起沉降。一般絮凝剂为明矾等铝盐、三氯化铁等。反应后再加少量 Na_2CO_3

处理，调整 pH 至 8%～8.5%。使残余 Al^{3+}、Ca^{2+}、Fe^{3+}等金属离子沉淀，之后再过滤。絮凝剂溶于水后通过喷射泵吸入。劣质油生产生物柴油时副产的甘油通过该工艺处理后可以将大多数杂质去除。

5.3.2　甘油浓缩

甘油浓缩单元的主要目的是蒸发去除预处理单元得到的粗甘油中的水分，将甘油浓度提高到 88%～95%。甘油浓缩阶段需蒸发大量水，所以能耗高，为充分利用余热，甘油浓缩单元采用多效蒸发工艺。所谓多效蒸发就是通过利用前一级甘油水蒸发产生的蒸气，加热所产生的浓甘油水，使甘油水再次蒸发的工艺。多效蒸发可以节省大量加热蒸气与冷凝水，抽真空可以降低甘油水溶液中水的沸点。在多效蒸发系统中，最后一级蒸发器在真空下操作可以大幅度提高后几级蒸发的效率，并进一步降低蒸气消耗。图 5.4 为甘油水三效蒸发装置图。

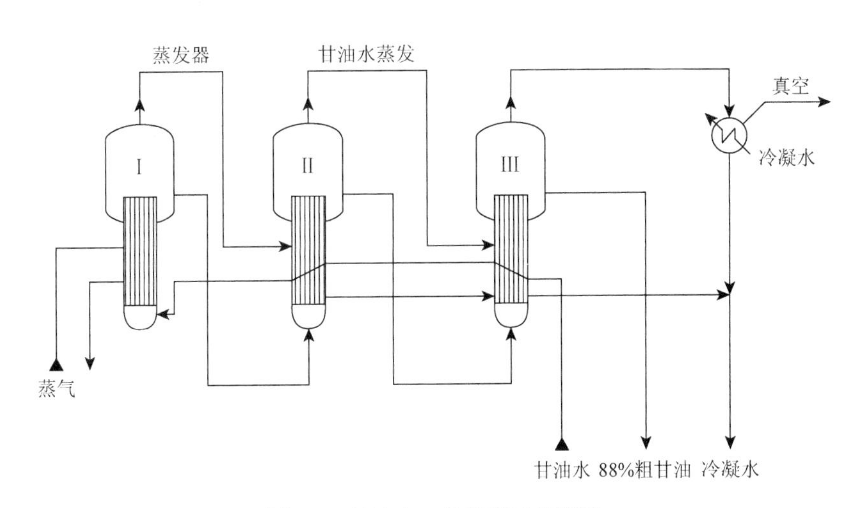

图 5.4　甘油水三效蒸发装置简图

常规单级自然循环型蒸发器每消耗 1kg 蒸气约可以蒸发 1kg 水，而采用四效真空蒸发器每 1kg 蒸气的输入可以蒸发 4～5kg 水。多效蒸发系统正常运行后，系统内各蒸发器保持液位稳定。在流量也稳定的情况下，通过控制第一级蒸发器的加热蒸气量来控制蒸发工艺。一般通过设定加热蒸气压力或蒸发温度来进行自动控制。最后一级为真空蒸发，蒸发出来的气体温度较低。通过记录最后一级流出的甘油和从其上口蒸发出的蒸气的温度，以及计算它们之间的温差可以判断整个蒸发工艺的效果。当温差低时，说明甘油的含水量很高，温差高于 20℃时，甘油浓度已经大于 88%。温差是该工艺重要监控参数，温差小时需要加大第一级的蒸气加热量，另外需要调整真空系统（调整真空冷凝水、喷射蒸气等参数）。

图 5.5 和 5.6 是国外近几年开发的新型节能设备和流程，其中，图 5.5 是利用蒸气喷射泵对蒸发室抽真空，加压后的蒸气用于第一级蒸发器加热，节省了加热与冷凝负荷。图 5.6 是使用机械真空泵（压缩机）将蒸发室产生的蒸气加压，压力提高、温度升高的蒸气再用作加热的能源。

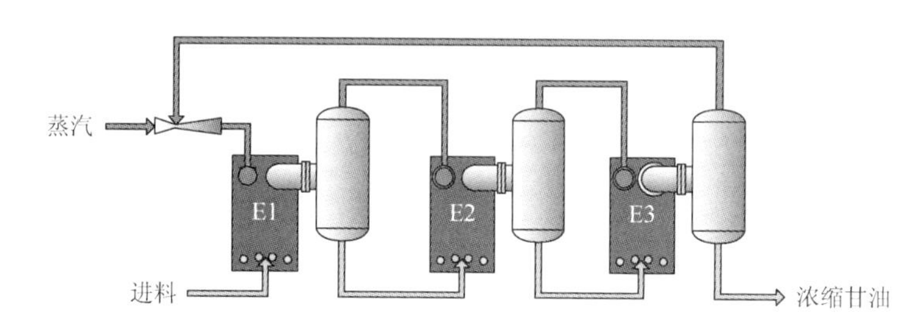

图 5.5　使用蒸气喷射真空泵

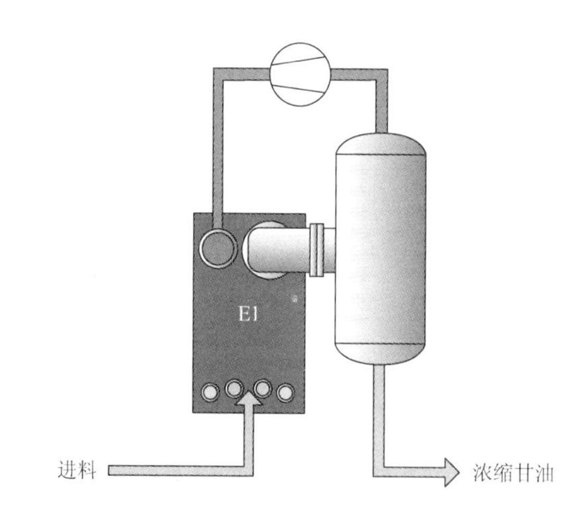

图 5.6　使用机械真空泵（压缩机）

5.3.3　甘油蒸馏及脱色

甘油蒸馏就是将蒸发浓缩后的粗甘油在减压条件下进一步精馏，得到纯度达到 99.8%的纯甘油，未被冷凝的部分可以在更低温度下冷凝，得到浓度约 95%的低纯度甘油，可以单独作为低级别产品出售或作为进料再次蒸馏；高纯度甘油经过吸附脱色才可以作为医药级甘油使用。甘油蒸馏与脱色的工艺流程见图 5.7。

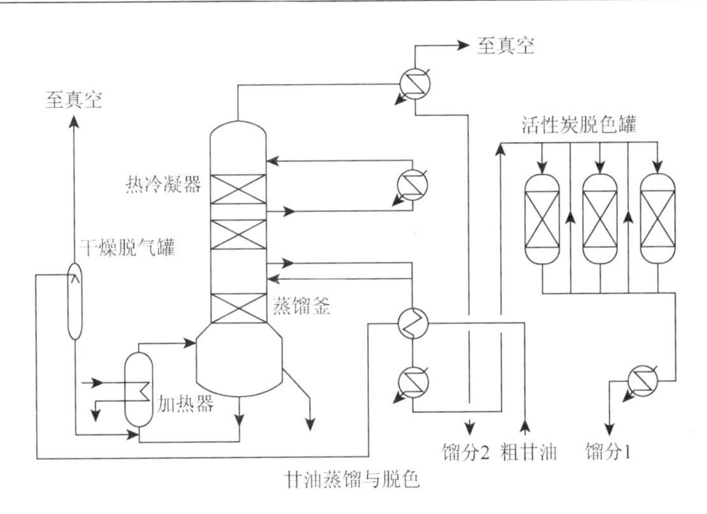

图 5.7　甘油蒸馏与脱色工艺流程简图

将浓缩过的粗甘油连续地经过换热器与加热器送入干燥罐中，在 10～20kPa、100℃温度下连续脱水、除气，干燥器中水和惰性气体大部分被抽走，干燥器循环泵保持循环，同时将一部分粗甘油泵入蒸馏塔。

在蒸馏塔中，甘油在大约 1kPa 的压力下被蒸发，从与不能被蒸馏的残渣物中分离出来。蒸馏塔底部配备了一个蒸气再沸器和一个热动力循环系统，塔底部又喷入少量低压蒸气以促进液体循环和降低甘油的蒸气分压。粗甘油进料从塔底进入，为了减少残余的脂肪酸甲酯及脂肪酸蒸发的影响，需要在进料中加入少量 NaOH 中和皂化脂肪酸与脂质。为了提高甘油产品的收率，从蒸馏塔底出来的高沸点成分（残渣）定期排放到残渣蒸馏釜中进一步进行间歇式水蒸气蒸馏，尽可能多地回收甘油。

从蒸馏塔蒸出的气体在塔内经过两级不同温度的冷凝器，第一级的冷凝温度比甘油的沸点略低，这样可以得到 99.8%的高纯度的甘油，占总甘油量的 95%～97%；未被冷凝的蒸气（占总量的 3%～5%）经过蒸馏塔外的冷凝器以较低温度冷凝，回收到约 95%浓度甘油，其中含有一些水、低沸点成分的杂质及色素，这部分甘油可以回流重新蒸馏。

浓度为 99.8%的高纯度甘油可以满足多数产品生产要求，但无法用于医药产品生产，还需要使用活性炭等吸附剂吸附甘油中的色素与其他杂质。先把活性炭填充进脱色罐，用纯水清洗活性炭，然后沥干。通过蒸馏得到的高纯度甘油经换热冷却后，进入脱色罐中脱色，温度保持在 60～80℃。刚开始使用时，要等到甘油的颜色和浓度合格才可以出产品，颜色与浓度不合格的产品要重新蒸馏。在甘油脱色单元中，一般采用三个固定床脱色罐进行交替使用。正常情况下每个脱色罐的活性炭使用寿命可以达到 2 个月。每日取样监控经过两级脱色罐的甘油品质，当经过第一级脱色罐的甘油颜色明显加深后，需要将原第一级脱色罐内活性炭更换，原第二级作为第一级使用，原备用脱色罐作为第二级使用。原第一级脱色罐排空和再装填活性炭后备用。

5.4　甘油的化学深加工利用

甘油分子上的羟基性质活泼，可以发生多种反应，图 5.8 总结了以甘油为原料可以合成的高价值化工产品或化工中间体[52]。本节以甘油通过选择脱羟基制备 1, 3-丙二醇和 1, 2-丙二醇、选择氯化制备环氧氯丙烷、选择氧化制备二羟基丙酮和甘油醚化制备甘油烷基醚为例，简要介绍国内外对甘油的新用途的开发。

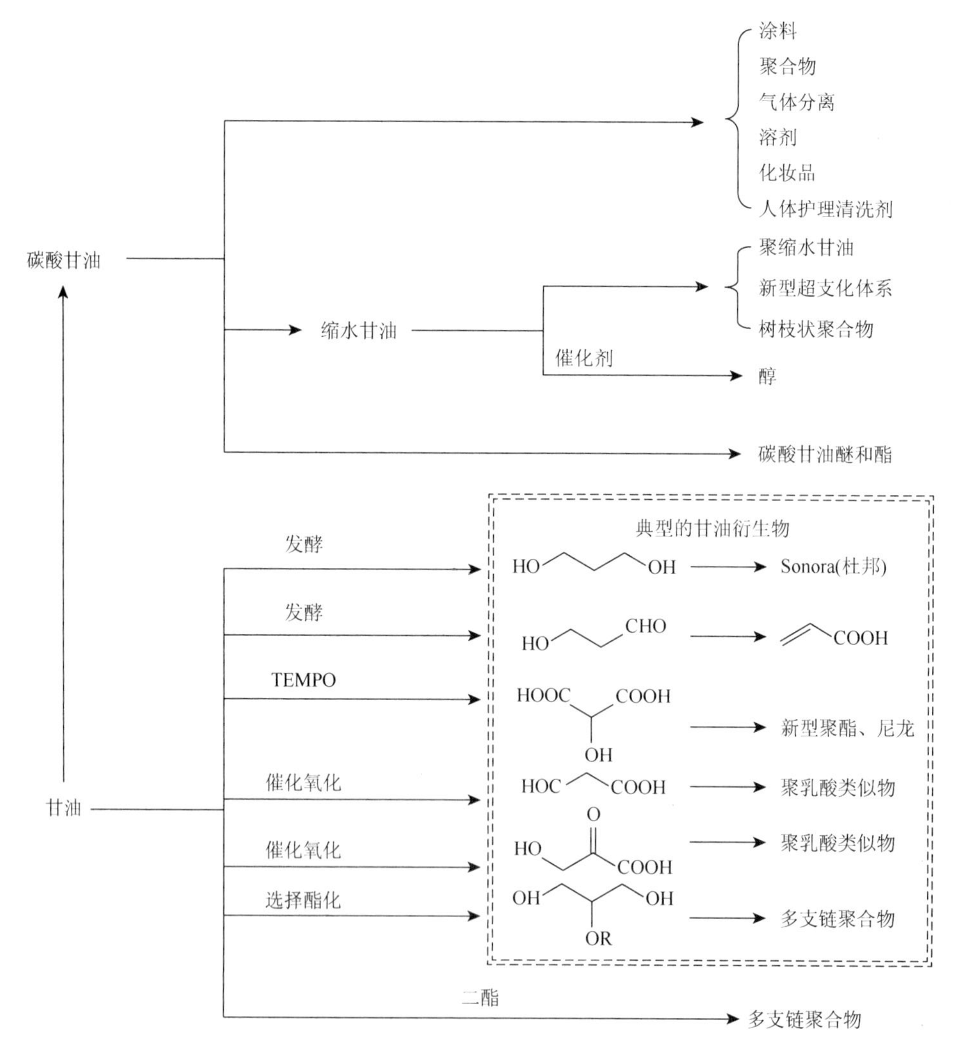

图 5.8　甘油利用途径

5.4.1 1, 3-丙二醇

1, 3-丙二醇（1, 3-propanediol，1, 3-PDO）是无色、无味的黏稠液体，可与水、醇、醚及甲酰胺混溶，稍溶于苯和氯仿。1, 3-丙二醇是一种重要的高附加值的化工原料，主要用作生产不饱和树脂、聚酯、聚氨酯的单体，也可作为溶剂、抗冻剂、保护剂及一些药物合成的中间体，合成增塑剂、洗涤剂、防腐剂或乳化剂的原料。以 1, 3-丙二醇为单体与对苯二甲酸进行酯化反应并聚合得到聚对苯二甲酸丙二酯（polytrimethylene terephthalate，PTT），其既具有聚对苯二甲酸乙二酯（PET）的优良性能，又具有尼龙那样良好的回弹性（拉伸 20%后仍可恢复原状）和抗污染性，在全色范围内无须添加特殊化学品即能呈现良好的连续印染特性，具有抗紫外、臭氧和氮氧化合物的着色性、抗内应力、低水吸附、低静电及良好的生物可降解性等，在地毯、工程塑料、服装面料等领域应用广泛，成为目前国际上合成纤维开发的热点之一。

1, 3-丙二醇的工业生产主要有两条化学路线：一是环氧乙烷羰基合成法，该工艺由 Shell 公司在 1996 年首先实现工业化；二是丙烯醛水合加氢，该工艺首先由 Degussa 公司实现工业化，Hoechst 公司也开展了大量的研究工作。以甘油为原料生产 1, 3-丙二醇有发酵法和催化加氢法两种途径。

微生物可以利用粗甘油发酵生产 1, 3-丙二醇，这使发酵法在生产成本上具有潜在的优势，常用的发酵菌株有弗氏柠檬菌、絮凝肠细杆菌、克雷伯氏肺炎杆菌和丁酸梭状芽胞杆菌等[53]。发酵法的优点在于培养条件温和、操作简便、选择性好、可相对专一地得到 1, 3-丙二醇、环境友好等。但是在发酵过程中，过量的底物和产物都会对酶的活性产生抑制作用，这样产物的浓度和产量不会太高。与此同时，甘油的发酵是一个氧化-还原过程，因此反应中往往会得到许多氧化或还原反应的中间产物或副产物，如乙醇、乙酸、二氧化碳等。例如，lin 等报道[54]，使用延胡索酸刺激克雷伯氏肺炎杆菌发酵生产 1, 3-丙二醇，甘油转化率为 34%，1, 3-丙二醇的选择性为 36%，但甘油的浓度却被限制在 20g/L。中国石油化工股份有限公司抚顺石油化工研究院在 $20m^3$ 的发酵罐上进行甘油发酵生产 1, 3-丙二醇的中试实验，以粗甘油为原料，采用批式流加工艺，发酵 48h 后发酵液中 1, 3-丙二醇的浓度达到 96.6g/L，产物对底物的摩尔转化率达到 60%以上[55]。

甘油通过选择性催化氢解脱除仲羟基合成 1, 3-丙二醇是一个较复杂和困难的过程，人们在这方面的研究尚不深入。1987 年 CELANESE 公司[56]报道，采用铑配合物均相催化剂 $Rh(CO)_2(acac)$，在 31MPa 的合成气（$CO/H_2 = 1/2$）压力和 200℃下反应 24h，甘油催化氢解生成 1, 3-丙二醇的选择性为 45%，产率为 21%，同时副产 1, 2-丙二醇，收率为 23.2%。Shell 公司[57]采用一种钯配合物，以甲基磺酸作为助剂，在 6MPa 合成气、140℃和水-环丁砜溶剂中，1, 3-丙二醇的选择性可以达到 30.8%，1, 2-丙二醇的选择性为 21.8%。Chaminand 等[58]研究了 ZnO、活性炭和 Al_2O_3 负载 Cu、Pd 或 Rh 催化剂，以钨酸作添加物，在水、环丁砜或二氧杂环己烷等溶剂中甘油的催化氢解反应，在 180℃和 8MPa H_2 下，在环丁砜溶液中，Rh/C 催化剂催化甘油氢解获得 1, 3-丙二醇与 1, 2-丙二醇相对选择性为 2；尽管这些还只是初步结果，但作者尝试性地探讨了不同的催化剂、载体、溶剂、添加剂、反应温度对甘油氢解转化率及选择性的影响，并就如何提高目标产物选择性，提出了图 5.9 所示的五元环/六元环中间产物的甘油氢解的可能机理，认为形成六元环的过渡态有利于形成 1, 3-丙二醇，这些对以后进一步改进甘油氢解的专一性具有指导意义。根据目前的结果，从整体上不管是采用金属络合物均相催化剂体系还是多相催化体系都普遍存在甘油转化率和目标产物选择性低的问题，但相信这些问题通过设计合成更高效的催化剂、优化反应条件并结合相应的反应工程可以得到解决，实现甘油高效合成 1, 3-丙二醇。

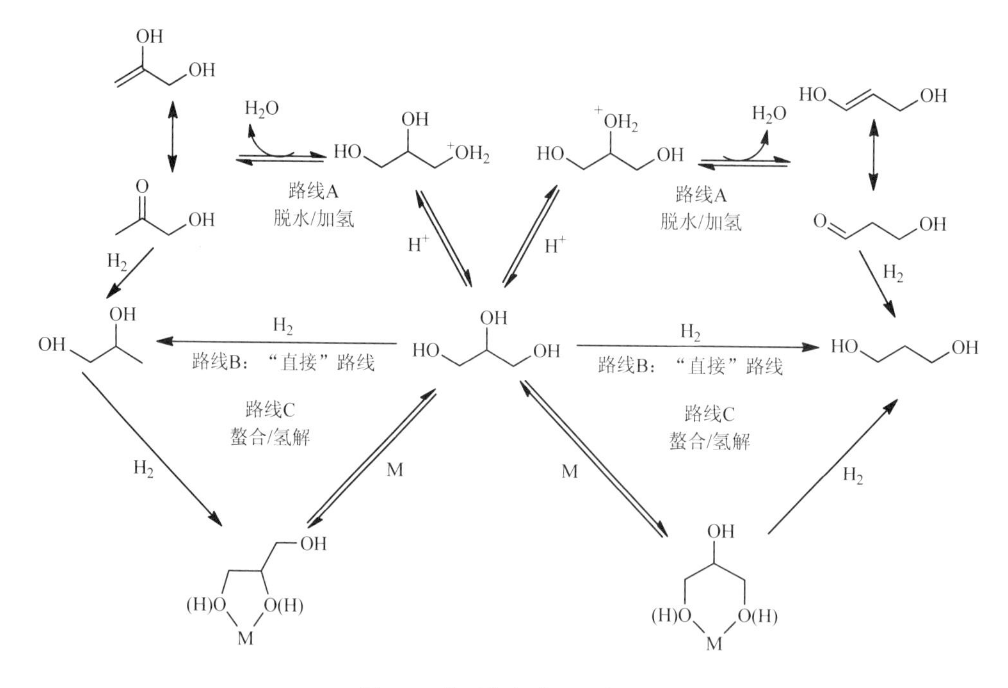

图 5.9　甘油氢解的可能机理

5.4.2　1, 2-丙二醇

1, 2-丙二醇（1, 2-propanediol 或 1, 2-propylene glycol，1, 2-PDO）是无色黏稠

稳定的吸水性液体，无味、无臭、易燃、低毒。与水、乙醇和多种有机溶剂混溶，是重要的化工原料，其用途相当广泛。它主要用作生产不饱和树脂、增塑剂、表面活性剂、乳化剂和破乳剂的原料，也可用作吸湿剂、抗冻剂、润滑剂、溶剂和热载体等。目前 1, 2-丙二醇的生产普遍采用环氧丙烷水合法，而环氧丙烷是通过丙烯生产的，这样 1, 2-丙二醇的生产极大地受原油市场的影响。同时，现有工艺还存在污染环境和成本偏高等问题。因而迫切需要开发可再生资源替代石油资源的新反应路线，如通过甘油的催化化学转化等。

甘油催化氢解合成 1, 2-丙二醇尽管目前还没有工业化的例子，但在研究上取得了一定的进展，1, 2-丙二醇的选择性和收率都明显高于 1, 3-丙二醇。例如，Werpy 等[59]采用 Ni-Re/C 双金属催化剂，在 8.2MPa H_2、230℃条件下反应 4h，1, 2-丙二醇的选择性可高达 88%。And 和 Tundo[60]采用 Raney Ni 催化剂，在 190℃和 1MPa 氢气压力下，甘油转化率可达 63%，1, 2-丙二醇选择性达到 77%。Dasari 等[61]发现 Cr-Cu 催化剂体系能有效地合成 1, 2-丙二醇，在 200℃和 1.4MPa H_2 的条件下，获得了 85%和 46.6%的 1, 2-丙二醇选择性和收率。在这些工作的基础上进一步优化催化剂和反应条件，想必在不远的将来能够实现甘油催化氢解合成 1, 2-丙二醇的工业化。

5.4.3　环氧氯丙烷

环氧氯丙烷（epichlorohydrin，ECH）是一种易挥发、不稳定的无色液体，有与氯仿、醚相似的刺激性气味，微溶于水，能与多种有机溶剂混溶，与多种有机液体形成共沸物。环氧氯丙烷是一种重要的有机化工原料，主要用于生产环氧树脂、氯醇橡胶、表面活性剂和增塑剂等。我国当前环氧氯丙烷存在严重供不应求的问题，主要依赖进口，因此，迫切需要大力发展环氧氯丙烷的生产。

环氧氯丙烷现在工业上主要以丙烯为原料，经过氯气氯化等多步反应合成。最近 Solvay 公司[62]报道采用新型 Epicerol 工艺，利用甘油为原料代替丙烯一步生产环氧氯丙烷。该工艺采用新型催化剂，催化甘油与 HCl 反应生成二氯丙醇中间体，然后在 NaOH 碱作用下转化为目标产物。该工艺跟传统的丙烯工艺相比，可大大减少氯的排放，目前已在法国建成了一套 1 万 t/a 的工业装置，之后又扩能至 2 万 t/a，2012 年又在泰国马塔府工业区兴建了 10 万 t/a 的环氧氯丙烷工厂[63]。

5.4.4　二羟基丙酮

甘油经过氧化可以合成一系列重要的化学品，如甘油酸、甘油醛、二羟基丙酮、羟基丙酮酸和丙酮二酸等（图 5.10），都可作为药物或药物等化学品的中间体[64, 65]，这里简要介绍研究相对较多的二羟基丙酮（dihydroxyacetone，DHA）。DHA 是最简单的酮糖，具有甜味，生物降解性好，可食用且对人体和环境无毒害，是一种多功能添加剂，可用于化妆品、医药和食品行业；同时 DHA 中含有 2 个羟基和 1 个羰基，化学性质活泼，也是重要的化工中间体。

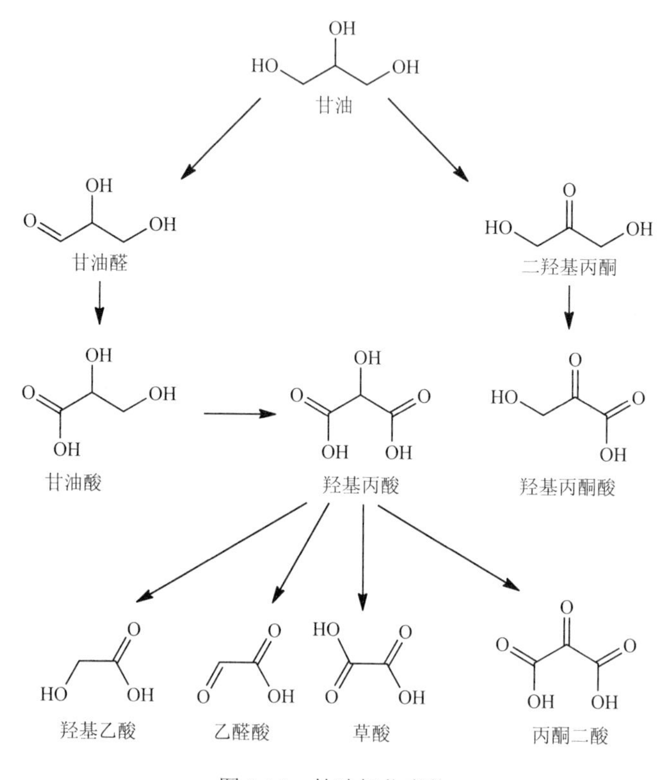

图 5.10　甘油氧化产物

目前，DHA 主要依赖微生物发酵和甲醛缩合法生产[66]，随着生物柴油发展带来甘油价格的不断降低，由甘油生产 DHA 越来越引起人们的重视。甘油生产 DHA 主要有两种方法：①微生物发酵；②催化氧化法[67]。

微生物发酵生产 DHA 的基础是微生物产生的甘油脱氢酶可以将甘油分子结构上的仲位羟基进行脱氢反应生成 DHA，因此选育高活性甘油脱氢酶的微生物菌株是关键。浙江工业大学[68, 69]、江南大学[70]等单位都筛选出多种以甘油为底物生产 DHA 的微生物，构建基因工程菌则是提高 DHA 转化效率更有效的手段，例如，许晓菁等[71]将 *sldAB* 转化进入氧化葡萄糖酸杆菌 ATCC621H 中，可使甘油脱氢酶获利提高 26%，在 100g/L 的甘油发酵培养基中发酵 52h 后，DHA 浓度达到 94.1g/L，比原始菌株提高了 19.7%。国外微生物发酵法已经完成工业化，国内浙江工业大学在浙江海正药业股份有限公司完成了 10t 发酵罐规模的生产性试验，构建了年产 1000t 的 DHA 生产线，在生产规模下产物浓度达到 250g/L 以上[72]。发酵法生产 DHA 条件温和，但产品分离纯化工艺复杂，也是影响产业化的关键。

甘油催化氧化制备 DHA 法尚处于研究初级阶段，主要研究工作在高选择性催化剂的开发上。以单一金属元素为催化剂氧化甘油，选择性普遍不高，Pd/C 和 Pt/C 在 333K、空气流量为 0.75mL/min 的条件下氧化甘油，DHA 的选择性分别只有 10%和 25%，产量分别为 8%和 12%[73]；Au/C 催化剂在 333K、氧分压为 1MPa 条件下氧化甘油生成 DHA 的选择性和产率分别为 20%和 6%[74]。贵金属催化剂中引入其他成分，尤其是铋，可以大幅提高氧化生成 DHA 的选择性。Garcia 等[75]向 5%的 Pt/C 中添加 Bi，当 Bi/Pt 的物质的量比为 0.13 和 0.37 时，对应的 DHA 选择性分别为 70%和 80%，产率则达到 34%和 37%；Kimura 等[75]以 1% Bi-5% Pt/C 复合催化剂，在 323K、氧与甘油物质的量比为 2 的条件下分别在间歇反应器和固定床反应器中催化甘油制备 DHA，选择性分别达到 65%和 75%，产率则分别为 20%和 30%。甘油催化氧化制备 DHA 是一条经济、绿色的线路，但是目前反应的产率和选择性还有待提高，产品分离纯化也比较困难，有待进一步的研究。

5.4.5　甘油烷基醚

甘油与烯烃、醇等烷基化试剂反应生成的甘油烷基醚是一种绿色、可再生的新型含氧燃料添加剂，将其添加到柴油等燃料中，可显著降低可吸入颗粒、碳氢化合物、一氧化碳及不受管制的醛类等物质的排放；甘油烷基醚也可以作为降低生物柴油黏度的低温流动性能改良剂，还可以替代商业化的烷基叔丁基醚类（如甲基叔丁基醚等）提高汽油的辛烷值[76, 77]。需要注意的是，甘油单烷基醚极性太强，与柴油等燃料的互溶度低，不宜作为燃料添加剂，甘油的多烷基醚（包括二烷基醚和三烷基醚）才是柴油等燃料的理想含氧添加剂。

醚化反应是典型的酸催化反应，传统上使用硫酸、磷酸、盐酸、氢氟酸和苯磺酸等无机酸或有机酸作为催化剂，存在腐蚀设备、污染环境、酸处理困难及产物不易分离等问题。为避免这些问题，甘油醚化反应多采用固体酸（如酸性离子交换树脂和分子筛）和酸性离子液体（如磺酸功能化离子液体和氯铝酸型离子液体）等环境友好催化工艺。

Lee 等[77]分别考察了 Amberlyst-15 离子交换树脂、对甲苯磺酸、硅钨酸、硅钨酸铯盐和磺酸功能化离子液体对甘油与异丁烯反应的催化活性，发现所用催化剂均对甘油转化成单醚反应有很好的催化性能，但对催化甘油转化为多烷基醚的反应却很难。经过与 Na^+、Ag^+、Mg^{2+}和 Al^{3+}等阳离子进行部分交换的 Amberlyst-15 离子交换树脂对该反应的催化活性有所降低，但同时也有效抑制了异丁烯的齐聚反应。此外，通过 Ag^+和 Al^{3+}改性的 Amberlyst-15 催化剂对甘油转化为三烷基醚具有很高的催化活性。Melero 等[78]研究了磺酸化介孔二氧化硅（Pr/Ar-SBA-15）对甘油与异丁烯醚化合成甘油叔丁基醚反应的催化性能。结果表明，Ar-SBA-15 的催化活性和对产物的选择性高于市售酸性树脂催化剂。在适宜的反应条件下，甘油可以完全转化，二烷基醚和三烷基醚的联合选择性达到了 90%以上，而且没有发现异丁烯齐聚物生成。他们认为，磺酸位的酸强度是影响催化剂活性的一个重要因素。

甘油与烯烃醚化可以用于降低 FCC 汽油中的烯烃，Worapon 等[79]以 Amberlyst-15、Amberlyst-16 和 β 分子筛等为催化剂，将甘油与 FCC 汽油在加压的液相反应器中反应，汽油中的 C_4～C_8 烯烃转化成甘油烷基醚，可使汽油中烯烃含量降低、辛烷值提高、雷德蒸气压降低。

酸性催化剂亦可催化甘油与醇之间的醚化反应，但甘油与其他醇发生醚化反应时会生成水，能否及时移除水将成为影响反应的关键。Frusteri 等[80]研究固体酸催化剂 Nafion/SiO_2 和 HPW/SiO_2 对甘油与叔丁醇醚化反应的催化效果，并与商业化的全氟磺酸/SiO_2(SAC-13)和 Amberlyst-15 离子交换树脂催化剂进行了对比。结果表明，在相同的反应条件下，以 Nafion/SiO_2、HPW/SiO_2 或 SAC-13 为催化剂时，甘油的转化率均小于 20%，而经 Cs^+进行离子交换的 HPW/SiO_2 催化剂可以将甘油的转化率提高至 54%；当以 Amberlyst-15 为催化剂时，甘油的转化率最高可达 82%。这可能是因为 Amberlyst-15 具有较高的酸强度，并且其孔径比较大，不会对底物分子造成阻碍。如果在反应完成后用分子筛对反应混合物进行脱水，然后继续进行一个周期的反应，可将二烷基醚和三烷基醚的联合选择性从 28.5%提高到 41.5%。Ozbay 等[81]以 Amberlyst-15 为催化剂，在固定床反应器上研究甘油与叔丁醇的醚化反应，将反应压力从 0.5MPa 降至 0.1MPa 可以显著提高甘油转化率，但也会导致异丁烯的生成；在固定床反应器催化剂床层中添加 4A 或者 5A 分子筛吸收水分，可打破反应平衡的限制，有效提高甘油的转化率和二烷基醚的选择性。He 等[82]研究 Amberlyst 离子交换树脂催化的甘油、甲醇醚化反应，发现反应主要产物为单甲基甘油醚和二甲基甘油醚，很难生成三甲基甘油醚，并且在醚化反应过程中生成了大量的副产物（二甲醚聚合物和水）；由于反应生成的副产物水抑制了该反应的进行，甘油的转化率只有 50%，向反应体系中加入非极性溶剂（如戊烷、己烷、辛烷等）进行液-液相萃取反应，可使甘油的转化率提高到 90%。

参考文献

[1] 刘巧云，石昌富，张伟明，等. 多塔连续精馏法分离生物柴油中单酯. 中国油脂，2017，(4)：69-71.

[2] 陈天祥，吴邦信. 菜籽油芥酸提取甲酯化工艺研究. 贵州化工，1996，(4)：12-15.

[3] 余林强. 多塔连续真空精馏生产高品质 C_{16} 和 C_{18} 脂肪酸甲酯. 化学工程与装备，2016，(8)：33-36.

[4] 于艳艳，郭莹，陈克云. 工业脂肪酸结晶分离方法概况. 科技信息，2010，(28)：526-527.

[5] 陈秀，来永斌. 改善棉子油生物柴油低温流动性的研究. 棉花学报，2011，23 (1)：75-79.

[6] Strohmeier K，Schober S，Mittelbach M. Solvent-assisted crystallization of fatty acid alkyl esters from animal fat. Journal of the American Oil Chemists' Society，2014，91 (7)：1217-1224.

[7] Markley K S. Fatty acids. Their chemistry，properties，production，and uses. 2nd Edition. Interscience Publishers，1965，Part 3：2315-2325.

[8] 蔡双飞，王利生. 脲包法分离不饱和脂肪酸甲酯的研究. 塑料助剂，2009，(6)：19-22.

[9] 王车礼，田刚. 从废弃油脂生物柴油中分离不饱和脂肪酸甲酯. 化工进展，2008，27 (11)：1829-1831.

[10] 王车礼，田刚，李为民，等. 尿素包合法分离生物柴油中不饱和脂肪酸甲酯. 精细石油化工，2009，26 (1)：68-70.

[11] 王车礼，王艳峰，程兴荣，等. 梯度冷却尿素包合法分离脂肪酸甲酯. 精细石油化工，2011，28 (5)：23-28.

[12] 辛红玲. 乌桕梓油制备生物柴油及高值化技术研究. 武汉：华中科技大学，2009.

[13] 樊莉，张亚刚，马莉，等. 尿素包合法富集高纯度棉籽油亚油酸甲酯的研究. 石河子大学学报（自科版），2002，6 (3)：238-241.

[14] 郝建秀，贾时宇，齐永琴，等. 尿素包合法分离油酸甲酯顺反异构体的研究. 中国油脂，2011，36 (5)：5-7.

[15] 马养民，杜小晖. 硝酸银络合萃取花椒籽油中 α-亚麻酸甲酯. 粮油加工，2009，(5)：66-69.

[16] 王嵩. 海藻油中分离纯化多烯脂肪酸的研究. 天津：天津大学，2008.

[17] 李秋小. 我国油脂深加工研发现状. 日用化学品科学，2007，30 (8)：15-20.

[18] Brands D S，Poels E K，Dimian A C，et al. Solvent-based fatty alcohol synthesis using supercritical butane. Thermodynamic analysis. Journal of the American Oil Chemists' Society，2002，79 (1)：75-83.

[19] Andersson M B O，King J W，Blomberg L G. Synthesis of fatty alcohol mixtures from oleochemicals in supercritical fluids. Green Chemistry，2000，2 (2)：230-234.

[20] 范春玲. 超临界条件下脂肪酸甲酯催化加氢制脂肪醇过程研究. 上海：华东理工大学，2009.

[21] 刘涛，赵玲，徐阳红. 超临界脂肪酸甲酯加氢制备脂肪醇的方法. CN101085718. 2007.

[22] 姚志龙，王建伟，闵恩泽. 脂肪酸甲酯超临界加氢制备高碳醇的方法. CN 101468939 B. 2012.

[23] Ogoshi T，Kusumi Y. Bleaching method for sulfonic acid. US 3997575 A. 1976.

[24] Sekiguchi S，Miyawaki Y，Ogoshi T. Process for producing high concentration solution of salt of alpha-sulfo fatty acid ester. US4404143. 1983.

[25] Hovda K D. Sulfonation of fatty acid esters. US 5587500 A. 1996.

[26] 李宏才. α-磺基脂肪酸酯盐制备方法. CN 101062908 A. 2007.

[27] 田野哲雄，吉屋昌久，西尾拓，等. α-磺基脂肪酸烷基酯盐的制备方法. CN1371361 A. 2002.

[28] 方银军，邹欢金，黄亚茹，等. 一种制备脂肪酸甲酯磺酸钠的方法. CN101054354. 2007.

[29] 罗毅，孙永强，田春花，等. 脂肪酸甲酯乙氧基化物的物化性能研究. 日用化学工业，2001，31 (5)：5-7.

[30] Hama I，Okamoto T，Nakamura H. Preparation and properties of ethoxylated fatty methyl ester nonionics. Journal of the American Oil Chemists' Society，1995，72 (7)：781-784.

[31] Hama I，Okamoto T，Hidai E，et al. Direct ethoxylation of fatty methyl ester over Al-Mg composite oxide catalyst. Journal of the American Oil Chemists Society，1997，74（1）：19-24.

[32] Cox M F，Weerasooriya U. Impact of molecular structure on the performance of methyl ester ethoxylates. Journal of Surfactants & Detergents，1998，1（1）：11-22.

[33] Cox M F. The effect of “peaking” the ethylene oxide distribution on the performance of alcohol ethoxylates and ether sulfates. Journal of the American Oil Chemists' Society，1990，67（9）：599-604.

[34] Littau C A，Wimmer I. Detergents，cleaning compositions and disinfectants comprising chlorine-active substances and fatty acid alkyl ester ethoxylates. US 6303564 B1. 2001.

[35] Littau C A. Detergents and cleaners comprising narrow homolog distribution of alkoxylated fatty acid alkyl esters. US 6395694 B1. 2002.

[36] 王泽云，陈海兰. 我国洗涤用绿色表面活性剂最新进展. 日用化学品科学，2011，34（7）：21-23.

[37] 邹英昭，于江虹. 蔗糖酯和蔗糖脂肪酸多酯的合成与发展. 食品科技，2006，31（7）：167-169.

[38] Osipow L，Snell F D，York W C，et al. Methods of Preparation Fatty Acid Esters of Sucrose. Industrial & Engineering Chemistry，1956，48（9）：1459-1462.

[39] 孙果宋，杨宏权，李德昌，等. 丙二醇法合成蔗糖脂肪酸酯工业性实验. 精细化工，2007，24（5）：454-456.

[40] 姜国平，吴冰炜. 蔗糖酯新合成工艺的研究. 精细化工，1991，（3）：1-3.

[41] 林伦民，黄玉秀. 水溶剂法合成蔗糖酯工艺的研究. 精细化工，1992，（z1）：55-56.

[42] 季允丰，周百其. 合成乙酸蔗糖酯的新方法——相转移催化法. 辽宁化工，1989，（5）：38-41.

[43] 王利宾. 相转移法合成蔗糖多酯及其性质研究. 武汉：华中农业大学，2010.

[44] 徐勇士. 超声作用下酯交换合成蔗糖月桂酸酯及产物的分离表征. 南宁：广西大学，2013.

[45] 毛逢银，黄小兵，马国民. 微波酯交换法合成硬脂酸蔗糖酯. 四川理工学院学报（自科版），2008，21（5）：71-73.

[46] 刘其海，贾振宇，胡文斌，等. 超声微波耦合催化合成蔗糖脂肪酸酯. 工业催化，2016，24（3）：75-78.

[47] Manfred D，Horst-Jurgen K. Chlorinated triglycerides of fatty acids as secondary plasticizers for polyvinyl chloride. US2969339. 1961.

[48] 刘莹，孙国强，叶活动，等. 氯代甲氧基脂肪酸甲酯生产因素影响的研究. 广东化工，2010，37（8）：86-87.

[49] 刘莹，孙国强，陈海光，等. 甲氧基含量对氯代甲氧基脂肪酸甲酯应用性能的影响. 化学工程师，2010，24（11）：68-71.

[50] 王芳，贾茂林，范浩军，等. 氯代甲氧基脂肪酸甲酯增塑剂的制备及性能研究. 皮革科学与工程，2016，26（3）：14-20.

[51] 杨春良，史立文，代永昌，等. 光催化合成氯代甲氧基脂肪酸甲酯增塑剂的性能研究. 浙江化工，2016，（6）：17-20.

[52] Tyson K S，Bozell J，Wallace R，et al. Biomass Oil Analysis：Research Needs and Recommendations. Biomass Oil Analysis：Research Needs and Recommendations. NREL（National Renewable Energy Laboratory），Colorado，US，2004.

[53] 金平，张建刚，佟明友，等. 甘油发酵制取1, 3-丙二醇菌株筛选. 精细与专用化学品，2004，12（16）：13-15.

[54] Lin R，Liu H，Hao J，et al. Enhancement of 1, 3-propanediol Production by Klebsiella pneumoniae with Fumarate Addition. Biotechnology Letters，2005，27（22）：1755-1759.

[55] 金平，王领民，师文静，等. 生物柴油副产甘油发酵生产1, 3-丙二醇中试研究. 中国化工学会2010年石油化工学术年会，2010.

[56] Che T M. Production of propanediols. US 4642394 A. 1987.

[57] Liu G. Hydrogenolysis of glycerol. London：Imperial College London，2010.

[58] Chaminand J，Djakovitch L A，Gallezot P，et al. Glycerol hydrogenolysis on heterogeneous catalyst. Green Chemistry，2004，6：359-361.

[59] Werpy T A，Frye J G，Zacher A H，et al. Hydrogenolysis of 6-carbon sugars and other organic compounds. wo 2003035582A1，2003.

[60] And A P，Tundo P. Selective hydrogenolysis of glycerol with raney nickel. Industrial & Engineering Chemistry Research，2005，44（23）：8535-8537.

[61] Dasari M A，Kiatsimkul P P，Sutterlin W R，et al. Low-pressure hydrogenolysis of glycerol to propylene glycol. Applied Catalysis A General，2005，281（1）：225-231.

[62] Michael M. Glycerin surplus. Chemical & Engineering News，2006，84（6）：7.

[63] 石景文. 甘油法环氧氯丙烷生产工艺备受关注. 化工管理，2012，（11）：57.

[64] Carrettin S，Mcmorn P，Johnston P，et al. Oxidation of Glycerol Using Supported Gold Catalysts. Topics in Catalysis，2004，27（1-4）：131-136.

[65] Besson M，Gallezot P. Selective oxidation of alcohols and aldehydes on metal catalysts. Catalysis Today，2000，57（1）：127-141.

[66] 宋如，钱仁渊，仝艳，等. 二羟基丙酮生产研究进展. 化工技术与开发，2009，38（7）：25-30.

[67] 余健儿，王建黎，计建炳. 由甘油制备 1, 3-二羟基丙酮的研究进展. 现代化工，2009（s2）：45-48.

[68] 郑裕国，张霞，沈寅初. 微生物转化甘油生产 1, 3-二羟基丙酮的菌株筛选. 浙江工业大学学报，2001，29（2）：124-127.

[69] 张霞，郑裕国，沈寅初. 微生物转化甘油生产 1, 3-二羟基丙酮的微生物菌株的筛选. 全国生物化工学术会议，2000.

[70] 徐美娟，饶志明，沈微，等. 一株以甘油为底物产二羟丙酮（DHA）微生物菌种的筛选及鉴定. 微生物学通报，2008，35（3）：336-340.

[71] 许晓菁，赵琼，王祥河，等. 高产二羟基丙酮重组菌株的构建. 生物技术通报，2015，31（8）：174-179.

[72] 孙丽慧，胡忠策，郑裕国，等. 微生物法生产 1, 3-二羟基丙酮代谢工程研究进展. 生物工程学报，2010，26（9）：1218-1224.

[73] Garcia R，Besson M，Gallezot P. Chemoselective catalytic oxidation of glycerol with air on platinum metals. Applied Catalysis A General，1995，127（1-2）：165-176.

[74] Demirel-Gülen S，Lucas M，Claus P. Liquid phase oxidation of glycerol over carbon supported gold catalysts. Catalysis Today，2005，s102-103（1）：166-172.

[75] Kimura H，Tsuto K，Wakisaka T，et al. Selective oxidation of glycerol on a platinum-bismuth catalyst. Applied Catalysis A General，1993，96（2）：217-228.

[76] Rahmat N，Abdullah A Z，Mohamed A R. Recent progress on innovative and potential technologies for glycerol transformation into fuel additives：A critical review. Renewable &Sustainable Energy Reviews，2010，14（3）：987-1000.

[77] Lee H J，Seung D，Jung K S，et al. Etherification of glycerol by isobutylene：Tuning the product composition. Applied Catalysis A General，2010，390（1-2）：235-244.

[78] Melero J A，Vicente G，Morales G，et al. Acid-catalyzed etherification of bio-glycerol and isobutylene over sulfonic mesostructured silicas. Applied Catalysis A General，2008，346（1-2）：44-51.

[79] Worapon K，Sirima S，Navadol L，et al. Cleaner gasoline production by using glycerol as fuel extender，Fuel Processing Technology，2010，91（5）：456-460.

[80] Frusteri F，Arena F，Bonura G，et al. Catalytic etherification of glycerol by tert-butyl alcohol to produce oxygenated additives for diesel fuel. Applied Catalysis A General，2009，367（1-2）：77-83.

[81] Ozbay N，Oktar N，Dogu G，et al. Effects of sorption enhancement and isobutene formation on etherification of glycerol with tert-butyl alcohol in a flow reactor. Industrial & Engineering Chemistry Research，2012，51（26）：8788-8795.

[82] He R J，Zheng Y J，Ling Z R. Etherification of Glycerol with Methanol over Amberlyst Catalyst. Taipei：APCChE，2010：10.

第 6 章　生物柴油产品添加剂

不同原料生产的生物柴油的脂肪酸甲酯组成和含量差别很大，椰子油生物柴油短链脂肪酸含量高，且主要为饱和脂肪酸甲酯；棕榈油生物柴油中棕榈酸甲酯含量高，亚油酸和亚麻酸甲酯含量少；棉籽油生物柴油、大豆油生物柴油及麻疯树油生物柴油亚油酸甲酯和亚麻酸甲酯含量都比较高，例如，大豆油生物柴油中亚油酸甲酯含量占 51.2%，亚麻酸甲酯含量占 7.1%。

不同原料中各种脂肪酸甲酯的含量不同导致生物柴油性能出现很大的差别，脂肪酸组成与燃料性能的关系如表 6.1 所示。

表 6.1　脂肪酸组成对生物柴油燃料性能的影响

	饱和脂肪酸	单不饱和脂肪酸	多不饱和脂肪酸
脂肪酸甲酯组成	$C_{12:0}$, $C_{14:0}$, $C_{16:0}$, $C_{18:0}$, $C_{20:0}$, $C_{22:0}$	$C_{16:1}$, $C_{18:1}$, $C_{20:1}$, $C_{22:1}$	$C_{18:2}$, $C_{18:3}$, $C_{20:4}$
氧化安定性	好	一般	差
低温流动性	差	一般	好
十六烷值	高	一般	低

由表 6.1 可见，任何一种原料生产的生物柴油作为燃料使用时都会有优势和缺点。饱和脂肪酸甲酯含量高的生物柴油，氧化安定性好、十六烷值高，但低温流动性差；不饱和脂肪酸甲酯尤其是多不饱和脂肪酸甲酯含量高的生物柴油低温流动性好，浊点和冷滤点低，但氧化安定性差、十六烷值低。例如，棕榈油中饱和脂肪酸含量大、大豆油中不饱和脂肪酸含量大，因此前者制得的生物柴油氧化安定性和十六烷值优于后者，但低温流动性比后者差很多。

通过向生物柴油中加入添加剂可弥补或改善其作为燃料使用性能的不足。抗氧剂可以提高生物柴油的氧化安定性，流动改进剂可以降低生物柴油的冷滤点和凝点，十六烷值改进剂能够提高生物柴油的十六烷值。另外，根据使用的需要及原料的特点，生物柴油中也可能添加腐蚀抑制剂、杀菌剂等专用添加剂。生物柴油目前在全球几乎都是以一定比例与石油柴油调和后作为燃料使用，调和了生物柴油的混合柴油也可以加入柴油用的添加剂如流动改进剂、十六烷值改进剂、稳定剂、清净分散剂、腐蚀抑制剂、消泡剂、破乳剂、抗静电剂等，但是，随着生物柴油调和比例的增加，添加剂的作用效果与在无生物柴油的纯柴油中的效果相比可能会出现变化，因此，这些添加剂的类型、添加量都需要根据调和燃料的性能和要求进行优选。

6.1 生物柴油用抗氧剂

6.1.1 生物柴油的氧化

生物柴油在应用中的一个重要指标就是其氧化安定性，如果生物柴油氧化安定性差，则易生成沉渣和胶质，颜色变深，对发动机有很大危害。氧化安定性差的生物柴油易老化生成如下产物：①不溶性聚合物（胶质和油泥），这会造成发动机滤网堵塞和喷射泵结焦，并导致排烟量增大、启动困难；②可溶性聚合物，其可在发动机中形成树脂状物质，可能会导致熄火和启动困难；③老化酸，这会造成发动机金属部件腐蚀；④过氧化物，这会造成橡胶部件的老化变脆而导致燃料泄漏等。生物柴油与石油柴油调和使用会引起调和燃料稳定性变差，这会造成过滤系统堵塞，引起燃油系统部件故障，影响喷油雾化，导致不完全燃烧，甚至在发动机中形成过多积炭，使喷嘴堵塞。

正是因为氧化安定性对生物柴油产品质量至关重要，目前全球生物柴油标准中几乎都对这一指标有严格要求，例如，ASTM D6751 规定生物柴油的氧化安定性为 110℃下的诱导期不低于 3h；新西兰生物柴油标准 NZS 7500、巴西生物柴油标准 ANP255、印度生物柴油标准 IS 15607、南非生物柴油标准 SANS 1935，以及我国柴油机燃料调和用生物柴油（BD100）国家标准 GB/T 20828—2015 都规定生物柴油的氧化安定性为 110℃下的诱导期不低于 6h[1-3]，欧盟生物柴油标准 EN 14214 将要求进一步提高到诱导期不低于 8h，测定方法为 EN 15751 或 EN 14112。

对于油脂的氧化原因研究有上百年的历史，而生物柴油的氧化问题研究则从 20 世纪 90 年代起开始，其氧化机理与油脂基本相同，即按照自由基机理进行。

首先是脂肪酸碳链中不饱和双键邻位碳原子（烯丙基结构）生成自由基，引发氧化反应，用以下简式表示[4]：

$$R-H \longrightarrow R\cdot + H\cdot$$
$$R-H + O_2 \longrightarrow R\cdot + HO_2^{\cdot}$$

接下来是以链增长自动循环：

$$R\cdot + O_2 \longrightarrow RO_2^{\cdot}$$
$$RO_2^{\cdot} + R\cdot - H \longrightarrow ROOH + R\cdot$$

生物柴油安定性主要取决于原料、加工工艺、储存条件（温度、空气）、金属等[5-8]。

6.1.2　原料对生物柴油氧化安定性的影响

生物柴油的原料主要为各种天然植物油和动物脂肪及废弃油脂。本节收集了国内不同原料用常规工艺生产的生物柴油产品，其除氧化安定性外的其余指标基本上满足 GB/T 20828 要求，这些产品的氧化安定性如表 6.2 所示。

表 6.2　不同原料生物柴油样品的氧化安定性诱导期

生物柴油原料	诱导期/h	生物柴油原料	诱导期/h
椰子油	47.6	大豆油	0.9
棕榈油	22.7	大豆油酸化油	0.1
椰子油酸化油	9.3	橡胶籽油	1.2
棕榈油酸化油	5.0	麻疯树籽油	1.0
蓖麻油	10.6	棉籽油	1.6
菜籽油（普通）	4.8	地沟油	0.6
菜籽油（双低）	7.2	餐饮废油	1.6

由表 6.2 可见，生物柴油氧化安定性与原料有很大关系，总体来说，以椰子油、棕榈油、蓖麻油为原料生产的生物柴油氧化安定性很好，菜籽油生产的生物柴油氧化安定性其次，而大豆油、麻疯树籽油及地沟油生产的生物柴油的氧化安定性很差。酸化油生产的生物柴油的氧化安定性都不如相应的油脂，如椰子油酸化油，棕榈油酸化油及大豆油酸化油都比相应的油脂生产的生物柴油的氧化安定性差很多。

与油脂氧化安定性的规律类似，生物柴油原料的来源差异导致氧化安定性不同是由于所含不饱和脂肪酸甲酯的种类和含量不同。不饱和酯是影响生物柴油氧化安定性的主要因素，一般而言，不饱和程度越大，氧化安定性越差，如碳数为 18 的脂肪酸甲酯中，氧化安定性顺序为亚麻酸甲酯＜亚油酸甲酯＜油酸甲酯＜硬脂酸甲酯。结合表 6.1 可见，椰子油生物柴油短链脂肪酸含量高，且主要为饱和脂肪酸甲酯，因此其氧化安定性较好。棕榈油生物柴油中棕榈酸甲酯含量高，亚油酸和亚麻酸甲酯含量少，氧化安定性也比较好。其他生物柴油如棉籽油生物柴油、大豆油生物柴油及麻疯树油生物柴油亚油酸甲酯和亚麻酸甲酯含量都比较高，其氧化安定性都比较差。

6.1.3　加工工艺对生物柴油氧化安定性的影响

生物柴油的生产工艺主要有传统的酸碱催化法及新开发的超临界高压醇解法

及脂肪酶催化法等。酸催化法所用材料有硫酸、盐酸、磷酸、对甲苯磺酸、固体酸、超强酸、酸性离子交换树脂、酸性白土、酸性分子筛等，优点是成本低，对原料酸值要求低；缺点是有污染，后处理脱酸难。碱催化所用材料有甲醇钠、甲醇钾、氢氧化钠、氢氧化钾、氢氧化镁、氢氧化钙等，优点是成本低，催化效率高；缺点是对原料酸值要求高，同时也会造成一定污染，后处理脱碱较困难。超临界高压醇解法的优点是无催化剂、对原料酸值要求低，但缺点是固定资产投资成本高，操作成本高（高温高压）。脂肪酶催化法的优点是反应温和，脂肪酶可反复使用，但其缺点是脂肪酶成本高，且易失活，造成生物柴油生产成本加大。

如果生产工艺中用到高温高压，或者后处理工艺中用到蒸馏和水洗，会对生物柴油组成造成一定影响，特别是可能会破坏生物柴油中原有的天然抗氧成分如棉酚、生育酚、类胡萝卜素等，导致生物柴油氧化安定性降低[9]。

用精制棕榈油为原料，采用不同工艺或后处理工艺合成生物柴油，测试其氧化安定性，结果如图 6.1 所示。

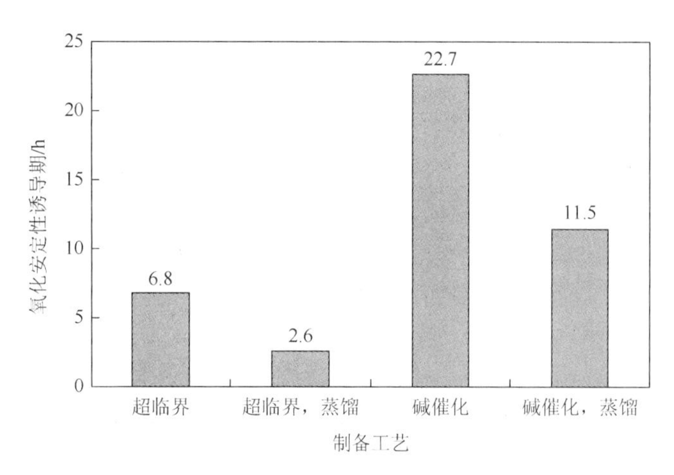

图 6.1　制备工艺对生物柴油氧化安定性的影响

由图 6.1 可见，以相同原料棕榈油经超临界工艺生产的生物柴油的氧化安定性诱导期为 6.8h，比碱催化法生产的生物柴油氧化安定性诱导期 22.7h 差很多。生物柴油经过蒸馏后氧化安定性变差，超临界方法合成的生物柴油经蒸馏处理后，氧化安定性诱导期下降到 2.6h，用碱催化法经过蒸馏后生物柴油氧化安定性诱导期下降到 11.5h。

6.1.4　储存条件对氧化安定性的影响

生物柴油的储存条件对生物柴油的稳定性有着重要影响。高温和氧气是造成生物柴油氧化的原因之一。生物柴油从生产到应用到柴油发动机中都有一定的储存期间，氧化安定性随着储存时间的增大而降低。柴油评价氧化安定性的方法为 SH/T 0175—2004，这是一种催速氧化法，即人为制造劣化氧化条件，在高温和氧气条件下短时间内导致油品急速氧化，从而快速判断柴油的稳定性。借用此方法的原理和设备，评价生物柴油的氧化安定性，不同之处是每隔一定时间用 EN 14112 方法测定诱导期。选用精制棕榈油生物柴油，将 350mL 生物柴油放入试验管中，在 95℃恒温装置中进行高温氧化，一种方式是不通氧气，另一种方式是通入流量为 50mL/min 的氧气，每隔 5h 采样测定氧化安定性诱导期，结果如图 6.2 所示。

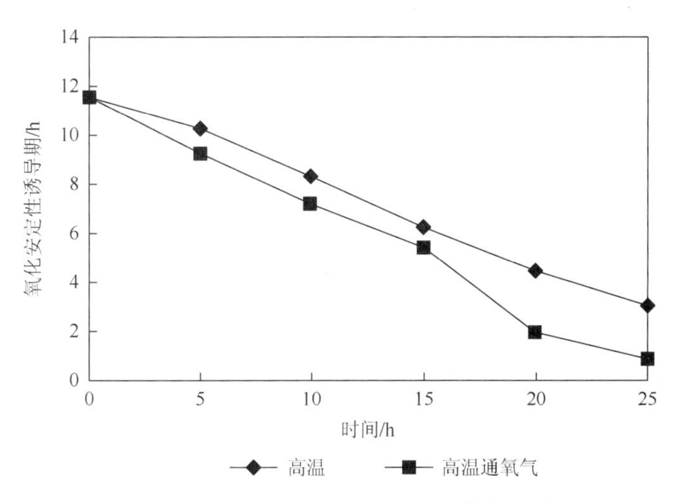

图 6.2　高温和通氧气对氧化安定性的影响

由图 6.2 可以看出，生物柴油在高温下的氧化非常迅速，在 95℃氧化 25h 后诱导期就从 11.5h 降低到 3.0h。高温下通入氧气后，氧化安定性比不通氧气时差，25h 后诱导期降低到 0.8h。

6.1.5　金属对氧化安定性的影响

金属的存在会催化生物柴油的氧化反应，造成生物柴油氧化加速，有文献报道称金属铜对生物柴油氧化的影响尤其明显[10, 11]。室温下金属对生物柴油氧化安定性的影响见图 6.3，其中生物柴油也选用棕榈油生物柴油，试验油样 200g，金属片尺寸 40mm×10mm×2mm，油样用磨口玻璃瓶并避光保存。

由图 6.3 可见，在室温储存下，金属对生物柴油的氧化也有促进作用，紫铜的作用最大，黄铜次之；铸铁、不锈钢、铝和锌等金属对生物柴油的氧化稍有促进作用，这与催速氧化的结果基本一致。以上试验说明生物柴油在储存期间应尽量避免与金属尤其是紫铜和黄铜接触。

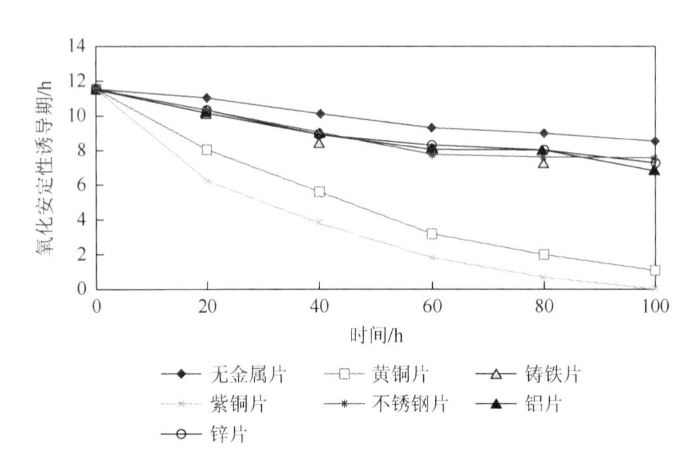

图 6.3　室温情况下金属对生物柴油氧化安定性的影响

6.1.6　现有工业抗氧剂解决生物柴油的氧化

抗氧剂作为一种化工产品广泛应用于药品、食品、化妆品、塑料、橡胶、油脂、石油产品等领域，与我们的生活息息相关。生物柴油作为一种新型能源，抗氧剂的应用才刚刚开始研究。由于生物柴油与油脂和石油产品都有一定的关系，因此，其抗氧剂的使用也相应地借鉴和参照这两类产品的抗氧剂。油脂行业对抗氧剂的毒性和无害性要求较严，目前常用的抗氧剂有合成抗氧剂如叔丁基对羟基苯甲醚（BHA）、2, 6-二叔丁基对甲酚（BHT）、叔丁基对苯二酚（TBHQ）、2, 5-二叔丁基对苯二酚（DTBHQ）、没食子酸丙酯（PG）等，以及天然抗氧剂 α-生育酚（VE）、抗坏血酸、类胡萝卜素等。石油产品如润滑油、燃料（汽油、煤油和柴油）应用的抗氧剂比较多，除上述抗氧剂外还有酚型抗氧剂和芳胺型抗氧剂。酚型和芳胺型抗氧剂从作用机理上都属于游离基终止剂，另外，根据需要，也可加入过氧化物分解剂或金属钝化剂。

1. 酚型抗氧剂

酚型抗氧剂是应用最为广泛的一类抗氧剂，其作用机理属于自由基终止剂。酚型抗氧剂以化合物结构来划分又可分为单酚类、二酚类、双酚类、三酚类及多酚类。

1）单酚抗氧剂

单酚是有一个苯环并且苯环上有一个羟基取代的苯酚，而且取代基中至少有一个是叔丁基，其他取代基可以是烃基或含有杂原子的取代基，如邻叔丁基苯酚、6-

叔丁基-2-甲基苯酚、6-叔丁基-3-甲基苯酚、6-叔丁基-2, 4-二甲基苯酚、2, 4-二叔丁基苯酚、2, 5-二叔丁基苯酚、2, 6-二叔丁基苯酚、2, 5-二叔丁基-4-甲基苯酚、2, 6-二叔丁基-4-甲基苯酚[12]（BHT，抗氧剂T501）、4, 6-二叔丁基-2-甲基苯酚、2, 4, 6-三叔丁基苯酚、2, 6-二叔丁基-4-乙基苯酚（抗氧剂DBEP）、2, 6-二叔丁基-4-正丁基苯酚（抗氧剂 678）、叔丁基羟基茴香醚（BHA）、2, 6-二叔丁基-α-甲氧基-对甲酚（BHT-MO）、4-羟甲基-2, 6-二叔丁基苯酚（抗氧剂754）、2, 6-二叔丁基-α-二甲氨基-对甲酚（抗氧剂703），各种3, 5-二叔丁基-4-羟基苯基丙酸酯，如3, 5-二叔丁基-4-羟基苯基丙酸十八酯（抗氧剂1076）和3, 5-二叔丁基-4-羟基苯基丙酸酰胺等[13]。

2）双酚抗氧剂

双酚是指由两个单酚通过硫或碳原子相连的酚型抗氧剂，如 4, 4′-亚甲基-双-（2-甲基-6-叔丁基苯酚）（抗氧剂甲叉 736）、2, 2′-亚甲基-双-（4-甲基-6-叔丁基苯酚）（抗氧剂2246）、4, 4′-亚甲基-双-（2, 6-二叔丁基苯酚）（抗氧剂T511）、4, 4′-亚甲基-双-（2-叔丁基苯酚）（抗氧剂702）、2, 2′-硫代双-（4-甲基-6-叔丁基苯酚）（抗氧剂2246-S）、4, 4′-硫代双-（2-甲基-6-叔丁基苯酚）（抗氧剂736）、4, 4′-硫代双-（2, 6-二叔丁基苯酚）（Nocrac 300）、双-（3, 5-二叔丁基-4-羟基苄基）硫醚（抗氧剂甲叉4426-S）等[14, 15]。

双酚型抗氧剂对生物柴油的氧化安定性有改善作用，效果稍好于单酚抗氧剂[16]。双酚抗氧剂一般为固体，且加工成本稍高于单酚抗氧剂。

3）二酚和三酚抗氧剂

二酚是指一个苯环上有两个羟基的酚型抗氧剂，可以是下面结构的二酚：对苯二酚、叔丁基对苯二酚（TBHQ）、2, 5-二叔丁基对苯二酚（DTBHQ）、2, 5-二叔戊基对苯二酚中的一种或几种。三酚抗氧剂指苯环中带有三个羟基的酚，如焦性没食子酸，没食子酸酯如没食子酸甲酯、没食子酸乙酯、没食子酸丙酯（PG）、没食子酸丁酯、没食子酸戊酯等。

二酚抗氧剂效果也稍好于单酚抗氧剂[17]，二酚抗氧剂如TBHQ及三酚抗氧剂PG常用作食品抗氧剂，一般成本较高，如果在生物柴油中应用会增加生物柴油的生产成本。

4）多酚抗氧剂

多酚抗氧剂指分子中有至少三个单酚基团的大分子抗氧剂，一般至少有一个叔丁基在酚羟基邻位。如 1, 3, 5-三甲基-2, 4, 6-三-（4′-羟基-3′, 5′-二叔丁基）苯（抗氧剂330）、四（3, 5-二叔丁基-4-羟基苯基丙酸）季戊四醇酯（抗氧剂1010）、1, 1, 3-三-（2-甲基-4-羟基-5-叔丁基苯基）丁烷（抗氧剂 CA）、1, 3, 5-三（2, 6-二甲基-4-叔丁基-3-羟基苄基）均三嗪-2, 4, 6-（1*H*，3*H*，5*H*）（抗氧剂1790）等。

多酚抗氧剂对生物柴油氧化安定性的改善作用与双酚抗氧剂相当，但多酚抗氧剂由于分子量大，在生物柴油中的溶解性较差。

2. 芳胺型抗氧剂

芳胺型抗氧剂一般为取代的萘胺、取代的苯二胺[4]、取代的二苯胺[18]、取代的喹啉等化合物[19]。芳胺型抗氧剂一般都具有染色性，导致生物柴油颜色加深，有些还具有一定毒性和腐蚀性，因此，在生物柴油中应用时应通过试验进行筛选。

取代的萘胺有苯基-*α*-萘胺（抗氧剂 T531，防老剂甲）、苯基-*β*-萘胺（防老剂丁）、*N*-对甲氧基苯基 *α*-萘胺（防老剂 102）、丁间醇醛-*α*-萘胺（防老剂 AP）、2-羟基-1, 3-双[对(*β*-萘胺)苯氧基]丙烷（防老剂 C-49）等。

取代的二苯胺的例子有 4, 4′-二氨基二苯胺（防老剂 APA）、对, 对′-二甲氧基二苯胺、*N*, *N*, *N*′, *N*′-四苯基二胺甲烷（防老剂 350）、*N*, *N*′-二苯基乙二胺、*N*, *N*′-二苯基丙二胺、*N*, *N*′-二邻甲苯基乙二胺、2-羟基-1, 3-双-（对苯胺苯氧基）丙烷（防老剂 C-47）、2, 2′-双（对苯胺苯氧基）-二乙醚（防老剂 H-1）、对, 对′-二异丙氧基二苯胺（防老剂 DISO）、4, 4′-双（*α*, *α*′-二甲基苄基）二苯胺（防老剂 KY-405）、二-（1, 1, 3, 3-四甲基乙基）二苯胺（防老剂 ODA）、4, 4′-二辛基二苯胺、4, 4′-二异辛基二苯胺、辛基化二苯胺（一辛基化二苯胺和二辛基化二苯胺的混合物，防老剂 OD）、辛基/丁基二苯胺（抗氧剂 L-57、T534）等。

取代的对苯二胺型抗氧剂包括 *N*-苯基-*N*′-环己基对苯二胺（防老剂 4010）、*N*, *N*-（1, 3-二甲基丁基）-*N*′-苯基对苯二胺（防老剂 4020）、*N*, *N*′-双-（1, 4-二甲基戊基）对苯二胺（防老剂 4030）、*N*-对甲苯基-*N*′-（1, 3-二甲基丁基）对苯二胺（防老剂 4040）、*N*, *N*′-二庚基对苯二胺（防老剂 788）、*N*-异丙基-*N*′-苯基对苯二胺（防老剂 4010NA）、*N*-异丙基-*N*′-对甲基苯基对苯二胺（防老剂甲基 4010NA）、*N*, *N*′-二甲苯基对苯二胺（防老剂 PPD-A）、*N*, *N*′-二苯基对苯二胺（防老剂 H）、*N*, *N*′-二-（*β*-萘基）对苯二胺（防老剂 DNP）、*N*, *N*′-二仲丁基对苯二胺（防老剂 U-5）、*N*, *N*′-二辛基对苯二胺（防老剂 88）、*N*, *N*′-双-（1-甲基庚基）对苯二胺（防老剂 288）、*N*, *N*′-双-（1-乙基-3-甲基戊基）对苯二胺（防老剂 8L）、*N*, *N*′-双-（1, 4-二甲基丁基）对苯二胺（防老剂 66）、*N*-辛基-*N*′-苯基对苯二胺（防老剂 688）、*N*-异丁基-*N*′-苯基对苯二胺（防老剂 5L）等。

取代的喹啉例子有 6-乙氧基-2, 2, 4-三甲基-1, 2-二氢化喹啉（防老剂 AW）、6-苯基-2, 2, 4-三甲基-1, 2-二氢化喹啉（防老剂 PMQ）、6-十二烷基-2, 2, 4-三甲基-1, 2-二氢化喹啉（防老剂 DD）、2, 2, 4-三甲基-1, 2-二氢化喹啉聚合体（防老剂 RD、防老剂 124）、苯基-*β*-萘胺与丙酮的反应产物（防老剂 APN、防老剂 AM）等。

芳胺抗氧剂中取代萘胺、二苯胺的效果较一般，而取代的苯二胺效果非常好。

3. 天然抗氧剂

天然抗氧剂指非人工合成的，存在于油脂中的有抗氧作用的物质，如α-生育酚、棉酚、阿魏酸、类胡萝卜素、抗坏血酸等。生物柴油在加工过程中有可能会导致天然抗氧剂的流失而使氧化安定性变差。

相同剂量下天然抗氧剂对生物柴油氧化安定性的改善作用明显不如合成抗氧剂。油脂中天然抗氧剂含量高时才能起到抗氧作用。

各种抗氧剂对生物柴油氧化安定性都有一定程度的改善作用，但是相同剂量下各自的效果明显不同。一般来说，取代的苯二胺抗氧剂效果最好，其次是三酚型抗氧剂如没食子酸丙酯（PG）和二酚类抗氧剂如叔丁基对苯二酚（TBHQ），再次是硫醚型双酚抗氧剂如2, 2′-硫代双-（4-甲基-6-叔丁基苯酚）（抗氧剂2246-S），接下来是多酚型抗氧剂如四（3, 5-二叔丁基-4-羟基苯基丙酸）季戊四醇酯（抗氧剂1010）和双酚型抗氧剂如4, 4′-亚甲基-双（2, 6-二叔丁基苯酚）等，随后是单酚型抗氧剂如叔丁基对羟基苯甲醚（BHA）、2, 6-二叔丁基对甲酚（BHT）和萘胺型和二苯胺型抗氧剂如苯基-α-萘胺（抗氧剂T531，防老剂甲）、辛基/丁基二苯胺（抗氧剂L-57）、烷基化二苯胺（T534）等，天然抗氧剂如α-生育酚效果最差。

4. 复合抗氧剂

单独加入一种酚型或芳胺型抗氧剂对于氧化安定性较差的生物柴油如不饱和脂肪酸含量高的大豆油及废弃油脂生产的生物柴油如地沟油生物柴油，多数情况下并不能使生物柴油的氧化安定性达到标准要求，有时即使增加添加量也无济于事。使用复合抗氧剂，可以使抗氧化效果进一步增强。酚型和芳胺型抗氧剂属于游离基终止剂，它们以适当的比例复合也会出现协同增效作用，硫醚型抗氧剂属于过氧化物分解剂，它分别与酚型和芳胺型抗氧剂形成的复合抗氧剂可能会有协同效应，即效果比各自效果的叠加还要好。酚型和芳胺型抗氧剂与金属减活剂（钝化剂）也有增效效应。抗氧剂与某些含氮化合物复合后的抗氧化效果成倍增加。

美国科聚亚公司和雅宝公司将酚型抗氧剂与取代的对苯二胺抗氧剂复合使用作为生物柴油抗氧剂，使抗氧剂的成本降低[20, 21]；瑞士Ciba公司将酚型抗氧剂和取代的三唑或苯三唑金属减活剂同时使用，能降低金属Cu或Fe对生物柴油氧化的催化作用，改善生物柴油的氧化性[22]。中国石油化工股份有限公司石油化工科学研究院报道了取代苯二胺与多胺型化合物复合使用能大大促进胺型抗氧剂的抗氧化效果[23]。润英联公司的专利公开了2, 5-二叔丁基对苯二酚（DTBHQ）与席夫碱型金属钝化剂复合后的增效作用[24]。美国NOVUS国际公司公开了酚型抗氧剂与多胺型金属螯合剂复合使用可出现协同效应，抗氧化效果增强[25]。

中国石油化工股份有限公司石油化工科学研究院对复合型生物柴油抗氧剂配

方进行了长期研究，发现不同抗氧剂、抗氧剂与金属钝化剂及抗氧剂与多胺型化合物进行复配，都能起到不同的增效作用，可大大改善生物柴油尤其是以废弃油脂如酸化油、地沟油生产的生物柴油的氧化安定性。表 6.3 列出了申请的部分中国专利。

表 6.3　部分复合抗氧剂专利及配方

序号	专利公开号	申请日	发明名称	抗氧剂复合配方
1	CN104371775A	2013-08-16	一种添加剂组合物和柴油组合物及提高生物柴油氧化安定性的方法	氨基多元酸与有机胺反应后与芳胺型抗氧剂复合
2	CN103254950A	2012-02-17	一种添加剂组合物和柴油组合物及提高生物柴油氧化安定性的方法	单酚、醛和哌嗪型多胺反应生成的曼尼西碱与芳胺型抗氧剂复合
3	CN103254951A	2012-02-17	一种添加剂组合物和柴油组合物及提高生物柴油氧化安定性的方法	烷基酚、醛和哌嗪型多胺反应生成的曼尼西碱与酚型抗氧剂复合
4	CN102443448A	2010-10-11	一种柴油组合物和提高生物柴油氧化安定性的方法	脒型化合物与芳胺型抗氧剂或受阻酚型抗氧剂复合
5	CN102051239A	2009-10-28	添加剂组合物和柴油组合物及提高生物柴油氧化安定性的方法	聚醚胺与芳胺型抗氧剂或酚型抗氧剂复合
6	CN102051240A	2009-10-28	添加剂组合物和柴油组合物及提高生物柴油氧化安定性的方法	聚烯烃胺与芳胺型抗氧剂或受阻酚型抗氧剂复合
7	CN101993743A	2009-08-19	添加剂组合物和柴油组合物及提高生物柴油氧化安定性的方法	二元羧酸、酸酐和半酯与多胺反应产物与芳胺型抗氧剂或受阻酚型抗氧剂复合
8	CN101993744A	2009-08-19	添加剂组合物和柴油组合物及提高生物柴油氧化安定性的方法	胺与醛的缩合反应产物与芳胺型抗氧剂或酚型抗氧剂复合
9	CN101987980A	2009-07-30	添加剂组合物和柴油组合物及提高生物柴油氧化安定性的方法	长链脂肪酸和多胺的酰胺化反应产物芳胺型抗氧剂或受阻酚型抗氧剂复合
10	CN101928614A	2009-06-26	一种柴油组合物和提高生物柴油氧化安定性的方法	多胺化合物与芳胺型抗氧剂或受阻酚型抗氧剂复合
11	CN101899332A	2009-05-27	一种柴油组合物和提高生物柴油氧化安定性的方法	多烯多胺的曼尼西碱与芳胺型抗氧剂或受阻酚型抗氧剂复合
12	CN101899331A	2009-05-27	一种柴油组合物和提高生物柴油氧化安定性的方法	烯基丁二酰亚胺和芳胺型抗氧剂或受阻酚型抗氧剂复合
13	CN101768483A	2008-12-29	一种柴油组合物	曼尼西碱和受阻酚的低碳酸酯反应产物与芳胺型抗氧剂或受阻酚型抗氧剂复合
14	CN101768482A	2008-12-29	一种柴油组合物	烯基丁二酰亚胺和受阻酚反应产物与芳胺型抗氧剂或受阻酚型抗氧剂复合
15	CN101376851A	2007-08-31	提高生物柴油氧化安定性的方法	芳胺型抗氧剂和 3, 4, 5-三羟基苯甲酸酯抗氧剂复合
16	CN101372638A	2007-08-22	提高生物柴油抗氧性能的方法	酚型抗氧剂和金属钝化剂复合
17	CN101353601A	2007-07-26	提高生物柴油抗氧性能的方法	芳胺类抗氧剂的复配

与单一使用酚型或芳胺型抗氧剂相比，使用复合抗氧剂配方具有效果好、添加剂用量少、多数为液体产品方便加剂操作等优点，已经成为生物柴油选用抗氧剂的优先考虑对象，尤其是对于我国主要以废弃油脂为原料生产的生物柴油，要解决氧化安定性问题，可能必须采用复合型抗氧剂才能奏效。

6.1.7　生物柴油商品抗氧剂

目前全球的生物柴油产品中，除部分以棕榈油、椰子油为原料生产的之外，绝大部分原料生产的生物柴油氧化安定性都不能满足生物柴油产品标准的要求，因此，全球生物柴油抗氧剂每年的需求量超过 2 万 t。全球知名的添加剂公司几乎都有商品化的生物柴油抗氧剂在销售，表 6.4 列出了部分生物柴油抗氧剂商业产品的牌号和主要成分。

表 6.4　抗氧剂商业产品

生产公司	抗氧剂牌号	有效成分	备注
Afton（雅富顿）	HiTEC®4174A	芳胺型抗氧剂	
	HiTEC®4174E	芳胺型抗氧剂	
ALBEMARLE（雅宝）	Ethanox 4760E	酚型抗氧剂	
	Ethanox 4740R	酚型抗氧剂和芳胺型抗氧剂复合	
	Ethanox 4760R	抗氧剂和金属减活剂复合	
BASF AG.（巴斯夫）	Kerobit 3627	取代的对苯二胺	
Baker Hughes（贝克休斯）	BIOQUEST 9900HF	—	
Ciba（汽巴）（被 BASF 收购）	IRGASTAB BD 100	酚型抗氧剂与金属钝化剂复合	液体酚
	IRGASTAB BD 50	酚型抗氧剂	液体
Chemtura（科聚亚）	Naugalube FAO 32	含 55% BHT 的混合酚	液体
	Naugalube®403	芳胺抗氧剂	液体
Eastman（伊斯曼）	BioExtend 30 HP	TBHQ 30%，金属螯合剂 1%	液体
EvonikRohMax（赢创罗曼克斯）	Visocoplex®10-780	抗氧剂和流动改进剂复合剂	黏稠液体
Infineum（润英联）	Infineum R120	—	液体
	Infineum R130	—	液体
	FAPK1003294	—	液体

续表

生产公司	抗氧剂牌号	有效成分	备注
Innospec（英诺斯派）	BioStable™ 8006	多胺化合物溶于芳烃溶剂	液体
	BioStable ™ 403E	胺型抗氧剂与金属减活剂等的复合剂	液体
	BioStable™ 501	含金属螯合剂复合配方	液体
LANXESS（兰爱克谢斯）	Baynox	BHT	液体
	Baynox plus	双酚型抗氧剂	固体
	Baynox molten	BHT	粘稠液体
	Baynox Ultra	BHT 和金属钝化剂复合	40%溶液
Oxiris（澳可斯瑞斯）原 Degussa（德固赛公司）	IONOL BF200	酚型抗氧剂	液体
	IONOL BF 350	酚型抗氧剂	液体
	IONOL BF 1000	酚型抗氧剂	液体

在欧洲，德国生物柴油质量管理联盟（Association Quality Management Biodiesel）从 2008 年开始就对生物柴油抗氧剂进行试验认证工作，通过其认证的抗氧剂产品在生物柴油中使用是安全无害的。

生物柴油抗氧剂也可以用作生物柴油调和燃料的抗氧剂或稳定剂。欧盟车用柴油标准 EN 590 中可以包含不超过 7%（体积分数）的生物柴油，氧化安定性也要求诱导期不低于 20h。美国 ASTM 生物柴油调和燃料（B6～B20）标准 ASTM D7467 要求氧化安定性诱导期不低于 6h。如果生物柴油调和燃料氧化安定性不合格，可考虑加入合适的生物柴油抗氧剂。

6.2　生物柴油用流动改进剂

6.2.1　生物柴油的低温流动性

柴油在低温条件下的流动性能，不仅关系到柴油发动机燃料供给系统在低温下能否正常供油，而且与柴油在低温下的储存、运输、装卸等作业能否进行都有密切关系。柴油的低温流动性能一般用浊点、冷滤点、凝点/倾点等来衡量。在冷滤点方法出现之前，一般用浊点、凝点/倾点来评价油品的低温性能。美国使用浊点和倾点指标，其生物柴油标准也用浊点指标，但未规定其具体值。我国延续苏联方法以凝点划分柴油的牌号。冷滤点与燃料实际使用温度有很好的对应关系，对柴油燃料使用有着实际指导意义，而浊点、凝点/倾点与实际情况有偏差。规定条件下 20mL 试样开始不能通过过滤器时的最高温度就是冷滤点，我国方法为 SH/T 0248（等效于 IP 309）。生物柴油，无论是以纯生物柴油（BD100）还是调和燃料应用到柴油发动机上，都存在低温流动性问题。生物柴油的冷滤点和凝点不像石油柴油的差别那么大，一般只有 0～3℃的差距，因此一般用冷滤点来衡量生物柴油的低温流动性。

虽然生物柴油国家标准 GB/T 20828—2015 对生物柴油低温流动性只列出了冷滤点指标，且要求为“报告”，并未作具体限值要求，但是，由于我国地域宽广，气候各异，低温流动性对生物柴油的生产和应用具有很大的影响作用，低温流动性好的生物柴油应用会更广泛，使用也更方便。

生物柴油的原料主要为各种天然植物油和动物脂肪及废弃油脂。表 6.5 收集了国内不同原料用常规工艺生产的生物柴油产品。

表 6.5　不同原料生物柴油样品的冷滤点

生物柴油原料	冷滤点/℃	生物柴油原料	冷滤点/℃
乌桕脂	22	大豆油	–3
棕榈油	14	大豆油酸化油	–5
椰子油酸化油	6	棉籽油	8
菜籽油（普通）	5	地沟油	5
菜籽油（双低）	–14	餐饮废油	2

由表 6.5 可见，不同原料生产的生物柴油的冷滤点有很大差别，以乌桕脂或棕榈油为原料生产的生物柴油的冷滤点很高，最高达 22℃，而以双低菜籽油为原料生产的生物柴油冷滤点可低至–14℃，这两者之间的差距达 30 多℃，可见原料对生物柴油冷滤点的影响之大。

原料对生物柴油冷滤点的决定作用是因为天然油脂的脂肪酸类型和组成是天然形成的，经过酯交换反应生成的脂肪酸甲酯的组成对每种油脂而言也是固定的，表 6.6 列出了各种脂肪酸甲酯的熔点[26]，熔点高的脂肪酸甲酯冷滤点高。

表 6.6　不同脂肪酸甲酯的熔点

脂肪酸甲酯	熔点/℃	脂肪酸甲酯	熔点/℃
辛酸甲酯（$C_{8:0}$）	–41	十四酸（肉豆蔻酸）甲酯（$C_{14:0}$）	18.4
癸酸甲酯（$C_{10:0}$）	–18	十六酸甲酯（$C_{16:0}$）	28
十二酸（月桂酸）甲酯（$C_{12:0}$）	5.2	十六烯酸甲酯（$C_{16:1}$）	–0.5

续表

脂肪酸甲酯	熔点/℃	脂肪酸甲酯	熔点/℃
十八酸（硬脂酸）甲酯（$C_{18:0}$）	39.1	二十酸甲酯（$C_{20:0}$）	45
油酸甲酯（$C_{18:1}$）	−19.9	二十二酸（山榆酸）甲酯（$C_{22:0}$）	79.9
亚油酸甲酯（$C_{18:2}$）	−35	二十二烯酸（芥酸）甲酯（$C_{22:1}$）	30
亚麻酸甲酯（$C_{18:3}$）	−55		

由表 6.6 可以看出，不同脂肪酸甲酯的熔点差别很大，就饱和脂肪酸而言，随着链长的增加熔点升高，短链的饱和脂肪酸如辛酸甲酯、癸酸甲酯的熔点很低，长链的饱和脂肪酸如二十酸甲酯、二十二酸甲酯的熔点很高。相同链长脂肪酸甲酯中，随着不饱和度增加熔点降低，例如，硬脂酸甲酯熔点 39.1℃，含一个不饱和双键的油酸甲酯熔点−19.9℃，含两个不饱和双键的亚油酸甲酯熔点−35℃，含两个不饱和双键的亚麻酸甲酯的熔点降低到−55℃。由不同原料生物柴油中脂肪酸甲酯的组成和含量情况可见，不同原料生物柴油的冷滤点之所以有如此大的差别主要是因为其脂肪酸甲酯的组成和含量不同。

生物柴油中除脂肪酸甲酯外还残留有部分未反应的脂肪酸甘油酯。我国国家标准对这部分的要求是以甘油计，总甘油质量分数不超过 0.24%，欧盟标准要求更为具体，即单甘油酯质量分数不超过 0.80%、二甘油酯和三甘油酯质量分数都不超过 0.20%。如果加工工艺差，导致这些甘油酯的含量高，会造成生物柴油冷滤点升高。文献报道的甘油酯的熔点如图 6.4 所示。

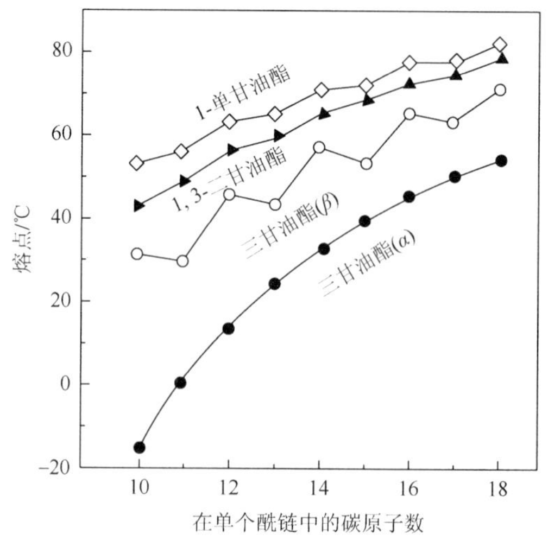

图 6.4　甘油酯熔点

由图 6.4 可见，单甘油酯的熔点比二甘油酯和三甘油酯的都高很多，因此，如果生物柴油中单甘油酯含量高，会造成生物柴油冷滤点的升高。

6.2.2　生物柴油流动改进剂

1. 常用流动改进剂对生物柴油低温流动性的改善

流动改进剂可以改善油料的低温流动性，降低油品在低温下使用和储运时的风险。流动改进剂一般是含有烯属不饱和双键化合物如乙烯、丙烯、α-烯烃、乙酸乙烯酯、（甲基）丙烯酸酯、α, β-不饱和二元羧酸（酸酐）、苯乙烯等的聚合物，以及聚合物的极性衍生物和各种聚合物的组合物。除柴油外，润滑油也使用类似的添加剂，润滑油中加入的流动改进剂称为降凝剂。生物柴油作为一种新型燃料，其所使用的流动改进剂研究目前还不够深入。加入流动改进剂后的生物柴油有些时候在低温下也会出现应用的风险。

柴油中常用的流动改进剂为乙烯-乙酸乙烯酯共聚物（EVA），数均分子相对质量在 2000～4000，国内的商品牌号为 T1804 和 T1805。T1804 对生物柴油冷滤点的改善效果如图 6.5 所示。

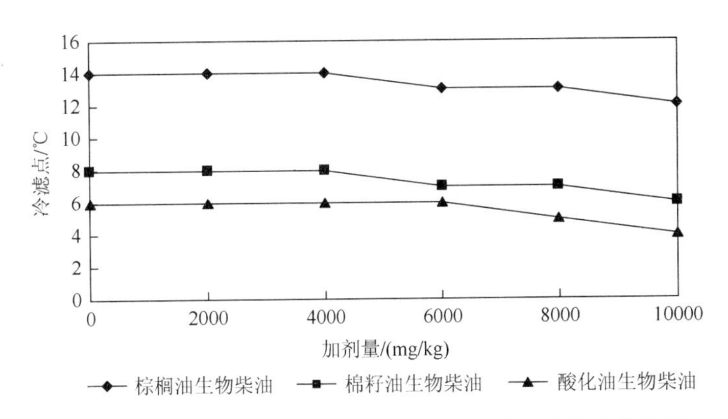

图 6.5　柴油流动改进剂 T1804 对生物柴油冷滤点的改善效果

柴油流动改进剂在柴油中的使用剂量一般不超过 800mg/kg，由图 6.5 可见，柴油流动改进剂 T1804 如果以常用剂量 800mg/kg 加入生物柴油中，对生物柴油冷滤点无改善作用，增加用量到 4000～6000mg/kg，对生物柴油冷滤点的改善作用也很小，即使加入 10000mg/kg，降低生物柴油冷滤点的作用也不大。由此可见，适用于柴油的流动改进剂不一定就适用于生物柴油。

润滑油降凝剂有聚 α-烯烃、聚（甲基）丙烯酸酯等，国内商品代号分别为 T803 和 T814。T803、T814 对不同生物柴油冷滤点的改善作用分别如图 6.6、图 6.7 所示。

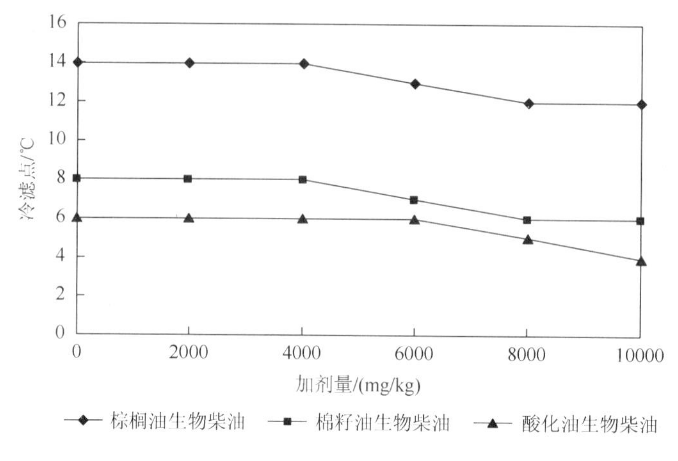

图 6.6　T803 对生物柴油冷滤点的改善效果

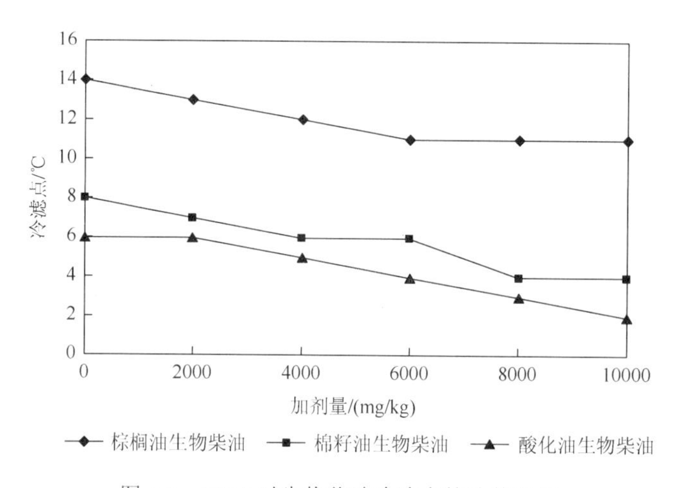

图 6.7　T814 对生物柴油冷滤点的改善效果

由图 6.6 可以看出，与 T1804 类似，润滑油降凝剂 T803 在生物柴油中的降低冷滤点效果也不好。

聚丙烯酸酯型润滑油降凝剂 T814 在生物柴油中改善低温流动性的效果比 T1804 和 T803 都好。由图 6.7 可见，加入 2000mg/kg 的 T814，生物柴油冷滤点就稍有降低，随着加量增加，降低冷滤点的效果明显增强。

生物柴油的凝点与冷滤点本身就相差不大，一般情况下凝点与冷滤点相同或相差 2～3℃，而石油柴油的凝点与冷滤点最多可相差几十摄氏度。生物柴油加入 T814 后凝点的变化情况如图 6.8 所示。

由图 6.8 可见，加入降凝剂 T814 后，生物柴油的凝点也随着添加量的增加而降低，而且降低的幅度也与相同剂量下冷滤点下降幅度基本相同。

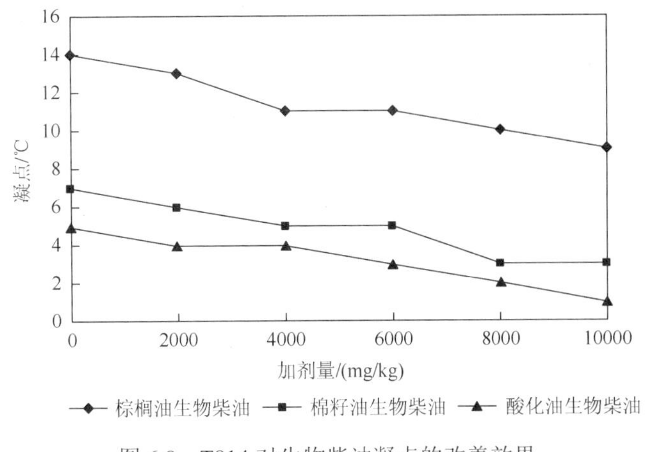

图6.8　T814对生物柴油凝点的改善效果

不同结构的流动改进剂或降凝剂对生物柴油低温流动性的改善效果不同，这说明生物柴油对这种添加剂明显具有选择性。生物柴油从化学组成上来说属于脂肪酸酯，与柴油、润滑油所属的烃类产品有一定差别，但是，就引起低温流动性问题的原因上分析，柴油和润滑油是因为长链饱和烷烃（蜡）在低温下析出结晶，结晶不断增大而造成的，生物柴油是由长链饱和脂肪酸酯凝固而造成，都是饱和长碳链物质的凝固点高的问题。因此，生物柴油流动改进剂的开发既应当与柴油、润滑油相应添加剂类似，在具体结构和组成上又应当有一定的差别。对柴油和润滑油效果好的添加剂不一定就正好适用于生物柴油，应当专门研究和开发适用于生物柴油的流动改进剂。

2. 生物柴油流动改进剂的研究

丙烯酸酯或甲基丙烯酸酯的聚合物对生物柴油冷滤点的改善作用比较明显。中国石油化工股份有限公司石油化工科学研究院用自由基溶液聚合法合成了系列含丙烯酸酯的共聚物，有丙烯酸酯-马来酰胺共聚物、丙烯酸酯-富马酸酯共聚物、丙烯酸酯共聚物及甲基丙烯酸酯共聚物。其中丙烯酸酯的碳数相同，聚合单体的物质的量比为1∶1。这些聚合物在福建省龙岩卓越新能源有限公司酸化油生物柴油中降低冷滤点的效果如图6.9所示。

由图6.9可见，相同条件下合成的丙烯酸酯型共聚物流动改进剂中，丙烯酸酯-马来酰胺共聚物效果不如其他几种聚合物，丙烯酸酯共聚物及甲基丙烯酸酯共聚物的效果较好。上述丙烯酸酯共聚物和甲基丙烯酸酯共聚物指不同碳数的丙烯酸酯或甲基丙烯酸酯进行共聚反应的产物。

从公开的发明专利内容上看，各种聚合物尤其是含甲基丙烯酸酯的聚合物是生物柴油流动改进剂的主要有效成分，表6.7列出了部分生物柴油流动改进剂的专利情况。

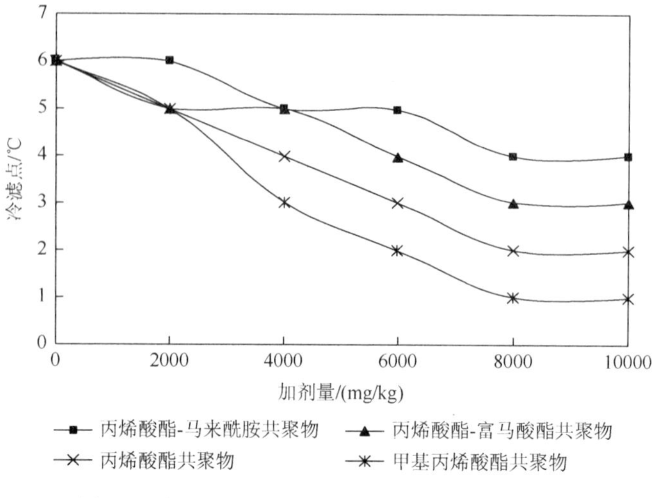

图 6.9　合成聚合物对生物柴油冷滤点的改善效果

表 6.7　部分生物柴油流动改进剂专利及配方

序号	专利号	申请日	申请人	发明名称	主要组成
1	CN101410497A	2007-02-13	赢创罗麦克斯添加剂有限责任公司	包含可再生原料的燃料组合物	不同甲基丙烯酸酯共聚物
2	WO2009077396A1	2008-12-10	Ciba Holding Inc（汽巴控股公司）	Biodiesel cold flow improver	（甲基）丙烯酸酯聚合物
3	US8900333	2008-12-16	BASF SE（巴斯夫公司）	Biodiesel cold flow improver	（甲基）丙烯酸酯聚合物
4	CN101910379A	2009-06-24	株式会社 ADEKA	用于生物柴油的低温流动性改进剂	聚酯的聚合物
5	KR101176344B1	2009-08-20	KOREA RESEARCH INSTITUTE OF CHEMICAL TECHNOLOGY	Low improver compositions at low temperature for fuel oil having bio-diesel and flow improver using the same	（甲基）丙烯酸酯聚合物与马来酸酐、苯乙烯等聚合物复合
6	US20110296743A1	2009-12-29	EVONIK ROHMAX ADDITIVES GMBH（赢创罗麦克斯）	Fuel compositions having improved cloud point and improved storage properties	甲基丙烯酸酯聚合物
7	US20120174474A1	2010-07-21	EVONIK ROHMAX ADDITIVES GMBH（赢创罗麦克斯）	Composition to improve cold flow properties of fuel oils	EVA 和甲基丙烯酸酯聚合物复合
8	CN102234551A	2011-04-19	日油株式会社	生物柴油燃料用流动性改善剂	α-烯烃聚合物
9	CN102936521A	2011-08-15	中国石油化工股份有限公司石油化工研究院	一种柴油组合物和提高生物柴油氧化安定性的方法	马来酸酐接枝油溶性聚合物的胺化物
10	CN102643690A	2012-04-26	安徽大学	一种用于降低生物柴油凝固点的改进剂及其制备方法	三羟甲基丙烷三丙烯酸酯与丙烯酸烷基酯的聚合物

续表

序号	专利号	申请日	申请人	发明名称	主要组成
11	CN104968768A	2014-02-03	赢创油品添加剂有限公司	在矿物柴油、生物柴油及其共混物中具有宽的应用性的冷流动改进剂	聚（甲基）丙烯酸烷基酯聚合物的接枝共聚物
12	CN104449891A	2014-11-20	中国石油大学（北京）	一种生物柴油降凝剂配方	聚马来酸酯-苯乙烯-丙烯酰胺、表面活性剂和二聚酸酰胺
13	US20170121617A1	2016-11-04	TRENT UNIVERSITY	Biodiesel compositions containing pour point depressants and crystallization modifiers	聚合物降凝剂和蜡晶改型剂复合

3. 生物柴油流动改进剂商品

流动改进剂一般对饱和脂肪酸甲酯含量高的生物柴油作用不大，对于不饱和脂肪酸甲酯含量高的生物柴油即使有一定的作用，也是在添加量一般超过3000mg/kg 时有效果，如此大的添加量不仅增加成本，还可能导致其他的副作用，因而，生物柴油流动改进剂的使用并不普遍，其工业商品比柴油流动改进剂少很多，很多添加剂公司放弃了这一领域的开发。表 6.8 列出了目前在售的生物柴油流动改进剂商品。

表 6.8　生物柴油流动改进剂商业产品

生产公司	流动改进剂牌号	备注
Amalgamated Inc.	Usa B-20 Winterrizer® WDATMUltra Soy AdditiveTM	用于大豆油生物柴油及其 B20 柴油
Chemiphase	Coldflow 350	用于浊点 10℃以下的生物柴油
	Coldflow 402	用于浊点 10℃及以上的生物柴油
Clariant（科莱恩，已与 Huntsman 公司合并）	DODIFLOW®	根据原料选择不同牌号
Evonik Industries AG（赢创）	Visocoplex® 10-340	用于牛油、棕榈油为原料的生物柴油
	Visocoplex® 10-530	
	Visocoplex® 10-330	用于大豆油生物柴油与牛油、棕榈油生物柴油的混合物
	Visocoplex® 10-502	
	Visocoplex® 10-610	用于大豆油生物柴油或其与废弃食用油生物柴油的混合物
	Visocoplex® 10-781	
	Visocoplex® 10-505	用于菜籽油或双低菜籽油生物柴油
	Visocoplex® 10-605	
	Visocoplex® 10-608	

续表

生产公司	流动改进剂牌号	备注
FPPF Chemical Company，Inc.	FPPF Bio-Diesel Winter Treatment	对 B20 尤其有效
Infineum International Ltd.（润英联）	Infineum R408	倾点-6℃，适用于所有原料
	Infineum R409	倾点 3℃，适用于餐饮废油
	Infineum R477	倾点 21℃，适用于所有原料
	Infineum R488	倾点 3℃，适用于所有原料
The Lubrizol Corporation（路博润）	Flozol 503	适用于所有原料
Midcontinental chemical	MCC P205	适用于所有原料
OctelSterron	Bioflow 875	适用于所有原料
The Penray Companies，Inc	Winter Pow-R® Plus	降冷滤点、防腐、提高十六烷值多效添加剂
Power Service Products，Inc.	Arctic Express Biodiesel Antigel	适用于所有原料
Technol Fuel Conditioners，Inc.	Technol B100	适用于所有原料

可见，有些公司只推出一种添加剂适用所有原料类型的生物柴油，而有些公司针对不同生物柴油原料推出了不同牌号的流动改进剂来应对。在实际应用中，应根据生物柴油的原料和甲酯组成通过试验来确定合适的流动改进剂。

需要指出的是，评价生物柴油低温流动性所用的浊点、冷滤点、凝点或倾点本来都是用来评价石油柴油的低温流动性，用它们来衡量生物柴油的低温流动性存在一定的偏差。在实际的应用中，也出现过生物柴油及生物柴油调和燃料冷滤点和倾点满足了相应标准或牌号的要求，但在低温下也堵塞了发动机滤网的情况。有研究认为是生物柴油的副产物饱和脂肪酸单甘酯及原料中甾醇葡萄糖苷（熔点 283～287℃）低温析出造成。有关这部分的研究还在进行中，目前还没有确切的结论。

6.3　生物柴油十六烷值改进剂

十六烷值是指在规定条件下的发动机试验中，采用和被测定燃料具有相同发火滞后期的标准燃料中正十六烷的体积分数。十六烷值可以评价燃料油的点火性能、白烟影响及燃烧强度。十六烷值规格要求取决于发动机的设计尺寸、转速、负载变化特性及初始条件和大气条件。十六烷值高的燃料，自燃点低，整个燃烧过程发热均匀，可降低发动机机械负荷、防止粗暴工作的发生，同时也使油品起动性能好，发动机轴承负荷低。

生物柴油的十六烷值与生产原料有关系，不同原料生产的生物柴油的十六烷值如表 6.9 所示。

表 6.9　不同原料生物柴油样品的十六烷值

生物柴油原料	十六烷值	生物柴油原料	十六烷值
椰子油	64.6	大豆油	49.7
棕榈油	58.9	麻疯树籽油	51.9
菜籽油（普通）	54.8	棉籽油	53.6
菜籽油（双低）	53.2	地沟油	56.8

可见椰子油和棕榈油生产的生物柴油的十六烷值高，大豆油生物柴油的十六烷值低。导致不同原料生物柴油差别的原因是不同原料生产的生物柴油中脂肪酸甲酯含量的不同，饱和的、碳数大的脂肪酸甲酯十六烷值高，不饱和，尤其是多不饱和脂肪酸甲酯十六烷值低。表 6.10 列出了不同脂肪酸甲酯的十六烷值[27]。

表 6.10　不同脂肪酸甲酯的十六烷值

脂肪酸甲酯	十六烷值	脂肪酸甲酯	十六烷值
月桂酸甲酯（$C_{12:0}$）	61.1	硬脂酸甲酯（$C_{18:0}$）	76.3
豆蔻酸甲酯（$C_{14:0}$）	69.9	油酸甲酯（$C_{18:1}$）	57.2
棕榈酸甲酯（$C_{16:0}$）	74.4	亚油酸甲酯（$C_{18:2}$）	36.8
棕榈油酸甲酯（$C_{16:1}$）	51.0	亚麻酸甲酯（$C_{18:3}$）	21.6

对于生物柴油十六烷值的要求，除美国 ASTM 要求不低于 47 外，大部分国家和地区都要求不低于 51。如果生物柴油的十六烷值不合格，可以加入十六烷值改进剂。十六烷值改进剂主要有硝酸酯型、过氧化物型和草酸酯型，工业上常用的是硝酸酯型如硝酸异辛酯。过氧化物型虽然在生物柴油中同样剂量下比硝酸异辛酯好，但由于其价格高，副作用大（过氧化物促进氧化），很少用作十六烷值改进剂。

全球各大添加剂公司都有硝酸异辛酯十六烷值改进剂产品，主要的生产商有 The Lubrizol Corporation、BASF SE、Innospec、Very One（Eurenco Inc.）、Nitroerg SA、Afton Chemical Corporation、Baker Hughes Incorporated、Chevron Oronite、EPC-UK Plc、CetPro Ltd、Cestoil Chemicals、Southwestern Petroleum Corporation、Dorf-Ketal Chemicals、Chemiphase Limited 等。近年来，我国十六烷值生产技术取得了很大进步，主要生产厂家有西安万德化工有限公司、北京兴友丰科科技发展有限公司、江西西林科股份有限公司等公司，产品纯度一般都大于 99.2%，质量与国外产品相当。

6.4　生物柴油杀菌剂

生物柴油产品中一般含有水，虽然产品标准一般都要求水分不大于500mg/kg，但是，生物柴油在储存和运输过程中难免要通过呼吸作用吸收空气中的水分。微生物如细菌、真菌等在油水结合处极易繁殖，而生物柴油为微生物的繁殖和生长提供了营养。微生物繁殖会对生物柴油的质量带来一系列的影响，例如，使产品变混浊、乳化，影响产品的外观，很快因为微生物代谢产物生成沉渣而堵塞过滤网，腐蚀金属储罐。含微生物的生物柴油与柴油调配成生物柴油调和燃料后，会导致调和燃料微生物繁殖，在一定条件下会发生微生物爆发式生长，引起柴油发动机油泵滤网堵塞和金属部件腐蚀等严重后果。

向生物柴油中加入杀菌剂可以杀灭细菌、真菌等微生物，减轻油品中微生物的危害。杀菌剂一般为含硫、氮或氯（或溴）的化合物，可溶解于油中或水中。杀菌剂的作用机理有阻碍菌体的呼吸作用，抑制蛋白质的合成或破坏蛋白质的水膜使蛋白质沉淀而失去活性，破坏菌体内外环境平衡，或者妨碍微生物核酸合成或参与合成但破坏合成结构、使其丧失和改变其核酸的活性等方式来阻断微生物的繁殖。生物柴油在用的杀菌剂商业产品的生产厂家和产品牌号见表6.11。

表 6.11　部分生物柴油杀菌剂商业产品

生产公司	杀菌剂牌号	备注
Afton Chemical Corporation	BUG OUT® Sticks	2-溴-2-硝基-1, 3-丙二醇
Agriemach Ltd	Ractor	含硫化合物，防腐、分散、杀菌多效添加剂
Bell Performance	BELLICIDE	加量 200mg/kg（维持量 100mg/kg）
Chemiphase	BIOCONTROL 41	加量 500mg/kg（维持量 250mg/kg）
FPPF Chemical Company Inc.	Killem	2-（硫氰酸甲基巯基）苯并噻唑、二硫氰基甲烷，加量 100mg/kg
Gannon Oils Ltd.	Biocide Biodiesel 2000	加量 300mg/kg（预防量 150mg/kg）
MEG Corp	MicrobiKILL®	2-（硫氰酸甲基巯基）苯并噻唑、二硫氰基甲烷，加量 100mg/kg

一般情况下，如果微生物还没有爆发，作为预防量的杀菌剂是正常加量的一半左右，如果首次使用杀菌剂也要适当地增加剂量以达到最佳的杀灭效果。在后期相隔一定时间补加杀菌剂时的维持量也是杀灭用量的一半左右。

参 考 文 献

[1]　U S. Environmental Protection Agency. A Comprehensive Analysis of Biodiesel Impacts on Exhaust Emissions，EPA420-P-02-001，2002. http: //www. epa. gov/otaq/models/analysis/biodsl/p02001. pdf.

[2] 蔺建民，张永光，杨国勋，等. 柴油机燃料调合用生物柴油国家标准的编制. 石油炼制与化工，2007，38（3）：27-32.
[3] GB/T 20828—2015. 柴油机燃料调合用生物柴油（BD100）.
[4] 阿斯巴尔 H O，博姆巴 T. 提高生物柴油的氧化稳定性的方法. CN 101144040A，2007.
[5] Knothe G. Some aspects of biodiesel oxidative stability. Fuel Processing Technology，2007，（88）：677-699.
[6] 李法社，包桂蓉，王华. 生物柴油氧化稳定性的研究进展. 中国油脂，2009，34（2）：1-5.
[7] Tang H，Guzman R C D，Salley S O，et al. The oxidative stability of biodiesel：Effects of FAME composition and antioxidant. Lipid Technology，2008，20（11）：249-252.
[8] 刘金胜，蔺建民，张建荣. 生物柴油氧化安定性研究的新进展. 可再生能源，2010，28（4）：145-150.
[9] Ferrari R A，Oliveira V D S，Scabio A. Oxidative stability of biodiesel from soybean oil fatty acid ethyl esters. Scientia Agricola，2005，62（3）：291-295.
[10] Knothe G，Dunn R O. Dependence of oil stability index of fatty compounds on their structure and concentration and presence of metals. Journal of the American Oil Chemists Soaety，2003，80（10）：1021-1026.
[11] 王江薇，杨湄，刘昌盛，等. 生物柴油氧化稳定性研究. 中国油料作物学报，2007，29（1）：74-77.
[12] 因根多 A，罗特尔 C，黑泽 K P. 用 2, 4-二叔丁基羟甲苯提高生物柴油储存稳定性的方法. CN 1742072A，2006.
[13] 阿斯巴尔 H O，博姆巴 T. 增加生物柴油的氧化稳定性的方法. CN1847369A，2006.
[14] 阿斯巴尔 H O，博姆巴 T. 增加生物柴油的氧化稳定性的方法. CN1847368A，2006.
[15] 蔺建民，李航. 提高生物柴油氧化安定性的方法. CN101275089，2007.
[16] Udomsap P，Chollacoop N，Topaiboul S，et al. Effect of antioxidants on the oxidative stability of waste cooking oil based biodiesel under different storage conditions. International Journal of Renewable Energy，2009，4（2）：47-59.
[17] Mittelbach M，Sohober S. The influence of Antioxidants on the oxidation stability of biodiesel. Journal of the American Oil Chemists Soaety，2003，80（8）：817-823.
[18] 蔺建民，李率，张永光. 提高生物柴油抗氧性能的方法. CN101353601，2007.
[19] IbrahimAbou-Nemeh. Biodiesel fuel compositions having increased oxidative stability. US P20070113467A，2007.
[20] 福克斯 E B，戴布拉塞 F，米格达尔 C A. 用于生物柴油燃料的抗氧化添加剂. CN101484555A，2007.
[21] 埃米利 • 施内勒尔，文森特·J. 加托，赵刚凯. 脂肪酸甲酯（生物柴油）的抗氧化剂混合物. CN101688137A，2008.
[22] 李 N R，斯坎龙四世 E，库萨蒂斯 P. 稳定化的生物柴油燃料组合物. CN101541928A，2007.
[23] 蔺建民，张永光，张建荣，等. 柴油组合物及提高生物柴油氧化安定性的方法. WO2010148652A1，2010.
[24] 苏特科斯奇 A C. 生物燃料的改进. CN101058753A，2007.
[25] Abou-Nemeh Ibrahim. Biodiesel Stabilizing Compositions. WO2009108851A1，2009.
[26] Mittelbach M，Remschmid T. Biodiesel：the comprehensive handbook. US Department of Energy，2006.
[27] Bamgboye A I，Hansen A C. Prediction of cetane number of biodiesel fuel from the fatty acid methyl ester（FAME）composition. Internationl Agrophysics，2008，22：21-29.

第7章　生物柴油产业社会效益、经济效益与环境效益分析

生物柴油是国际公认的优质液体替代燃料，具有可再生性、低碳性和清洁性三大特征。中国政府高度重视可再生能源的发展，在《国民经济和社会发展第十一个五年规划纲要》中明确提出，“实行优惠的财税、投资政策和强制性市场份额政策，鼓励生产与消费可再生能源，提高在一次能源消费中的比重”。国家发展和改革委员会为了加快可再生能源发展，促进节能减排，积极应对气候变化，更好地满足经济和社会可持续发展的需要，研究制定了《可再生能源中长期发展规划》，提出了 2020 年前我国可再生能源发展的指导思想、主要任务、发展目标、重点领域和保障措施，以指导我国可再生能源发展和项目建设。生物质液体燃料是可再生能源的重要发展领域，其中为生物柴油制订的发展目标是：到 2010 年完成生物柴油产业化示范，产量达到 20 万 t/a；到 2020 年产量发展到 200 万 t/a。生物柴油发展能够促使生态、经济和社会效益的协调统一，生物柴油的可持续发展与农林业的可持续、生态可持续、环境可持续、经济可持续和社会可持续等密切相关。下面从社会效益、经济效益、环境（生态）效益等方面进行分析。

7.1　生物柴油产业发展的社会效益分析

7.1.1　发展生物柴油有利于减少石油的进口，维护国家能源供应安全

我国石油资源不足，不能完全满足我国经济发展需要。从 1993 年我国成为石油净进口国起，原油产量与实际需求的缺口越来越大，石油对外依赖度越来越高。2016 年我国进口原油约 3.81 亿 t，石油对外依存度超过了 65%。石油对外依存度太高威胁国家能源安全。生物柴油可以代替石化柴油，生物柴油生产过程中联产的脂肪酸甲酯和甘油还可以为化学工业提供生产原料。因此，发展生物柴油有利于减少部分石油的进口，在一定程度上缓解我国石油进口增长的压力。

生物柴油产业能否发展起来，并肩负起保障我国能源安全责任的关键是有无

充足的油脂原料供应。按照国家的倡议，我国发展生物柴油要“不与粮油争地”，近期提倡使用废弃油脂原料，中、长期寄希望于木本油料和微藻油料。

利用不宜食用的木本油脂为原料发展生物柴油是我国的特色和优势[1, 2]。据初步调查，全国野生木本油料果实含油量在15%以上的约有1000种，其中含油量在20%以上的约300种。另外，我国山地资源丰富，据相关部门统计，山地、高原和丘陵约占国土总面积的69%。山地由于土层薄、肥力差、缺水等，不宜种植农作物。而木本油料植物则具有野生性，耐寒、耐贫瘠，结合我国全面实施的林业六大生态工程（天然林资源保护工程、退耕还林工程、京津风沙源治理工程、三北及长江中下游地区等重点防护林工程、野生动植物保护及自然保护区建设工程、重点地区速生丰产用材林基地建设工程），大面积营造生物柴油原料林，可以变荒山劣势为优势，产出生物柴油原料。我国目前可较大规模种植的木本油料植物主要包括麻疯树、黄连木、光皮树等若干种，但产量有限，而且有的价格也并不便宜。为了促进以野生木本植物油为原料生产生物柴油在我国的发展，在国家政策和地方政府的支持和引导下，科研人员已经在育种、驯化野生木本油料植物方面开展了大量研究工作，取得了很大进步，扩大种植和生产规模有了科技支撑，估计十几年后有望大量地生产生物柴油原料。

微藻是生物柴油生产开辟的另一条新的原料途径，是值得大力开发的一种长远战略生物质资源[3-6]。微藻是指一些微小的单细胞群体，是自养或异养或兼养的低等植物，是低等植物中种类繁多、分布极其广泛的一个类群，无论是在海洋、淡水湖泊等水域，还是潮湿的土壤等处，微藻都能生存。微藻细胞的主要化学成分是脂类、纤维素、木质素和蛋白质等。根据微藻细胞这种特有的化学成分，利用高温高压液化技术或超临界CO_2萃取技术，可以获得细胞中的油脂，再转变为生物柴油。早在20世纪80年代初，美国可再生能源国家实验室就开始了利用微藻制备生物柴油的研究，并采用分子生物学和基因工程技术，改变微藻细胞的生理结构，从而制备出高产量、高含油量的工程微藻。除了美国可再生能源国家实验室外，美国圣地亚国家实验室也在进行利用分子生物学工程技术增加微藻细胞的含油量和产量的试验。美国Green Fuel Technologies与Arizona Public Service（APS）合作开发利用发电站排放的CO_2培养微藻转化为生物柴油的技术，在玻璃管中放置微藻，阳光直接照射并通入CO_2气泡，每亩每年可生产200t微藻。我国清华大学等通过异养转化细胞工程技术获得了高脂含量的异养小球藻细胞，其脂类化合物含量高达细胞干重的55%。中国科学院植物研究所和中国科学院水生生物研究所通过基因工程在较短时间内也开发出了高产的油藻品种。中国海洋大学通过十几年来对淡水及海水藻类物质的研究，也已积累了海洋藻类研究开发和产业化的经验。

除国内原料资源外，生物能源作物在热带地区的单位面积产量远远超过温带地区，热带地区将成为未来世界生物能源产业最重要的原料产地。目前在热带地区种植的生物柴油原料品种主要是蓖麻、油棕和麻疯树。油棕是目前单产最高的油料作物，每公顷土地每年能够生产 6t 左右的油脂[7]。通过提高单产和扩大种植面积，世界棕榈油产量仍有可能大幅度提高。因此，棕榈油最有可能成为未来生物柴油的主要原料，从东南亚国家进口棕榈油等作为生物柴油原料是对国内原料的重要补充。我国培育的麻疯树在境外热带土地上的产量也大大超过在国内低质土地上的产量[2]。另外，我国周边的老挝、缅甸、柬埔寨等中南半岛腹地国家拥有大量未利用的热带土地，可以与这些国家进行合作，建设生物柴油原料基地，在促进这些国家经济社会发展的同时，开辟另一条原料供应途径。

原料供应有了保障，再加上已经开发成功的先进生物柴油技术，我国生物柴油产业必将取得长足发展，在保障国家能源安全方面发挥作用。

7.1.2　促进油料种植生产发展，提高食用油自给能力，增加农民收入

图 7.1 描述了 1996～2016 我国植物油脂生产、进口和消费情况[8]。可以看出自 1996 年开始进口油料（主要是大豆、油菜籽等）以来，油料进口量与年俱增，到 2012 年达到 6131.4 万 t，首次超过国内油料的 5972.3 万 t 产量，到 2016 年继续增长至近 9000 万 t，而同期国内油料产量仍只有 6000 万 t 左右。这些进口油料提取的油脂基本上留在国内以食用油的形式销售，再加上进口的约 1000 万 t 油脂，加起来占我国植物油食用消费总量的近 80%。可见，我国食用油脂供应的对外依存度比石油更高，保障食用油安全比保障石油安全的任务更艰巨。

实际上我国油料育种和栽培技术在世界上居先进水平，典型的油料作物油菜、向日葵、花生、棉花和大豆等被广泛种植。我国油菜种植区域广，长江流域的四川、湖北、湖南、江西、安徽及江浙、云贵一带是我国油菜的集中产区，种植面积占全国油菜种植面积的 80%以上，是世界上甘蓝型油菜三大集中产区之一。我国油菜籽榨出的油基本上供食用消费，年消费量基本上稳定在 420 万 t/a 左右的规模。传统的菜籽油中芥酸和芥子苷等物质含量高，对人体健康有害。现在广泛种植的都是低芥酸、低硫苷的双低油菜，其生产的双低菜籽油是健康食用油。双低菜籽油的脂肪酸碳链组成为 16～18 个碳，与石油柴油分子的碳数分布相近。表 7.1 列出了高芥酸菜籽油和低芥酸菜籽油的脂肪酸分布。

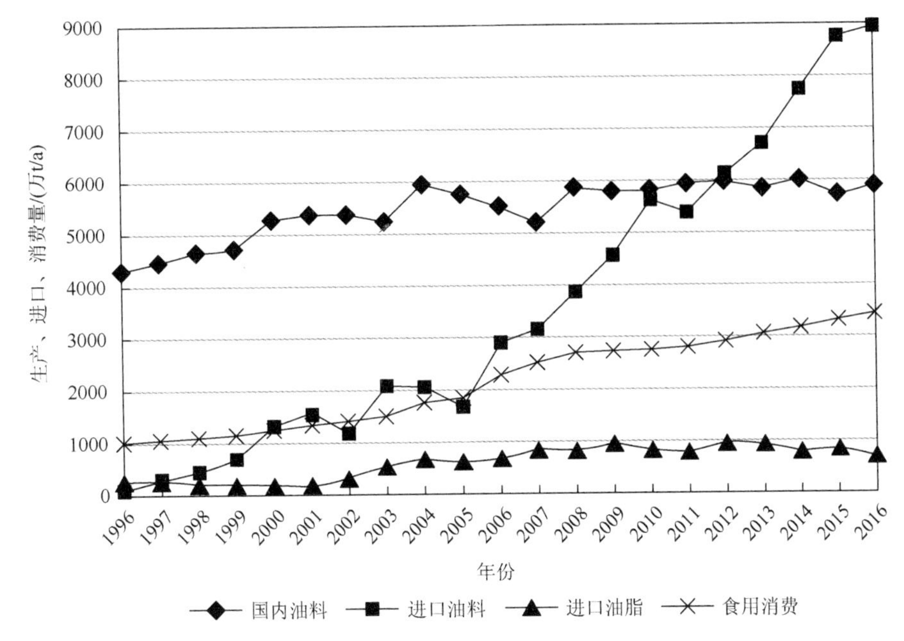

图 7.1　1996～2016 年我国植物油脂生产、进口和消费情况

表 7.1　菜籽油的脂肪酸分布

脂肪酸类型	高芥酸	低芥酸
棕榈酸	2～4	3～5
硬脂酸	1～2	1～2
油酸	14～18	66～65
亚油酸	13	20～26
亚麻酸	8～10	8～10
$C_{20:0}$	1	1～2
$C_{20:1}$	7～9	—
芥酸	45～52	1～2

从双低菜籽油的脂肪酸分布上看，饱和脂肪酸含量比较低，而油酸含量很高，十八碳二烯酸和三烯酸含量比大豆油和棉籽油低，是优质的生物柴油生产原料。

棉籽油是从棉籽中榨取的。棉籽是棉花生产的副产品，棉籽的产量相当于皮棉的 1.5～2 倍。一般陆地棉棉籽重量的 55%～60%是棉籽仁，20%～30%是棉籽壳，13%左右为短绒。剥壳后的棉籽仁油含量为 30%～40%。全世界每年生产棉籽约 3000 万 t，能榨取约 500 万 t 的棉籽油。我国是世界最大的棉花生产国，每年产出的棉籽约 1000 万 t，可榨出 180 万 t 左右的棉籽油，其中约一半被加工成食用油销售。由于棉籽油存在有害健康的杂质，尽管精制加工成食用油后，这些物质大部分已经去除了，但作为食用油销售的市场竞争力不强。因此，我国每年可能有大量棉籽资源未得到加工而废弃。生产生物柴油，扩大棉籽油的应用市场，可刺激棉籽的加工。因此，从多个方面综合考虑，将棉籽油作为生物柴油生产原料是合适的。由于棉籽随棉花的集中而集中，棉籽油的生产也相对集中，适合建造较大规模的生物柴油生产装置。棉籽油的脂肪酸分布为棕榈酸 22%～28%，硬脂酸 1%～2%，油酸 13%～15%，亚油酸 55%～60%，其他约 1%。从脂肪酸分布上看，棉籽油用于生产生物柴油还是合适的。

我国每年大豆的产量 1300 万 t 左右，都是非转基因大豆。我国大豆主要消费方向是压榨生产豆粕和豆油，以及作为生产豆制食品和大豆深加工产品的原料。大豆油的脂肪酸分布是棕榈酸 10.78%，硬脂酸 4.12%，油酸 22.34%，亚油酸 53.99%，亚麻酸 7.48%，其他约 1.29%，因此大豆油是健康的食用油，是许多消费者的首选食用油。目前我国大豆油的消费量近 2000 万 t，主体是进口转基因大豆压榨生产的，非转基因大豆油占比越来越少。从大豆油脂肪酸分布上看，大豆油适合生产生物柴油。

上述三种油料品种，除棉籽油生产可能受制于棉花应用市场外，菜籽油和大豆油的生产发展空间很大。例如，多年来我国油菜籽的年产量约 1200 万 t，增长势头很弱。实际上我国农村有约 1.3 亿亩的冬闲地适合种植油菜，这个面积相当于每年我国油菜种植的面积，但农民宁可荒着田地也不种植油菜，主要原因是油菜籽价格低、收入少，不如外出打工收入高。如果国家有相关优惠政策引导和鼓励，农民的种植积极性将提高，在 1.3 亿亩冬闲田里种植油菜，每年将新增约 400 万 t 的菜籽油，可以指定作为生物柴油的原料，保障农民的收益，也可以进入食用油供应渠道，降低食用油对外依存度。至于大豆油，我国生产的大豆主要是非转基因大豆，消费者倾向于消费国产的非转基因大豆油。但由于大量进口廉价的转基因大豆，压低了国产非转基因大豆的价格，种植大豆与种植玉米和其他农作物相比，风险大，还没有经济上的优势，农民积极性不高。如果国家予以政策引导，国产大豆的种植面积将会扩大很多，增产的大豆油在满足食用需求的同时，多余的可作为生物柴油原料，进行价格保护，保护了农民的收益。这样既开辟了生物柴油原料来源，也有利于保障国家食用油供应安全。

有一种观点认为，发展生物柴油将推高食用油脂价格，增加居民的生活成本。图 7.2 描述了 2000～2016 年几种主要食用植物油品种的国际交易价格，同时列出了同期原油交易价格[9]。

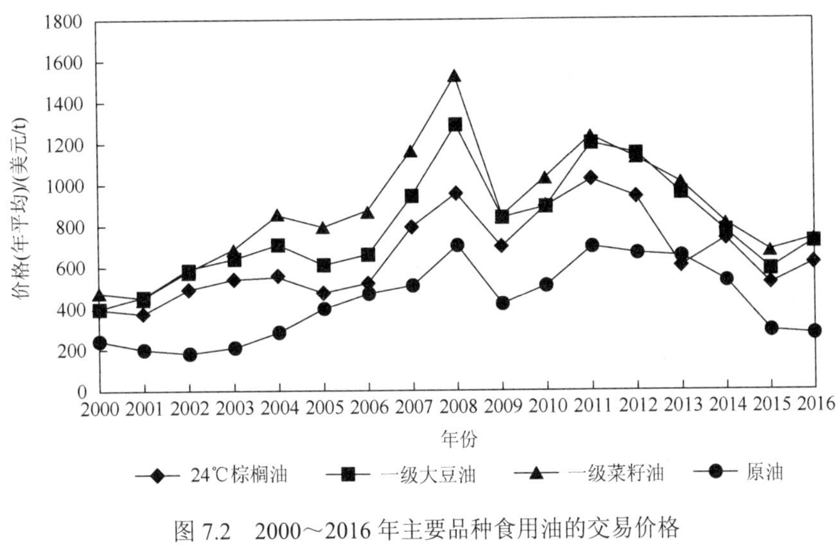

图 7.2　2000～2016 年主要品种食用油的交易价格

24℃棕榈油指凝固点在 18～24℃的棕榈油

由图 7.2 可以看出，食用油的价格涨跌与石油价格相对应，食用油自身交易环境影响都是短期的，价格变动的大局面是石油价格的涨跌带动的。同时对照生物柴油的产量发展，可以看出，生物柴油生产快速增长的年代，食用油价格并没有应声而涨。因此生物柴油发展不会推高食用油脂价格，相反，生物柴油的发展刺激了国外植物油的生产，使其供应更加充足，更能保障居民食用消费，价格也相对合理。

7.1.3　充分利用废弃油脂生产生物柴油，防范其污染环境和危害食品安全

中国居民的饮食习惯决定了餐饮废油不断产出，不论是现在还是将来，这都将是我国生物柴油原料的重要组成部分。但我国废弃油脂至今未能得到有效的集中管理。全国各地区曾有报道，餐饮废油经加工后进入食用油市场销售存在很大的利益空间。受暴利驱动，一些人通过收集餐饮废油，简单加工后，以比正常食用油低得多的价格非法出售。相关研究表明，餐饮废油过氧化值和黄曲霉毒素远远超出国家规定的食用油卫生指标，特别是黄曲霉毒素是目前发现的最强致癌物质，误食后将严重危害居民身体健康。为了杜绝餐饮废油重上餐桌的行为，一些大型城市如北京、上海、南京、广州等地环保部门已实行监控地沟油的集中管理，以控制餐饮废油的去向。但是，这只是监控方面的措施，只有提供餐饮废油的合法转化加工途径，才能从根本上解决餐饮废油重上餐桌的问题。

废弃油脂是城市生活污水中高 COD 值的贡献者之一，其导致城市周边河流湖泊富营养化，促进了水体微生物的生长和繁殖，使水质变差。因此，从源头上

鼓励居民和餐饮行业收集用过的油脂，避免其进入下水道，不仅能防范餐饮废油对水资源的污染，也增加了生物柴油原料供应。

“林油一体化”是我国提倡的生物柴油产业原料发展模式。但是，油料植物从培育、种植到稳定产油需要相当长的时间。在产业发展前期，果实数量有限，远远不能达到生物柴油装置规模要求的产量。这时，如果建设装置，由于原料不能足量供应，生产装置难以长年生产运转，生产效益差；如果不建设装置，早期收获的果实不能卖出，将打击种植业者的积极性，也将影响整个产业的健康发展。因此，要率先发展废弃油脂生物柴油产业，管理废弃油脂原料的生物柴油企业，收购加工林业基地早期收获的果实生产生物柴油，保护林业种植业者的积极性。待林业基地稳产后，建设新装置生产生物柴油，使“林油一体化”的生物柴油产业发展模式得以健康发展。

7.2 生物柴油企业经济效益的影响因素分析

7.2.1 油脂和石油价格波动的影响[9-11]

生物柴油是依托可食用油脂为原料发展起来的，如大豆油、双低菜籽油、棕榈油等。用可食用油脂生产生物柴油时，生产成本的分布如图 7.3 所示。可见，原料油脂的成本是所有生产要素中最高的，占总生产成本的 75%，比人工、折旧、辅助剂及能耗都高得多。

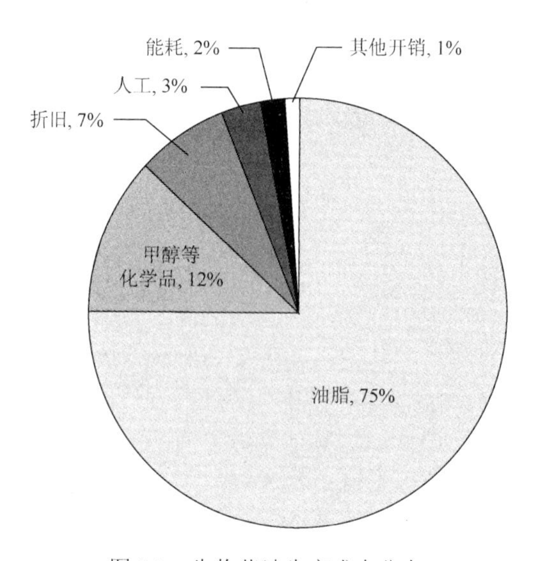

图 7.3 生物柴油生产成本分布

图 7.4 显示的是 2000～2016 年菜籽油及其生产的生物柴油市场价格的变化，同时列出同期柴油价格的变动情况以作比较。可见，菜籽油价格波动同时，生物柴油价格随之变动，它们都跟柴油的价格波动有关系。

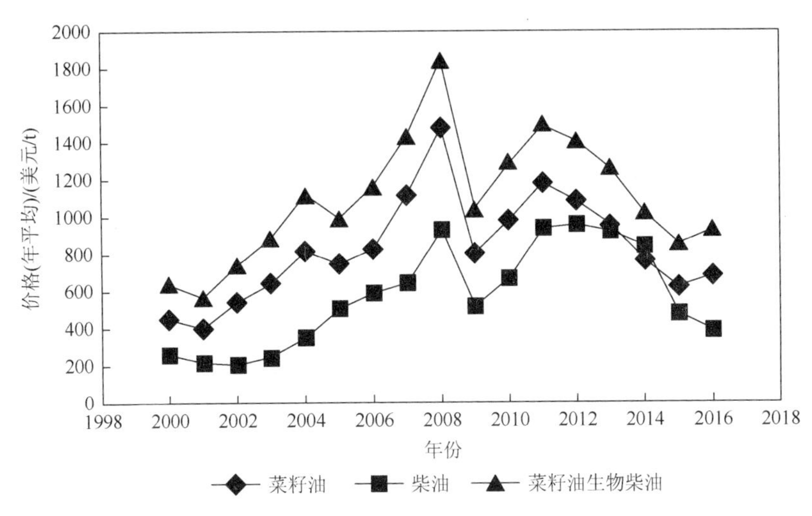

图 7.4　2000～2016 年菜籽油及其生物柴油产品的价格

食用油市场上，菜籽油价格相对偏高（图 7.2），并且一直比柴油价格高。利用菜籽油生产生物柴油，再加上生产成本，产品的价格会更高。欧盟对居民使用汽柴油征收高额的消费税，约占市售柴油价格的一半左右。由于政府给予生物柴油免燃油税的优惠待遇和其他优惠政策，菜籽油生物柴油企业获得了一些生存和发展空间。

实际上大豆油、棕榈油尽管价格比菜籽油低，但在没有政府补贴的情况下生产生物柴油也很少有利润空间。国际货币基金组织（Internation Monetary Fund，IMF）、世界银行和斯坦福大学等都对大宗植物油生产生物柴油的盈亏平衡点进行过研究，柴油价格和植物油价格数据录用时间是 2000～2015 年，结果如图 7.5 所示。

图 7.5 中，当石化柴油价格一定时，植物油价格必须在线下才能有盈利空间。对于情形 1，除棕榈油在 2008 年年底和 2009 年年初约半年的时间内有一定的盈利空间外，其他品种，如大豆油、菜籽油等都没有盈利空间。而那段时间，棕榈油种植园主陷入亏损状态，经营艰难。对于情形 2，棕榈油生产生物柴油盈利概率不超过 5%，其他植物油仍然没有盈利的空间。情形 3 由于有补贴，而且不计固定成本，各种植物油的盈利状况得到改善，棕榈油的盈利概率达到 90%以上，大豆油也有 70%，但菜籽油的盈利概率勉强到 30%，大多数情况下还是没有盈利能力。

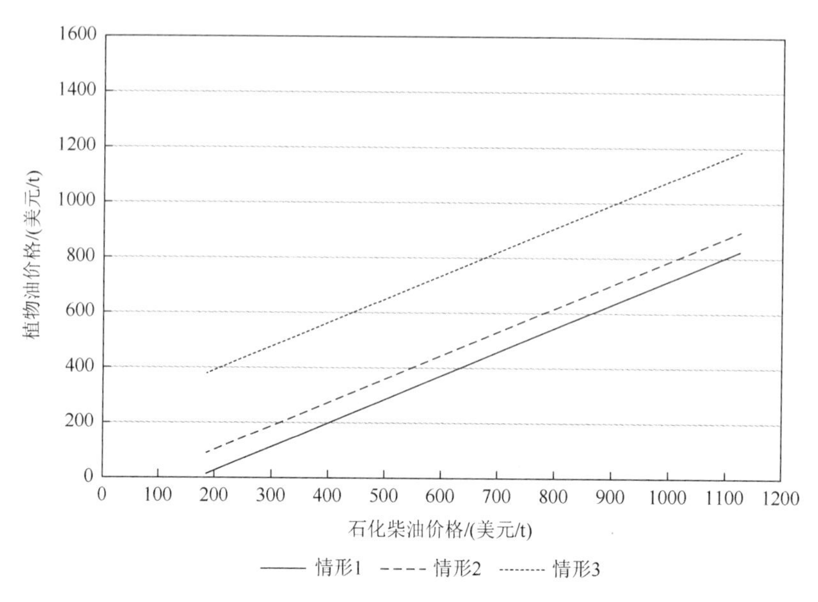

图 7.5 生物柴油生产的盈亏平衡线

情形 1：无补贴，还考虑每吨生物柴油 70 美元的固定成本；情形 2：无补贴，不考虑固定成本；情形 3：有补贴，每吨生物柴油 300 美元，不考虑固定成本

不考虑固定成本其实很不现实，毕竟建成一个生物柴油生产厂所需要的投资较多，尤其在装置产能不能得到充分发挥的时候，固定成本中的设备折旧成为影响生产效益的主要因素。表 7.2 是 2015 年生物柴油主要生产国家或地区装置产能的利用率的统计结果[10]。

表 7.2 世界主要生物柴油生产国家或地区 2015 年开工率与产量

国家或地区	产能/(万 t/a)	产量/万 t	产能利用率/%
欧盟	2190	980	45
美国	710	418	58
阿根廷	450	181	40
巴西	680	340	51
哥伦比亚	52	51.6	99
加拿大	35	26	85
印度尼西亚	590	105	17
马来西亚	280	105	19
泰国	180	53	60

可以看出，产能利用率超过 70%的只有加拿大和哥伦比亚，产能利用率最低

的是印度尼西亚，只有 17%。产能利用率低给生物柴油企业带来很大经营压力。因此，印度尼西亚政府才不断调高生物柴油配额，提高其在石化柴油中的调和比例，以刺激消费量增加，促进生物柴油装置产能利用率的提高。

7.2.2　副产甘油的影响[12-15]

生物柴油副产的甘油相当于生物柴油产量的 10%～12%。2005 年前，副产的甘油是生物柴油企业的效益增长点，基本抵消了甲醇的成本。2005 年后，随着生物柴油产量爆发式增长，甘油市场迅速饱和，销售价格直线下降，而且难以销售，不但不能成为生物柴油企业的效益增长点，相反还增加了生产成本。生物柴油企业粗甘油的产量和价格情况见表 7.3。

表 7.3　生物柴油企业粗甘油的产量和价格

年份	产量/万 t	价格/(美元/t)	
		最高	最低
2000	34.1	855	465
2001	35.8	790	290
2002	36.1	395	300
2003	36.2	500	195
2004	40.5	410	205
2005	43.4	210	20
2006	59.5	50 以下	
2007	74.5	50 以下	
2008	70.5	50 以下	

甘油价格下滑的关键原因是传统的甘油应用市场饱和，没有新的应用方向来消化这些甘油。甘油传统应用领域如食品、医药、化妆品、烟草、纺织、造纸等使用的甘油一般纯度要大于 99%，生物柴油副产的粗甘油很容易精制到这个纯度。早期的一些规模大的生物柴油企业都建设了甘油精制装置，以精制甘油占领市场。但是，甘油传统应用领域的需求量较稳定，没有持续增长的空间。当生物柴油精制甘油进入市场后，市场很快饱和，精制甘油价格也随之下降。因此，只有开发出新的甘油利用途径，大量加工转化甘油，生物柴油企业甘油的难题才能破解。

甘油作为最简单的多元醇，化学性质活泼，能够发生氧化、氢解、脱水、醚化、酯交换、取代、缩聚等反应。以甘油为原料可以合成的具有多种用途的化工产品如图 7.6 所示。其中开发相对成熟的甘油技术包括甘油合成环氧氯丙烷、丙二醇、单甘酯、二甘酯、烷基甘油醚、二羟基丙酮等，具体技术进展情况参见第 5 章。

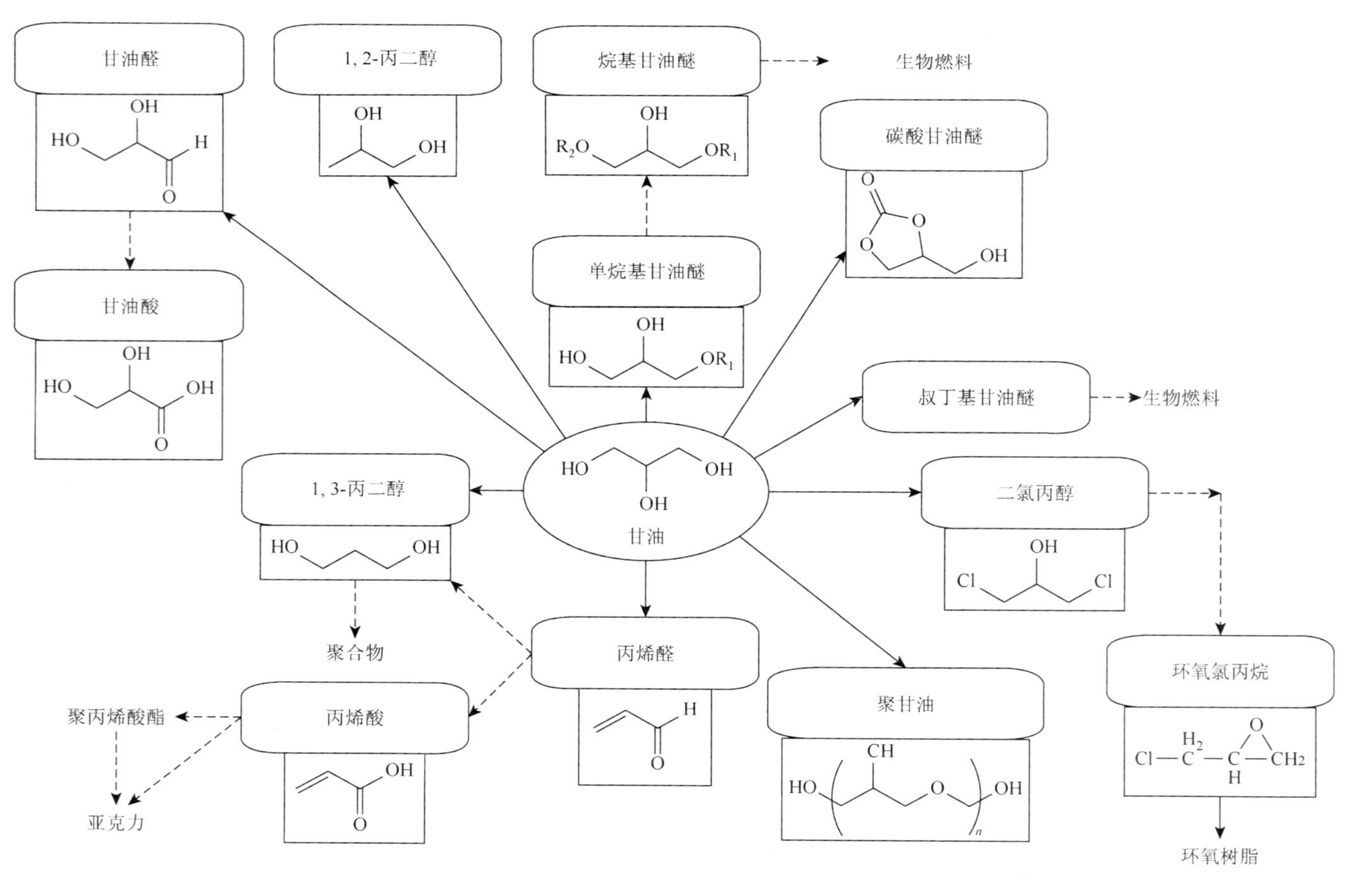

图 7.6　甘油深加工研究方向

7.2.3　“三废”处理成本不断增加的影响

生物柴油生产中无法避免“三废”的产生，特别是废弃油脂原料更是如此。生物柴油装置产生的废气包括罐区的驰放气、装置排放的不凝气，以及废水处理池的驰放气等；产生的废水包括反应生成水、产品精制洗涤水、废气洗涤水等生产性废水，以及生产环境冲洗水等；产生的废渣包括生产装置和污水处理过程产生的固体废物。此外，还有生产和生产维修维护中产生的一些废油。废物的产生量、组成与使用的原料、采用的生产工艺密切相关。

检测结果表明，废气主要成分是氮气及少量的植物油风味物质、甲醇、二甲醚等。采用废弃油脂时还有小分子羧酸、醛、有机胺等细菌代谢产物。优质油脂生物柴油装置的废气通过洗涤吸收其中的有机物后可以排放，洗涤水去污水装置处理；废弃油脂生物柴油装置排放的废气中所含的一些细菌代谢产物使得废气具有特殊的臭味，对身体有危害，处理不彻底外排容易导致厂区及周围地区充满异味，易被附近居民投诉。因此，这种废气必须得到彻底处理，最有效的处理方法是高温焚烧。由于这种废气自身热值很低，不足以支持燃料，需要外供燃料维持高温和明火才能彻底烧尽其中的异味物质，这给每吨生物柴油增加 30～50 元的成本。采用催化燃烧方法处理，可以减少燃料的消耗，但催化剂稳定性不足以保证处理后的气体没有异味。

废水和废渣产生量跟原料品质、生产工艺息息相关。优质油脂原料生产生物柴油无论是毛油精制还是生物柴油生产都能做到清洁生产，但废水和废渣的处理的能耗、物耗等各种费用分摊到生产成本中一般也会超过 50～80 元/t 生物柴油。废弃油脂原料情况更加复杂，以当前使用最多的酸碱催化法工艺为例，生产装置和罐区排出的废水臭味强烈，化学耗氧量、悬浮物、氨氮和总磷等指标高，处理达标排放费用高，污水处理过程中产出的大量污泥无害化处理也需要比较多的消耗费用，总体成本超过 100～150 元/t 生物柴油，加重了企业的经济负担。酸碱催化法工艺废水和废渣产生的根源是使用酸碱催化剂。因此，建议企业选用无酸碱催化剂的新生产工艺，废水和废渣生成量将大幅度减少，能够节约环保处理的费用，改善生产的经济性。

7.3　生物柴油发展对环境生态的影响

液体生物燃料发展过程中争议一直不断，各方提出了不同的看法。荷兰曾提出衡量生物燃料可持续发展的六大标准：温室气体均衡，对粮食供应的影响、当地能源供给、医药、建筑材料的竞争，生物多样性，经济繁荣，社会福利和环境。

进一步说，发展生物能源如果无助于减少温室气体排放、加剧了粮油供应安全、破坏了生物多样性、不利于经济繁荣和社会效益的保障、加大了环保压力，就不宜大力发展。但是，2008 年 8 月 13 日，联合国环境规划署、瑞士洛桑联邦理工学院、世界经济论坛、世界自然基金会等机构的代表召开“可持续生物燃料圆桌会议”，通过的界定和衡量具有可持续性的生物燃料的国际标准草案中，探讨了发展生物燃料与保护土地和从业者权利之间的关系，以及生物燃料对于生物多样性、土壤污染、水资源及粮食安全的影响等问题。生物柴油是液体生物燃料的典型代表，也处于争论之中，争论的焦点是其对环境生态的影响。

生物柴油的原料油脂是靠种植生产的，表面上油料作物通过光合作用吸收二氧化碳，有利于改善生态环境。但是，也有人提出相反的观点，认为大面积种植油料作物会造成生物多样性的丧失，导致生态环境的恶化。一个极端的例子是印度尼西亚为了大力发展棕榈生物柴油产业，大面积原始森林被砍伐开垦为油棕榈的种植基地，使原有的原始森林生态系统环境遭到破坏，泥炭土地在垦殖过程中释放大量的温室气体，如甲烷、二氧化碳等，导致印度尼西亚温室气体排放量由世界第 21 位上升到第 3 位，发展生物柴油不仅没有实现减排目标，还加大了排放强度[16]。欧盟等国家和地区出台限制棕榈油及棕榈油生物柴油的贸易，与其温室气体排放量的增加有很大关系。其他油料作物种植生产是否有减排效应也存在较大的分歧。

生命周期评价（life cycle assessment，LCA）是一种定量评价一个项目的整个生命周期对环境生态影响的分析工具，包括初始化、目标定义和范围界定、清单分析、影响评价和改善评价四个阶段，是评估一个项目体系生命周期内的所有投入及产出对环境造成的和潜在的影响的方法[17]。对于生物柴油来说，采用生命周期评价方法可以从环境影响、能源消耗和资源占用等角度对原料种植、生物柴油生产及产品应用等环节进行分析，定量评价其对环境生态的影响结果[18-20]。为了更加直观地理解评价结果，也同时列出了石化柴油的评价结果以资比较。

7.3.1　优质油脂原料生物柴油的生命周期评价[10, 14, 20-23]

LCA 比较研究是在生物柴油和石化柴油两种燃料提供相同可用能量的基础上进行的，通常按 1MJ 能量计。对于优质油脂（植物油）原料的生物柴油，其 LCA 的清单包括农业（土地准备，栽种、施肥、除虫、除草、收割，以及田地的排放）、转化（运输、储存、运输到榨油厂，油脂提取和精炼，酯交换）和汽车使用（终端运输、加注到车辆中和燃烧）。对石化柴油来说，LCA 主要包括原油勘探开采、输送（陆地、管道或海洋运输）、炼制、地区销售和汽车燃烧。每项生命周期的分析都是基于一定的假设，生物柴油评价也不例外。植物油生物柴油和石化柴油的 LCA 研究边界条件如图 7.7 所示。

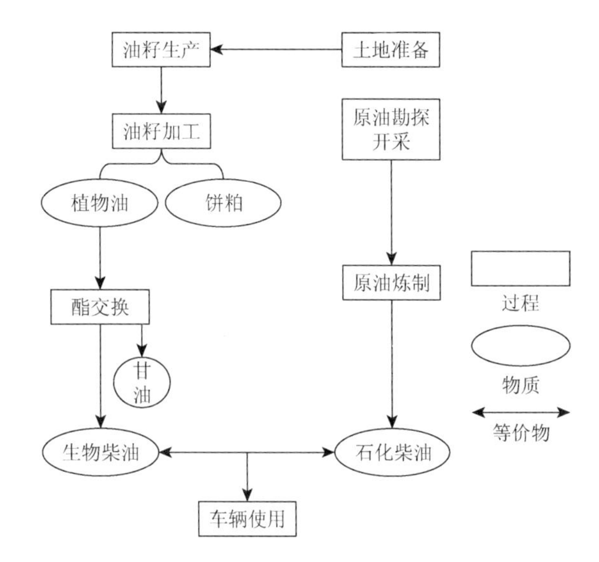

图 7.7　植物油生物柴油和石化柴油的生命周期图

植物油生物柴油生产过程中副产饼粕和甘油，饼粕可以用作饲料，甘油可以销售，或者作为燃料用来燃烧。如何对待副产品关系到主产品生物柴油的评价结果，这里按照生产实际把能量需求及排放分摊到主产品及副产品上，具体见表 7.4。

表 7.4　植物油生物柴油生产过程主副产品的分配系数

项目	菜籽油：菜籽粕	大豆油：大豆粕	菜籽油甲酯：甘油	大豆油甲酯：甘油
质量	39.7∶60.3	81.2∶18.8	89.4∶10.6	89.7∶10.3
热值	59.6∶40.4	65.6∶34.4	96.0∶4.0	96.1∶3.9

从能量平衡角度看，大多数研究证明，植物生物柴油具有正的能量平衡，即生物柴油生产消耗的化石能量低于其自身所含有的可用能量。菜籽油生物柴油和大豆油生物柴油含有的能量是生产它们所消耗能量的 2 倍以上。生物柴油生产中消耗化石能源的环节包括施用化肥的生产、油籽压榨或萃取油脂、油脂加工成生物柴油及甲醇生产，此外还有运输环节。而石化柴油呈现负的能量平衡，这是因为它们所含能量的 20%在生产过程中被消耗，包括勘探、炼制和运输的能量损耗。

生物柴油和石化柴油在它们的生命周期中都排放 CO_2、N_2O 和 CH_4 等温室气体，其中 N_2O 和 CH_4 的温室效应比 CO_2 高得多，如 N_2O 相当于 CO_2 的 310 倍，CH_4 相当于 CO_2 的 21 倍，因此常先换算成 CO_2 当量（等价物），加和后得到温室气体 CO_2 当量的排放量，从而可以比较不同燃料排放的温室效应。

对植物油甲酯来说，其原料在生产过程中会通过光合作用吸收一些 CO_2，虽然生物柴油燃烧后又把这些 CO_2 排放出来，但原料植物全株固定的 CO_2 分布在秸秆和土壤根须中，并没有全部变成 CO_2 返回大气中，因此其过程没有增加 CO_2 的排放。当然植物油生物柴油的生命周期中，会用到化石资源，这将抵消一些减排强度。以菜籽油生物柴油的生产为例，在欧洲，利用休耕地种植双低油菜，每公顷农田每年的油菜籽平均产量约 3030kg，生产出粗菜籽油约 1203kg，可转化生产 1143kg 菜籽油生物柴油，按热值计可替代 996kg 的石化柴油（生物柴油热值 37.2MJ/kg，石化柴油热值 42.7MJ/kg）。菜籽油生物柴油的 LCA 研究结果表明，菜籽油甲酯大约每替代 1kg 石化柴油，可减少 2.7kg CO_2 当量排放。生物柴油在柴油机中燃烧时 NO_x 的排放量高于石化柴油，而且用到的化肥生产时也排放 NO_x，因此是否考虑 NO_x 将使评价结果存在一定的差异。例如，不考虑 NO_x 时，温室气体的排放强度为 1484g CO_2/kg 菜籽油生物柴油，考虑 NO_x 时，则增加到 2381g CO_2/kg 菜籽油生物柴油。可见，NO_x 排放部分抵消了菜籽油生物柴油 CO_2 当量排放的正效应。

但文献中关于菜籽油甲酯 LCA 结果不一致。究其原因主要是边界条件设定有差异，还有考虑 NO_x 排放的处理范围不一样。有的只考虑化肥生产时的 NO_x 排放；有的不仅考虑化肥生产时的 NO_x 排放，还考虑农田的 NO_x 排放。化肥生产过程的 NO_x 排放除硝基氮肥高外，氨基氮肥生产排放要少得多；而农田的 NO_x 排放是估算的，不同的人考虑问题出发点不一样，估算值也有很大出入。

至于生物柴油调和燃料，有文献研究了含 5%菜籽油甲酯的石化柴油的 LCA[24]，结果表明，CO_2 的排放当量比纯石化柴油降低了 1.15%。

以上的评价分析是在未考虑副产品时作出的，如果考虑了副产品（饼粕和甘油），则温室气体排放当量会减少很多，不到原来的一半。对于其他品种的植物油原料，如葵花籽油生物柴油，其 CO_2 当量排放比菜籽油生物柴油更低，低到 55%左右，这是由于种植向日葵时氮肥施得少。同样，大豆油生物柴油 CO_2 当量排放也低于菜籽油生物柴油。比较极端的是菲律宾对椰子油生物柴油的 LCA 研究，结果表明其 CO_2 当量排放几乎为零，这主要是由于菲律宾的椰子种植不使用化肥、不使用机械，采用人力的手工劳动。

植物油生物柴油的生产是否会增加水体的富营养化关键看 NO_x 和 NH_3 的排放。以菜籽油生物柴油生产为例，由于菜籽收获后，植株根须和秸秆留在土壤里，由于微生物的转化，土壤中氮转化为 NO_x 和 NH_3 排放到环境中，因此，菜籽油生物柴油比石化柴油更可能导致水体的富营养化。但也有人持不同观点，认为农田上的 NO_x 和 NH_3 排放根本不能转嫁到生物柴油上，因为农田不种油料作物也会种其他作物，都存在排放。如果剔除这部分 NO_x 和 NH_3 排放，则生物柴油生产和使用对水体富营养化的影响比石化柴油还低。

植物油生物柴油的生产对臭氧层的影响主要看 N_2O 的排放强度。N_2O 是一种化学稳定的化合物，能扩散到 10km 以上的高空，N_2O 发生光化学反应产生的 NO

会破坏臭氧层，导致臭氧层变薄。大多数研究者认为菜籽油生物柴油比石化柴油对臭氧层的破坏潜力大，因为菜籽油种植生产要用到大量的氮肥。实际上这个评价边界条件设置过于极端，没有考虑副产品菜籽饼粕的影响，也不能把氮肥都看作硝基氮肥。如果菜籽秸秆和饼粕全部发酵回田充当氮肥使用，则不需要施用更多的氮肥；如果使用的是铵态氮肥，则 N_2O 的排放也要少得多。

总地来说，植物油生物柴油生命周期评价结果受边界条件设置、地域性气候、综合能效、工业技术总体水平等多种因素的影响差别较大。表 7.5 列出了中国学者的植物油生物柴油的 LCA 研究结果[19]。与石化柴油比较，来源于大豆和油菜籽制的生物柴油的生命周期整体能源消耗与石化柴油基本相当，但化石能源消耗显著降低，生命周期化石能效比显著提高。采用生物柴油作为汽车的替代燃料，可以显著降低汽车对化石能源的消耗，而且 HC、CO、PM_{10}、SO_x 和 CO_2 排放降低。生物柴油燃烧和生物柴油原料生产形成了一个相对较快的碳循环，即使不考虑根须和秸秆的固碳作用，生物柴油“原料生产”阶段吸收的 CO_2 也大于生物柴油“车辆使用”阶段排放的 CO_2。

表 7.5　1MJ 植物油生物柴油与石油柴油的 LCA 结果

评价指标	石化柴油	大豆油生物柴油	菜籽油生物柴油
总能耗/MJ	1.26073	1.30664	1.27889
总能量效率/%	79.3	0.30641	0.27866
化石能量消耗/MJ	1.25641	76.5	78.2
化石能量比率	0.8	3.26	5.59
GWP/g CO_2 当量	91.9734	30.4473	25.7143

注：GWP 表示全球变暖潜能值。

7.3.2　回收油脂原料生物柴油的生命周期评价[25]

与优质植物油相比，回收油脂来源于动植物油脂，但没有植物油利用土地种植收割和油料加工的消耗和排放，只有收集和加工精制处理过程的消耗和排放。酸化油是利用植物油精炼产生的固体或膏状废弃物加工提取的，用来生产生物柴油的全生命周期包括植物毛油精炼的副产物收集、酸化油的提取和精制、生物柴油的生产、生物柴油的使用四个环节。需要强调的是，其中酸化油的提取和精制是在生物柴油厂进行的，产生的废弃物统一进行无害化处理，生物柴油生产采用第 4 章介绍的 SRCA 生物柴油技术，产品按 5%与石油柴油调和，以 B5 形式用到汽车上。图 7.8 表明了各个环节能源与温室气体的输入和输出。其中 LCA 的功能单位是 1MJ 能量的生物柴油。

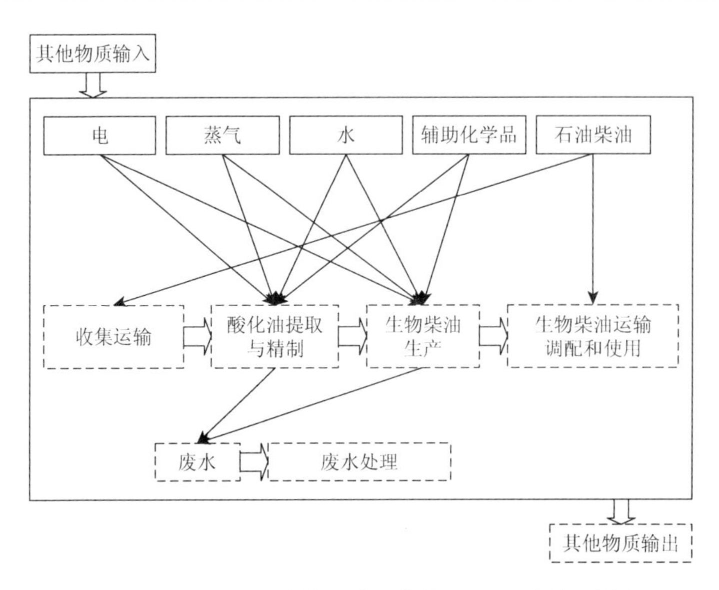

图 7.8　基于 SRCA 生物柴油工艺的 LCA 研究边界设定

表 7.6 列出了 SRCA 技术工业装置现场收集的生物柴油生产过程能源与物质消耗情况。

表 7.6　酸化油生物柴油生命周期中各环节的消耗和产出

项目	指标	数据
油脚和皂脚的收集运输	榨油厂到生物柴油厂的平均距离	135km
	卡车油耗	0.06L/(t·km)
酸化油的提取与精制（收率 = 91%，包括“三废”处理的消耗）	油脚和皂脚（平均油含量 = 33.4%）	3.45t
	电	37.62kWh
	蒸气	1.688t
	H_2SO_4	118.04kg
	NaOH	90.03kg
	精炼酸化油产量	1.045t
生物柴油生产（收率 = 95%，包括环保的消耗）	精炼酸化油	1.045t
	甲醇	0.116t
	蒸气	1.16t
	电	24kWh
	生物柴油产量	1t
	甘油	0.049

续表

项目	指标	数据
生物柴油的运输、调配和使用	生物柴油到调配加油站的平均距离	90km
	电	1.18kWh/t
	卡车油耗	0.06L/(t·km)

生物柴油全厂以燃油锅炉来生产蒸气，每吨蒸气需要 80kg 自产生物重质燃料油（热值 38.43MJ/kg），用到的甲醇、硫酸和 NaOH 以天然气为原料生产。根据表 7.6 和有关文献数据换算得到 1MJ 酸化油生物柴油的生命周期能源消耗与温室气体排放数据，如表 7.7 所示。

表 7.7　1MJ 酸化油生物柴油生命周期能源消耗与温室气体排放清单

生命周期		能量消耗					温室气体排放		
项目		标煤/($\times10^3$MJ)	标油/($\times10^3$MJ)	柴油/($\times10^3$MJ)	天然气/($\times10^3$MJ)	可再生能源/($\times10^3$MJ)	CO_2/g	CH_4/($\times10^5$g)	N_2O/($\times10^6$g)
油脚和皂脚的收集运输	柴油	—	—	27.02	—	—	1.98	0.1134	0.095
酸化油的提取与精制（收率 = 91%，包括“三废”处理的消耗）	电	7.08	—	—	—	1.77	0.64	12.04	13.51
	蒸气	—	149.35	—	—	—	11.71	19.42	50.78
	H_2SO_4	—	—	—	37.49	—	2.12	0.487	7.49
	NaOH	—	—	—	30.74	—	1.74	0.4	6.15
生物柴油生产（收率 = 95%，包括环保的消耗）	精炼酸化油	—	—	—	—	1029.3	—	—	—
	甲醇	—	—	—	99.95	—	5.66	1.30	20.0
	蒸气	—	102.64	—	—	—	8.05	13.34	34.91
	电	4.52	—	—	—	1.13	0.41	7.68	8.66
生物柴油的运输、调配和使用	柴油	—	—	5.23	—	—	0.38	0.022	0.0184
	电	0.22	—	—	—	0.06	0.02	0.37	0.42
	生物柴油	—	—	—	—	—	0	2.94	0.35
总计		11.82	251.99	32.25	168.18	1032.26	32.71	58.1124	142.4834

根据表 7.7 核算的 1MJ 酸化油生物柴油生命周期能源消耗与温室气体排放情况如表 7.8 所示，同时列出了石化柴油的同类数据。可见，酸化油生物柴油生命

周期总能耗升高 0.1504MJ，总能量效率降低 10%。但酸化油生物柴油生命周期单位化石能源的能量产出是石化柴油的 2.88 倍，GWP 仅为石化柴油的 41.77%，所以酸化油生产生物柴油替代石化柴油的生产和使用对减少化石能源消耗和减少温室气体排放具有积极作用。

表 7.8　1MJ 酸化油生物柴油与石化柴油生命周期能源消耗与温室气体排放

评价指标	生物柴油	石化柴油
总能耗/MJ	1.4965	1.3461
总能量效率/%	66.8	74.3
化石能量消耗/MJ	0.4641	1.3391
化石能量比率	2.21	0.7468
CO_2 排放/g	32.71	78.4219
CH_4 排放/g	58.1124×10^{-5}	3.7317×10^{-4}
N_2O 排放/g	14.2483×10^{-5}	6.2825×10^{-5}
GWP/g CO_2 当量	32.7730	78.4530

表 7.9 是根据表 7.7 核算出的 1MJ 酸化油生物柴油全生命周期各阶段的能耗和温室气体排放的情况。可见，化石能源的消耗和温室气体的排放集中在酸化油的提取精制和生物柴油的生产阶段，而且前者比后者还高。这主要是酸化油生产中用到的酸碱化学物质及“三废”的无害化处理所致。

表 7.9　1MJ 酸化油生物柴油生命周期四个阶段的能源消耗与温室气体排放

项目	化石能源消耗/MJ	分配/%	GWP/g CO_2 当量	分配/%
油脚和皂脚的收集运输	0.0270	5.82	1.98	6.04
酸化油的提取与精制（收率 = 91%，包括“三废”处理的消耗）	0.2244	48.35	16.24	49.56
生物柴油生产（收率 = 95%，包括环保的消耗）	0.2072	44.65	14.143	43.15
生物柴油的运输、调配和使用	0.0055	1.18	0.41	1.25
总计	0.4641	100	32.773	100

利用废弃油脂采用酸碱法工艺生产生物柴油时，在生产阶段生产 1MJ 生物柴油的总化石能耗为 0.2729MJ，GWP 为 23.7817g CO_2 当量，分别比 SRCA 工艺的高 0.0657MJ 和 9.6387g CO_2 当量。可见，采用 SRCA 工艺不仅总化石能源消耗有所减少，而且由于不使用酸碱催化剂而没有“三废”无害化处理的消耗，也减少了温室气体排放量。

7.3.3　生物柴油对水污染的影响[10, 26]

如果不考虑大豆种植，只考虑大豆的收割、榨油和大豆油生物柴油生产，已有研究表明，大豆油甲酯产生的废水不到石化柴油生产过程的五分之一；考虑大豆种植，大豆油甲酯整个生命周期中消耗的淡水是石化柴油生产过程的 3000 倍。但这种消耗绝大多数参与到大豆的生长活动中，没有产生对水体有害的污染物。

如果生物柴油或石化柴油洒落到一个水域，则它们对水域生态潜在破坏性是不同的。常见水生小动物水蚤的急性毒性试验的研究表明，石化柴油的 LC_{50}（是指导致 50%的试验有机体死亡时燃料的浓度）为 1.43ppm（1ppm 为 10^{-6}），而大豆油生物柴油的 LC_{50} 从 23ppm 到 332ppm 不等。因为 LC_{50} 越大说明毒性越低，因此生物柴油对有机体的毒性要比石化柴油弱很多。对虹鳟鱼的研究也得出了类似的结论。对于低等水生微生物微藻，两种燃料的毒性差别更大，菜籽油生物柴油的 LC_{50} 值是石化柴油的 650 倍，葵花籽油生物柴油甚至高达石化柴油的 1800 倍。这说明生物柴油对有关藻类水环境的危害是很小的。因此，脂肪酸甲酯长期以来都被视为“对水生动植物无害”的化合物。

生物柴油的另一个显著优点是其高生物可降解性，在相同的条件下，28 天土壤中菜籽油生物柴油降解了大约 88%，而石化柴油只降解了 26%。在有氧或无氧条件下分别比较大豆油甲酯和石化柴油在淡水和土壤中的生物降解性，发现在有氧条件下，石化柴油的降解速度比脂肪酸甲酯慢 4 倍；在无氧条件下石化柴油几乎不发生降解，而大豆油甲酯依然可被淡水和土壤中的微生物降解。生物柴油高的可生物降解性使之可用在生态敏感的地区，例如，美国黄石国家公园的大巴车辆就使用生物柴油，见图 7.9。

图 7.9　使用了生物柴油的美国黄石国家公园大巴车

生物柴油具有优异的溶解性，初步的研究表明，菜籽油生物柴油、大豆油生物柴油都能用来洗除海岸礁石上的原油，可以比常规海岸线清洁剂（通常是有机溶剂和表面活性剂）多萃取 1 倍量的风蚀岩石上的原油，而收回的生物柴油-原油混合物可以用作燃料。另外，生物柴油可以促进原油或石化柴油的生物降解，起共新陈代谢剂的作用，用来为原油的生物降解提供能量源。有研究者观察到，在菜籽油乙酯存在下，石化柴油的降解速度提高了 3 倍。因此，用生物柴油来处理原油洒落的水域，可能是原位生物修复的一种经济有效的方法。

7.4　生物柴油及其调和燃料的推广利用对健康环境的影响[10]

生物柴油车用方式是在压燃式发动机中燃烧，排出的废气主要成分是 N_2、CO_2 和水，也含有微量的危害性气体，如一氧化碳（CO）、碳氢化合物（HC）、氮氧化合物（NO_x，包括 NO 和 NO_2）和颗粒物（particulate matter，PM），大约占废弃总量的 0.2%。世界各国都对废气中各种污染物的最大量进行了限制，欧盟的限制值具体见表 7.10 和表 7.11。

表 7.10　欧盟对柴油乘用车尾气排放的限制值

柴油发动机	CO/(g/km)	HC + NO_x/(g/km)	NO_x/(g/km)	PM/(g/km)
欧III（2000）	0.64	0.56	0.50	0.05
欧IV（2005）	0.50	0.30	0.25	0.025

表 7.11　欧盟对重型柴油车尾气排放的限制值

柴油发动机	CO/(g/kWh)	HC/(g/kWh)	NO_x/(g/kWh)	PM/(g/kWh)	烟度
欧III（2000）	2.1	0.66	5.0	0.10	0.8
欧IV（2005）	1.5	0.46	3.5	0.02	0.5
欧V（2008）	1.5	0.46	2.0	0.002	0.5

注：烟度为柴油机定容量排出尾气所透过的滤纸的染黑程度，数值范围为 1～10。

7.4.1　纯生物柴油和石化柴油的废气排放指标的对比[10, 14, 27-31]

已有研究结果表明，发动机尾气中生物柴油比石化柴油排放的 CO 和 HC 都少，原因是生物柴油十六烷值高，还含有约 11%的氧，能够使燃烧更充分。几乎所有的文献都报道生物柴油比石化柴油的 NO_x 排放略有增加，增加 3%～5%，原因可能与生物柴油较高的含氧量及在燃烧过程中良好的氧化性能有关。

颗粒物排放的比较很复杂。首先颗粒物是一种复杂的、具有不同化学结构的有机和无机物的混合物，含有碳核及吸附的未燃和部分氧化的燃料及润滑油、金属屑、硫酸盐等，已经明确具有危害性。研究表明，生物柴油的颗粒物排放高于石化柴油 3%～8%，原因是生物柴油燃烧排放的颗粒物吸附的有机物是石化柴油的 3～5 倍。但经过车辆尾气催化氧化转化器处理后，生物柴油的颗粒物排放量将低于石化柴油，约低 30%。

对于重型柴油机来说，生物柴油能够明显降低发动机的烟度排放，原因主要是生物柴油含有氧，增加了燃料在气缸内燃烧时的氧化效应，从而减少了未燃和部分燃烧化合物的热解（热解会产生烟）。

7.4.2　生物柴油和石化柴油调和燃料的废气排放

生物柴油可以直接在柴油发动机上使用，但市场上推广应用更多的是生物柴油与石化柴油的调和燃料。德国学者曾经研究了菜籽油生物柴油在石化柴油中的调和比例对废气排放的影响，试图找出一个最佳调和比例，但还未有结果。因为菜籽油生物柴油的优势和缺陷都随着其在调和油中含量的增加而呈线性变化。但美国学者对大豆油生物柴油/石化柴油调和燃料的研究结果似乎找到了这个最佳配比，即大豆油生物柴油与石化柴油的调和比例是 20%（*v*/*v*）时，NO_x 排放增加量及其他排放指标的降低量使各方都可以接受。这种 B20 燃料据说在美国重型舰队上得到了应用。

表 7.12 列出了多种生物柴油-石化柴油调和油的排放数据。可以看出，石化柴油中调和一定比例的生物柴油能够改善尾气的排放，尤其是尾气再经过催化氧化处理，改善效果更突出。不过柴油发动机上使用的催化氧化处理器不是汽油发动机上使用的三效催化转化器，而是简化的两效氧化催化剂，能转化一些可氧化的物质，如 HC、CO 或颗粒物中的有机物。这种转化装置不能降低或仅降低很少的 NO_x 排放，不过却能有效地催化 NO 转化成 NO_2。使用氧化催化转化器能显著降低生物柴油和石化柴油的 CO 和 HC 排放量。

表 7.12　多种生物柴油-石化柴油调和油与石化柴油的排放对比

调和比例（*v*/*v*）		排放指标对比结果				备注
生物柴油	石化柴油	CO	HC	NO_x	PM	
20% RME	80%	–22%	–27%	+ 0.5%	–12%	催化处理
20% RME	80%	+ 2%	–2%	+ 1%	+ 41%	未催化处理
50% RME	50%	–34%	–47%	–2%	–18%	催化处理

续表

调和比例（v/v）		排放指标对比结果				备注
生物柴油	石化柴油	CO	HC	NO_x	PM	
50% RME	50%	+10%	−33%	+1%	+129%	未催化处理
20% SME	80%	−7%	−3%	+3%	−15%	催化处理
20% SME	80%	−5%	−3%	+4%	烟度：−24%	重型车
30% SME	70%	−21%	−25%	−11%	−5%	催化处理
50% SME	50%	−16%	−12%	+3%	−26%	催化处理
5% RFOME	95%	−10%	−6%	−2%～+1.5%	−17%	催化处理
20% RFOME	80%	−28%	−16%	−5%～+1.5%	−17%	催化处理
20% RFOME	80%	−7%	−2%	+1%	烟度：−17%	重型车
5% TFME	95%	−9%	−11%	−3%	−3%	催化处理
20% TFME	80%	−21%	−22%	−2.5%	−15%	催化处理

注：RME为菜籽油甲酯、SME为大豆油甲酯、RFOME为回收煎炸油甲酯、TFME为动物油甲酯，不采用氧化催化转化器的纯石化柴油废气排放被设为100%。

7.4.3 生物柴油和石化柴油废气排放对人类健康的影响

对石化柴油废气排放对人体健康可能造成的危害已经开展了大量研究[32]，表7.13总结了石化柴油排放的主要废气对人体健康可能造成的危害。

表7.13 石化柴油排放的废气对人体健康可能的危害

尾气中有害组分		对健康的危害
气体排放物	CO	缺氧
	NO_x：NO_2、N_2O	NO_2能刺激呼吸道，N_2O易致光化学烟雾，并诱导一些疾病（如哮喘和支气管炎）
	SO_x：SO_2	刺激呼吸道
	HC：烯烃类	易致光化学烟雾，并诱导一些疾病（如哮喘和支气管炎）
	醛：甲醛、乙醛	刺激呼吸道和眼睛，有些化合物可能诱导癌变
	芳烃：苯、PAH、氮-PAH	有诱导癌变的倾向
颗粒物	碳核	有诱导癌变的倾向
	无机盐：SO_4^{2-}、NO_3^-	刺激呼吸道
	芳烃：PAH、氮-PAH	有些化合物已被认识到会诱导突变或癌变

注：PAH为多环芳烃。

生物柴油的废气排放是否对人体健康有不利影响已经在美国和欧盟进行了大量的研究。由于生物柴油排放的废气组成与石化柴油相似，只是排放量低于石化柴油（NO_x 除外），造成的危害可能比石化柴油的轻。

美国学者曾经在 100%大豆油生物柴油排放的废气中进行 90 天小白鼠试验。这些废气都先经过空气稀释以得到需要的 NO_x 浓度，分别为 5ppm、25ppm 或 50ppm（代表低、中或高含量水平），对应的颗粒物含量分别是 $0.04mg/m^3$、$0.2mg/m^3$ 和 $0.5mg/m^3$。结果表明生物柴油（大豆油甲酯）的尾气在任何浓度下都没有对小白鼠发生毒害作用，也没有发现对小白鼠食量、眼睛、血液、神经、繁殖有负面影响或导致产生怪异动作。Finch 等[33]通过一种外推模型研究生物柴油尾气排放对人类健康的危害，该模型考虑到了人类和老鼠的不同呼吸参数、颗粒物量与肺泡表面积的比，以及巨噬细胞的清除速度。结果发现，当暴露在具有可比性的生物柴油废气中时，人类受到的影响与高级老鼠受到的影响持平甚至可能更低一些。这些结果使生物柴油成为美国第一个且唯一的一个通过毒害安全测试的替代燃料。

关于颗粒物排放的影响，德国学者发现从菜籽油生物柴油尾气提取的颗粒物的细胞毒性倾向比石化柴油的高，当发动机怠速时更是如此。可能的原因是菜籽油生物柴油的毒性醛排放量比较高。但通过催化氧化处理后，这个结果将明显改善。

为了更直接考察生物柴油尾气排放对健康的影响，曾对两组分别工作在高浓度菜籽油生物柴油和石化柴油排放的废气中的人员进行了对比研究[34]。首先以填写调查问卷的方式进行，内容包括工人的身体状态及与暴露有关的一些疾病，如眼或上呼吸道疼痛、呼吸困难、咳嗽、头疼等。其次是对这些工人进行体检，将他们自己的评估结果与实际体检结果进行对比。研究结果表明，高度暴露在菜籽油生物柴油废气中的工人更多的是抱怨鼻子不舒服，而在他们评估自己的身体状况时，要比暴露在石化柴油废气中的工人评价得更正面。体检结果表明，暴露在菜籽油生物柴油和石化柴油废气中的工人，他们的肺功能并没有实质的差异。因此，研究者认为通过使用氧化催化转化器消除生物柴油废气中的异味，也许能够使暴露在这种废气中的工人不会再抱怨废气对他们健康的影响。

关于生物柴油尾气排放物的致癌倾向性的研究主要从颗粒物和气体两方面进行。德国学者研究表明菜籽油生物柴油和石化柴油排放的废气颗粒物上的可溶性有机组分（以下简称 SOF）都具有明显的诱变致癌倾向作用。不过，石化柴油的 SOF 比菜籽油甲酯的 SOF 具有大得多的诱变致癌作用。生物柴油 SOF 的诱变致癌性相对较低是因为其硫和芳烃含量都比较低，而石化柴油检测到的芳烃含量为 3%～40%（v/v），多环芳烃（PAH）含量高达 340mg/L。生物柴油废气中确实含有一定量的 PAH，这个有可能是在着火延迟过程中生成的，或来自润滑油。不过，与石化柴油的废气相比，生物柴油废气中不论是颗粒物上还是气相中的 PAH 含量都降低了。

图 7.10 比较了石化柴油、菜籽油生物柴油和大豆油生物柴油的 SOF 中，10 种与人类健康最相关的 PAH 化合物的含量[35]。

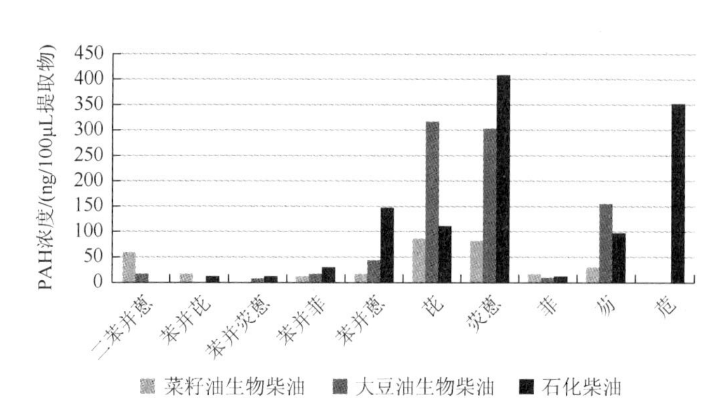

图 7.10　生物柴油与石化柴油（220ppm）废气颗粒物的 SOF 中 PAH 含量

与石化柴油相比，大豆油生物柴油废气颗粒物上的 PAH 和氮-PAH 降低了近 50%；菜籽油生物柴油和石化柴油废气的 PAH 中，致癌的苯并蒽和协同致癌的荧蒽两者含量的差异也很显著。Cardone[36]的研究表明，即使在菜籽油甲酯的 SOF 排放量大于石化柴油的情况下，它的 PAH 致癌物排放也是显著降低的。到目前为止，有关废气颗粒物致癌倾向性方面的绝大多数研究都表明，生物柴油明显低于石化柴油。此外，生物柴油废气中沉积在颗粒上的 PAH 含量更低，通常被认为对人体健康的危害更小。

以上研究表明，生物柴油燃烧排放的废气对人类健康危害低于石化柴油，是一种较为健康的替代石化柴油的燃料。在某些环境敏感地区用生物柴油代替石化柴油是可行的。例如，在狭小空间（如地下开采）内使用生物柴油驱动的配有催化氧化转化器的发动机可明显减少对人体的危害。

参 考 文 献

[1] 闵恩泽. 利用可再生农林生物质资源的炼油厂——推动化学工业迈入碳水化合物新时代. 化学进展，2017，18（2/3）：131-141.

[2] 杜泽学，阳国军. 木本油料制备生物柴油——麻疯树及其油的研究和展望. 化学进展，2009，21（11）：2341-2349.

[3] 夏金兰，万民熙，王润民，等. 微藻生物柴油的现状与进展. 中国生物工程杂志，2009，29（7）：118-126.

[4] 李元广，谭天伟，黄英明. 微藻生物柴油产业化技术中的若干科学问题及其分析. 中国基础科学，2009，11（5）：64-70.

[5] 胡洪营，李鑫. 利用污水资源生产微藻生物柴油的关键技术及潜力分析. 生态环境学报，2010，19（3）：739-744.

[6] 高春芳，于世实，吴庆余. 微藻生物柴油的发展. 生物学通报，2011，46（6）：1-5.

[7] Mukherjee I，Sovacool B K. Palm oil-based biofuels and sustainability in southeast Asia：A review of Indonesia，Malaysia，and Thailand. Renewable and Sustainable Energy Reviews，2014，37：1-12.

[8] 王瑞元. 2013 年我国食用油市场供需分析和国家加快木本油料产业发展的意见. 中国油脂，2014，39（6）：1-5.

[9] Naylor R L，Higgins M M. The political economy of biodiesel in an era of low oil prices. Renewable and Sustainable Energy Reviews，2017，（77）：695-705.

[10] Avinash K A，Jai G G，Atul D. Potential and challenges for large-scale application of biodiesel in automotive sector. Progress in Energy and Combustion Science，2017，（61）：113-149.

[11] Trumbo J L，Tonn B E. Biofuels：A sustainable choice for the United States' energy future. Technological Forecasting & Social Change，2016，104：147-161.

[12] Ciriminna R，Pina C D，Rossi M，et al. Understanding the glycerol market. European Journal of Lipid Science & Technology，2014，116（10）：1432-1436.

[13] Quispe C A G，Coronado C J R，Jr J A C. Glycerol：Production，consumption，prices，characterization and new trends in combustion. Renewable & Sustainable Energy Reviews，2013，27（6）：475-492.

[14] Anuar M R，Abdullah A Z. Challenges in biodiesel industry with regards to feedstock，environmental，social and sustainability issues：A critical review. Renewableand Sustainable Energy Reviews，2016，58：208-227.

[15] Stelmachowski M. Utilization of glycerol，aby-product of the transestrification process of vegetableoils：a review. Ecological Chemistry & Engineering S，2011，18：9-21.

[16] Kochapum C，Gheewala S H，Vinitnantharat S. Does palm biodiesel driven land use change worsen greenhouse gas emissions？An environmental and socioeconomic assessment. Energy for Sustainable Development，2015，29：100-121.

[17] Consoli F，Allen D，Boustead I，et al. Guidelines forlife-cycle assessment：a code of practice. Brussels：SETAC Europe，1993：18-67.

[18] Kiwjaroun C，Tubtimdee C，Piumsomboon P. LCA studies comparing biodiesel synthesized by conventional and supercriticalmethanol methods. Journal of Cleaner Production，2009，17：143-153.

[19] 董进宁，马晓茜. 生物柴油项目的生命周期评价. 现代化工，2007，27（9）：59-63.

[20] Yee K F，Tan K T，Abdullah A Z，et al. Life cycle assessment of palm biodiesel：Revealing factsand benefits for sustainability. Applied Energy，2009，86：5189-5196.

[21] Theocharis T，Victor K，Thodoris Z，et al. Life Cycle Assessment for biodiesel production under Greek climate conditions. Journal of Cleaner Production，2010，18：328-335.

[22] Seungdo K，Bruce E D. Life cycle assessment of various cropping systems utilized forproducing biofuels. Bioethanol and Biodiesel Biomass and Bioenergy，2005，29：426-439.

[23] Alfredo I，Joan R，Xavier G. Life cycle assessment of sunflower and rapeseed as energy crops under Chilean conditions. Journal of Cleaner Production，2010，18：336-345.

[24] Sheehan J，Camobreco V，Duffield J，et al. An Overview of Biodiesel and Petroleum Diesel Life Cycles. National Renewable Rnerny Laboratory，1998.

[25] 杜泽学. 采用废弃油脂生产生物柴油的 SRCA 技术工业应用及其生命周期分析. 石油学报（石油加工），2012，28（3）：353-361.

[26] 陈金思，汪向阳，胡恩柱，等. 棉籽油制备生物柴油的生物降解性能. 农业工程学报，2010，26（1）：301-304.

[27] Mahmudul H M，Hagos F Y，Mamat R，et al. Production，characterization and performance of biodiesel as an alternativefuel in diesel engines—A review. Renewable and Sustainable Energy Reviews，2017，72：497-509.

[28] Oliveira F C D，Coelho S T. History，evolution，and environmental impact of biodiesel in Brazil：A review. Renewable and Sustainable Energy Reviews，2017，75：168-179.

[29] 尤可为，葛蕴珊，何超，等. 柴油机燃用生物柴油的非常规污染物排放特性. 内燃机学报，2010，28（6）：506-509.

[30] 陆小明，葛蕴珊，韩秀坤，等. 生物柴油发动机颗粒排放物粒径及其分布试验研究. 环境科学，2007，28（4）：701-705.

[31] 汤东，李昌远，葛建林. 柴油机掺烧生物柴油 NO_x 和碳烟排放数值模拟. 农业机械学报，2011，42（7）：1-4.

[32] 王仪山，杨贻清. 汽车尾气对人体健康的影响. 职业与健康，2001，32（6）：78.

[33] Finch G L，Hobbs C H，Blair L F，et al. Effects of subchronic inhalation exposure of rats to emissions from adiesel burning soybean oil-derived biodiesel fuel. Inhallation Toxicology，2002，14：1017-1048.

[34] Adenuga A A，Wright M E，Atkinson D B. Evaluation of the reactivity of exhaustfrom various biodiesel blends as a measure of possible oxidative effects：a concernfor human exposure. Chemosphere，2016，147：396-403.

[35] Krahl J，Baum K，Hackbarth U，et al. Gaseous compounds ozone precursors，particle number and particle size distributions and mutagenic effects due to biodiesel. Transactions of the Asae American Society of Agricultural Engineers，2001，44（2）：179-191.

[36] Cardone M，Mazzoncini M，Menini S，et al. Brassica carinata as an alternative oil crop for the production of biodiesel in Italy：agronomic evaluation，fuel production by transesterification and characterization. Biomass and Bioenergy，2003，25（6）：623-636.